ゼロからよくわかる!

改訂2版

ラズベリー・パイで電子工作入門ガイド

Raspberry Pi
4 Model B
1(A+/B+)/2/3/4/Zero(W/WH)
［対応］

タトラエディット 著

技術評論社

本書の使い方

●本書はラズベリー・パイの操作と電子工作の方法について解説しています。

●写真や画面を使った手順を追うだけで、電子工作の工程がわかります。

●電子工作はかんたんな作例からはじめるので、初心者でも気軽に挑戦できます。

作例を組み立てる工程で、どんな操作や作業をするのかが一目でわかります。

電子工作の工程は目的ごとに整理して、順番にくわしく解説しています。

電子パーツをどこに取り付けるかを写真でわかりやすく説明しているので、初心者でも迷わずに作業できます。

知っておくと便利な情報を「ポイント」「メモ」「テクニック」「キーワード」などの見出し付きで解説しています。

Section 5-2 扇風機を組み立てよう

扇風機のモーターを動かすための、モータードライバーや電池ボックスをブレッドボードに取り付けていきます。前章よりも少し複雑な回路となるので、パーツを取り付ける場所や向きに間違いがないか、よく確認しながら作業しましょう。

ブレッドボードに電子パーツを取り付ける

まずは、ブレッドボードに「TB6612」のブレイクアウト基板を取り付けます。TB6612は集積回路（IC回路）なので、丁寧に扱います。金属の端子部分に触れると、静電気による破損や、指の脂分による誤動作の原因になるので、黒い部分を持って取り付けましょう。

1 ブレッドボードの「c1」～「c8」、「g1」～「g8」の位置に、モータードライバーを差し込みます。

キーワード ブレイクアウト基板

もともとTB6612は、基板の表面に実装するタイプの小さなICチップです。この状態では、細かなはんだ付けが必要で、電子工作の初心者が扱うのは困難です。そのため、ICを基板に実装し、ピンを付けて電子工作で扱いやすくするために加工した基板をブレイクアウト基板と呼んでいます。

2 ブレッドボード上にある異なる穴をつなぐときは、図のような固いジャンパーワイヤーを使います。ブレッドボード用のジャンパーワイヤーとして販売されていますが、電子工作に慣れた人は単芯ケーブルの両端を図のように剥き、曲げて作りることもできます。

130

サンプルファイルのダウンロード

本書で使用するプログラムのサンプルファイルは、下記のURLから入手することができます。ダウンロード後、解凍してご利用ください。

https://gihyo.jp/book/2020/978-4-297-11523-4/support

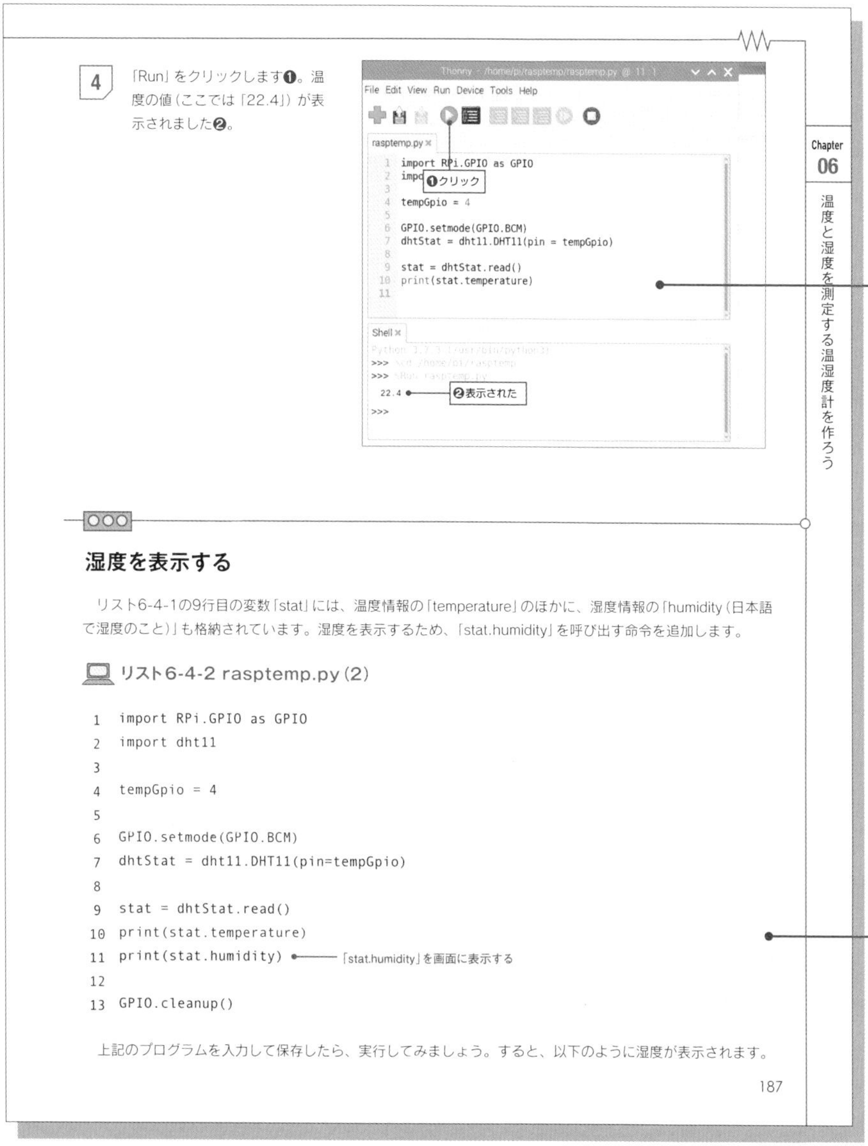

4 「Run」をクリックします❶。温度の値(ここでは「22.4」)が表示されました❷。

Thonny - /home/pi/rasptemp/rasptemp.py @ 11:1
File Edit View Run Device Tools Help
rasptemp.py
import RPi.GPIO as GPIO
❶クリック
tempGpio = 4
GPIO.setmode(GPIO.BCM)
dhtStat = dht11.DHT11(pin = tempGpio)
stat = dhtStat.read()
print(stat.temperature)
Shell
22.4
❷表示された
Chapter 06
温度と湿度を測定する温湿度計を作ろう

湿度を表示する

リスト6-4-1の9行目の変数「stat」には、温度情報の「temperature」のほかに、湿度情報の「humidity(日本語で湿度のこと)」も格納されています。湿度を表示するため、「stat.humidity」を呼び出す命令を追加します。

リスト6-4-2 rasptemp.py (2)

```
import RPi.GPIO as GPIO
import dht11

tempGpio = 4

GPIO.setmode(GPIO.BCM)
dhtStat = dht11.DHT11(pin=tempGpio)

stat = dhtStat.read()
print(stat.temperature)
print(stat.humidity) ←「stat.humidity」を画面に表示する

GPIO.cleanup()
```

上記のプログラムを入力して保存したら、実行してみましょう。すると、以下のように湿度が表示されます。

187

ラズベリー・パイやパソコンでの操作手順は、画面付きで解説しています。順を追って操作するだけなので、迷うことがありません。

プログラムは省略をせず、全文を掲載しています。必要な箇所に解説が付いているので、どこで何をしているのかを一目で把握できます。

Contents

Chapter 00 ラズベリー・パイについて知ろう

0-1 **ラズベリー・パイはどんなコンピューター?** …… 12
ラズベリー・パイは小さなコンピューター …… 12
ラズベリー・パイでできること …… 12
ラズベリー・パイは安くても機能は十分 …… 12
パソコン用のマウスやキーボードを流用できる …… 13
ラズベリー・パイは電子工作にも使える …… 13
ラズベリー・パイのハードウェア …… 14
0-2 **ラズベリー・パイにはどんな種類がある?** …… 15
現在販売されているラズベリー・パイ …… 15
0-3 **ラズベリー・パイを使うためになにが必要?** …… 19
コンピューターとして使うために必要なもの …… 19

Chapter 01 ラズベリー・パイを使う準備をしよう

1-1 **OSをインストールする準備をしよう** …… 24
3つのインストール方法 …… 24
NOOBSをダウンロードする …… 24
micro SD カードをフォーマットする …… 25
micro SD カードにNOOBSを書き込む …… 30
1-2 **ラズベリー・パイにOSをインストールしよう** …… 32
作業上の注意点を確認する …… 32
Raspbian のインストールを開始する …… 34
1-3 **モニターがない環境でOSをインストールしよう** …… 37
モニターなしでのRaspbian のインストール …… 37
モニターなしでRaspbianをインストールする …… 38
モニターなしでWi-Fiを使えるようにする …… 42
モニター代わりのSSHクライアントをインストールする …… 43
ラズベリー・パイのIP アドレスを探す …… 45
SSH でラズベリー・パイに接続する …… 47

VNCをオンにする 48
1-4 **Wi-Fi に接続しよう** 51
Wi-Fi に接続すればラズベリー・パイがもっと便利になる 51
Wi-Fi の設定をする 51
インターネットへ正常に接続しているかを確認する 53
1-5 **インストール後の初期設定をしよう** 54
Raspbian の初期設定について 54
言語を設定する 54
VNC 機能を有効にする 57
パソコンにVNC Viewer をインストールする 58
VNC Viewer でパソコンからラズベリー・パイへ接続する 62
VNCに何も表示されないときは 64
Raspbianを終了して電源をオフにする 67

Chapter 02 ラズベリー・パイを操作しよう

2-1 **デスクトップの操作をしよう** 70
Raspbian の画面について 70
アプリケーションを起動する 72
アプリケーションを終了する 73
ファイルを保存してからアプリケーションを終了する 74
アプリケーションを切り替える 75
アプリケーションの画面を最小化する 76
2-2 **ファイルを操作しよう** 77
フォルダーの役割 77
フォルダーを作成する 77
フォルダーにファイルを移動する 79
ファイルをコピーする 80
不要なファイルを削除する 82
ゴミ箱のファイルをもとの場所に戻す 84
2-3 **デスクトップの設定を変更しよう** 85
よく使うアプリケーションのアイコンをデスクトップに置く 85
アプリケーション・ランチャーにアイコンを追加する 86
アプリケーション・ランチャーのアイコンを削除する 89
デスクトップの壁紙を変更する 90
パネルや文字を小さく表示する 92
音量を変更する 93

パネルを画面の下側に表示する …… 93
パネルを使わないときに自動的に隠す …… 94

Chapter 03 ラズベリー・パイでプログラミングをしよう

3-1 **プログラミングについて知ろう** …… 96
おすすめのプログラミング用語はPython …… 96
Thonnyを起動する …… 96
ラズベリー・パイに命令する …… 98
画面に文字を表示させる …… 98
ラズベリー・パイに計算させる …… 99
命令を連続して実行させる …… 100
3-2 **Pythonでかんたんなプログラムを作成しよう** …… 102
プログラムを新規作成する …… 102
オートコンプリートを利用する …… 102
入力した文字を表示するプログラムを作る …… 103
入力した内容に応じて表示を変える …… 105
CPU の手をランダムで表示させる …… 106
勝敗を判定するアルゴリズムを作る …… 108
引き分けのときには再戦できるようにする …… 109

Chapter 04 ラズベリー・パイで電子工作をはじめよう

4-1 **ラズベリー・パイの電子工作について知ろう** …… 114
ラズベリー・パイのGPIOピンについて …… 114
GPIOピンと電子パーツをつなぐには …… 116
4-2 **LEDを接続して光らせよう** …… 117
必要なパーツを準備する …… 117
GPIOピンに回路をつないでLEDを光らせる …… 117
4-3 **プログラムでLEDを光らせよう** …… 121
プログラムでLEDを光らせる …… 121
LEDを点滅させる …… 124

Chapter 05 モーターをつないで扇風機を作ろう

5-1 本章で作成する扇風機について知ろう …… 128

扇風機の外観 …… 128

扇風機の作成に必要なもの …… 128

各パーツの役割 …… 129

5-2 扇風機を組み立てよう …… 130

ブレッドボードに電子パーツを取り付ける …… 130

ブレッドボードとラズベリー・パイを接続する …… 135

羽とモーターを取り付ける …… 138

モーターや電池ボックスを接続する …… 139

5-3 扇風機のプログラムを作成しよう …… 142

プログラムでモーターを動かす …… 142

モーターの回転を止める …… 144

モーターを逆回転させる …… 146

プログラムで「自然の風」機能を実現する …… 148

5-4 スイッチで扇風機を回そう …… 151

タクトスイッチの入力を受け取る …… 151

プルアップ抵抗でボタンから正確に情報を読み取る …… 155

タクトスイッチからの信号を反転させる …… 156

タクトスイッチでモーターの動きを切り替える …… 157

ボタンを押したときだけモーターを動かす …… 159

ボタンでモーターのオン／オフを切り替える …… 161

5-5 スイッチで風力を調整できるようにしよう …… 166

PWM 制御で流す電気をコントロールする …… 166

Chapter 06 温度と湿度を測定する温湿度計を作ろう

6-1 本章で作成する温湿度計について知ろう …… 172

温湿度計の外観 …… 172

湿温度計の作成に必要なもの …… 173

各パーツの役割 …… 173

6-2 温湿度計を組み立てよう …… 174

ブレッドボードにジャンパーワイヤーを配線する …… 174

電子パーツを取り付ける …… 175

ラズベリー・パイとブレッドボードを接続する …… 177

6-3 **温湿度センサーを使う準備をしよう** …… 180
ライブラリーをインストールする …… 180
DHT11 の動作を確認する …… 181
プログラムを作る準備をする …… 182
6-4 **温度と湿度を記録するプログラムを作ろう** …… 185
温度と湿度を数値で取得する …… 185
湿度を表示する …… 187
CSV で温度と湿度を記録する …… 188
CSV に日時を付けてファイルに保存する …… 190
6-5 **温度と湿度の推移をグラフにして確認しよう** …… 196
Python でグラフを作成する …… 196
他のパソコンのウェブブラウザーでグラフを見る …… 198

Chapter 07 リアルタイムで確認できる定点カメラを作ろう

7-1 **本章で作成する定点カメラについて知ろう** …… 204
ラズベリー・パイに接続できるカメラ …… 204
ラズベリー・パイ専用のカメラモジュールを使い分ける …… 204
定点カメラとは? …… 206
7-2 **定点カメラを組み立てよう** …… 207
Raspberry Pi 1 ／ 2 ／ 3 ／ 4 にカメラを取り付ける …… 207
Raspberry Pi Zero ／ Zero W ／ Zero WH にカメラを取り付ける …… 210
7-3 **定点カメラのプログラムを作成しよう** …… 216
カメラを有効にする …… 216
写真を撮影する …… 217
写真の保存先を変更する …… 219
長い命令を短くする …… 221
正しい色で撮影する …… 222
画像を180 度回転させる …… 224
一定時間おきに写真を撮影する …… 225
連番のファイル名で画像を保存する …… 226
日付のファイル名で写真を保存する …… 227

Chapter 08

自動で更新するお天気ボードを作ろう

8-1 **本章で作成するお天気ボードについて知ろう** …… 230
お天気ボードの外観 …… 230
お天気ボードの作成に必要なもの …… 231
各パーツの役割 …… 231
8-2 **お天気ボードを組み立てよう** …… 232
ブレッドボードにジャンパーワイヤーを配線する …… 232
電子パーツを取り付ける …… 234
ブレッドボードとラズベリー・パイをつなぐ …… 235
8-3 **LCDを使えるようにしよう** …… 239
I2C 通信をオンにする …… 239
LCDを初期化する …… 241
8-4 **LCDに文字を表示させよう** …… 244
LCD モジュールで使える文字 …… 244
英文字を表示させる …… 245
プログラムで文字列を表示させる …… 246
スクロールして長文を表示させる …… 247
文字列を2 行に分けて表示させる …… 249
8-5 **LCDにカタカナを表示させよう** …… 251
カタカナはそのままでは表示できない …… 251
LCDにカタカナを表示させる …… 252
「ハレトキドキクモリ」と表示できるようにする …… 253
8-6 **LCDに天気予報を表示させよう** …… 258
ラズベリー・パイで気象情報を表示するには? …… 258
Python でJSONを取得する …… 259
JSON の必要な部分を取り出すプログラムを作る …… 261
LCDに天気を表示させる …… 262

Chapter 09

スマートフォンで操縦するロボットを作ろう

9-1 **本章で作成するロボットについて知ろう** …… 268
スマホで操縦するロボットの外観 …… 268
ロボットの作成に必要なもの …… 268
各パーツの役割 …… 269

9-2 スマートフォンで操縦するロボットを組み立てよう …… 270
2つのモーターを制御するには …… 270
回路を作成する …… 271
ロボットにラズベリー・パイとブレッドボードを取り付ける …… 272
電源を取り付けてロボットを完成させる …… 280
9-3 Blynkを使うための準備をしよう …… 284
スマートフォンでBlynk の初期設定をする …… 284
ラズベリー・パイでBlynk の設定をする …… 287
Blynk が正しくインストールできたかを確認する …… 289
Blynkを起動する …… 290
9-4 Blynk でロボットを操縦しよう …… 292
Blynk からラズベリー・パイに信号を送る …… 292
Blynk のプロジェクトを完成させる …… 295

Appendix はんだ付けにチャレンジしよう …… 298
はんだ付けに必要な道具 …… 298
はんだ付けをする …… 299
余分なはんだを吸い取り器で除去する …… 301

ご注意：ご購入・ご利用の前に必ずお読みください

●本書に記載された内容は、情報の提供のみを目的としています。したがって、本書を用いた運用は、必ずお客様自身の責任と判断によって行ってください。これらの情報の運用と結果について、技術評論社および著者はいかなる責任も負いません。
●本書記載の情報は、特に断りのない限り、2020年7月現在のものを掲載しています。本文中で解説しているWebサイトなどの情報は、予告なく変更される場合があり、ご利用時に本書の解説と異なっている可能性があります。
●本書記載の情報は、特に断りのない限り、以下の環境で使用した場合のものです。
Raspberry Pi OS Release date:2020-05-27Kernel version:4.19
OS：Windows 10、macOS Catalina
●本書に掲載されている接続図および回路図、パーツの一部は「Fritzing」(http://fritzing.org/) により作成されています。これらはクリエイティブコモンズのライセンス条項に基づき公開されています。
●以上の注意事項をご承諾いただいた上で、本書をご利用願います。これらの注意事項をお読みいただかずにお問い合わせをいただいても、技術評論社および著者は対処できません。

Chapter
00

ラズベリー・パイについて知ろう

Section 0-1 ラズベリー・パイは どんなコンピューター？

Section 0-2 ラズベリー・パイには どんな種類がある？

Section 0-3 ラズベリー・パイを使うために なにが必要？

Section

0-1 ラズベリー・パイはどんなコンピューター?

「ラズベリー・パイ」は、手のひらサイズの小さなコンピューターといわれることがあります。しかし、ふだん目にするパソコンやスマートフォンとは、姿形がまるで違います。ラズベリー・パイとは、一体どのようなコンピューターなのでしょうか?

ラズベリー・パイは小さなコンピューター

「コンピューター」と聞いてみなさんが思い浮かべるのは、パソコンやスマートフォンなどの、ウェブを見たり、アプリを使ったりするための機器ではないでしょうか? コンピューターを日本語で表現すると「電子計算機」です。厳密には、デジタル信号を使って計算ができる機器はすべてコンピューターです。家電量販店で売られている電卓なども、広い意味でコンピューターの一種といえます。

近年ではコンピューターの定義が狭くなり、コンピューターは「アプリケーションなど、プログラミングされたソフトウェアを動かすことができる機器」と説明することができます。パソコンやスマートフォンだけでなく、ゲーム機やシンセサイザーなどもコンピューターとしての一面を持っています。

それでは、ラズベリー・パイはどのようなコンピューターなのでしょうか。じつは、ラズベリー・パイは外見が小さくても、デスクトップパソコンに近い性質を持っているのです。

ラズベリー・パイでできること

ラズベリー・パイの基板上には、普通のパソコンと同じように、CPUやメモリーなどの機能を持つチップ(IC)が搭載されています。一般的なパソコンには、SSDやハードディスクといった、OSやソフトウェアを保存しておくためのストレージがありますが、ラズベリー・パイではmicro SDカードをストレージとして利用します。

また、ラズベリー・パイは有線LANやWi-Fi(無線LAN)のネットワークにも接続できます。これらの機能を利用して、パソコンと同じようにソフトウェアを実行したり、インターネットに接続したりできるのです。

ラズベリー・パイは安くても機能は十分

一般的なパソコンの価格は、安いもので数万円から、高性能のモデルは20万円以上します。これに対して、ラズベリー・パイは高いモデルでも7,000円台で購入できます。驚くほどの安さですが、性能面では、ラズベリー・

パイはパソコンの数分の1程度の能力しかありません。しかし、ラズベリー・パイ専用のOSを使うことで、Windowsパソコンと遜色ない機能を利用できます。専用のOSには、ウェブブラウザーのほか、オフィス互換ソフトや動画再生ソフトなども含まれています。これらのソフトウェアを使って、パソコンと同じことができるのです。

パソコン用のマウスやキーボードを流用できる

　ラズベリー・パイはHDMIやUSBなどの端子を備えています。これらの端子は、パソコンについている端子と同じ機能を持っています。HDMI端子にはデスクトップパソコンで広く利用されている液晶モニターを、USB端子にはキーボードやマウスなどの周辺機器をつないで利用できます。USBメモリーでパソコンとファイルのやり取りをしたり、USB接続の無線LANアダプターを使ってインターネットに接続する、といったことも可能です。

ラズベリー・パイは電子工作にも使える

　ラズベリー・パイは、買ったままの状態では基板を保護するためのケースがなく、むき出しの状態となっています。基板をよく見ると、たくさんのピンが並んでいることが分かります。これは、GPIO (General Purpose Input/Output) ピンヘッダーと呼ばれ、ラズベリー・パイのプログラムから信号を送ったり、外部からの信号を受信したりできます。このGPIOを利用することで、スイッチをつないで操作したり、モーターを動かしたりできるのです。
　たとえば、GPIOからモーターの動きをコントロールして、スマートフォンで操作するラジコンカーを作ることもできます。ラズベリー・パイはパソコンと比べてはるかに小さく軽いので、ラジコンカーのような電子工作の作品に取り付けることもできるのです。
　価格が安く、小さくて軽いラズベリー・パイは、電子工作との相性がぴったりだといえます。

メモ

ラズベリー・パイを使った電子工作の魅力

本書で解説する電子工作は、家電製品を題材にした単純な作例が中心ですが、ラズベリー・パイを使って組み立てることでその仕組みを理解し、作ることの楽しさを知ることができます。また、家電製品は技術者が作業を分担して組み立てますが、ラズベリー・パイによる電子工作ではOSの導入、配線、プログラミングなど、すべて自分で行います。このため、完成した作例が動いたときには大きな達成感を得られます。

ラズベリー・パイのハードウェア

ラズベリー・パイは、1枚のコンピューター基板にCPUやメモリー、周辺機器の接続に必要な端子類などが搭載されています。それぞれの機能について知っておきましょう。

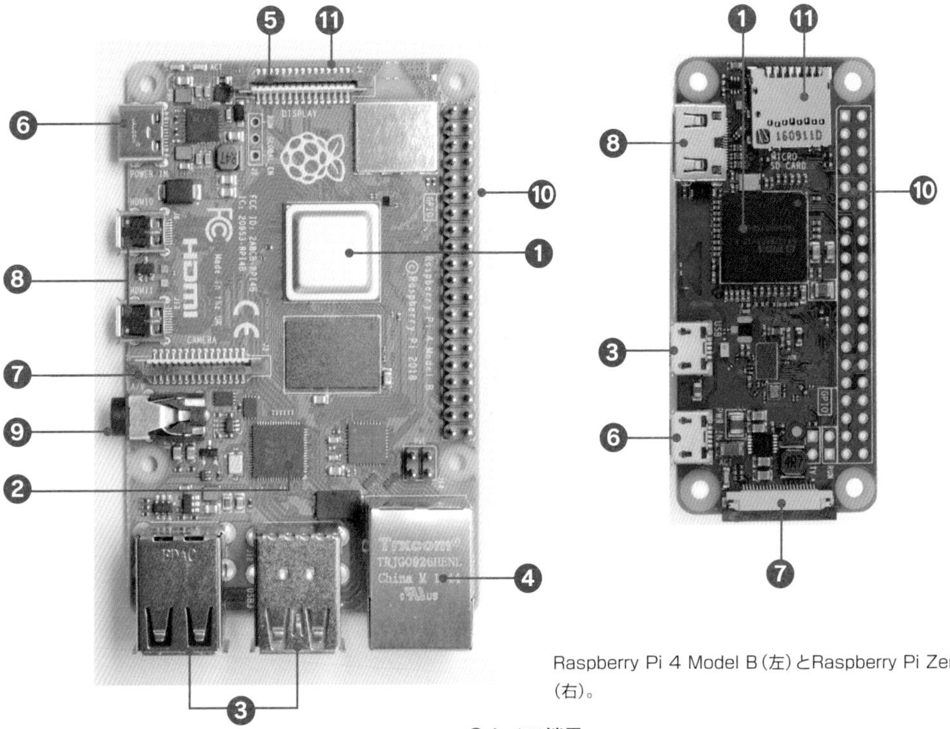

Raspberry Pi 4 Model B（左）とRaspberry Pi Zero（右）。

❶SoC
CPUやメモリー、グラフィックス機能、ネットワーク通信など、ラズベリー・パイを動作させるために必要な機能をひとまとめにしたIC。

❷USBコントローラー
複数のUSB端子を制御するためのIC。

❸USB端子（USBコネクター）
キーボードやマウスなどの周辺機器をつなぐ端子。Raspberry Pi Zero／W／WHでは小型のMicro USB端子が搭載されている。

❹有線LAN端子
LANケーブルでネットワークへつなぐための端子。

❺ディスプレイ端子
ラズベリー・パイ専用の液晶ディスプレイモジュールをつなぐための端子。HDMI端子でパソコンのモニターにつなぐときは使わない。

❻電源用マイクロUSB端子
ラズベリー・パイにACアダプターやモバイルバッテリーなどの電源をつなげるための端子。Raspberry Pi 4 Model BはUSB Type-C端子がついている。

❼カメラ端子
ラズベリー・パイ専用のカメラモジュールを接続するための端子。

❽マイクロHDMI端子
HDMIに対応したモニターに接続するための端子。Raspberry Pi Zero/Zero W/Zero WHでは小型のミニHDMI端子、Raspberry Pi 2/3にはフルサイズのHDMI端子が搭載されている。

❾3.5mmオーディオ端子
スピーカーやイヤホンなどに接続できる、3.5mmのステレオオーディオ端子。

❿GPIOピン
ラズベリー・パイに電子パーツを接続するためのピン。プログラムからGPIOピンへ信号を送信したり、GPIOピンで受信した信号をプログラムで処理したりすることで、電子パーツを制御できる。

⓫micro SDカードスロット
micro SDカードを挿入するスロット。Raspberry Pi Zero／W／WH以外は基盤の裏側にある。

Section
0-2 ラズベリー・パイにはどんな種類がある？

2012年に最初のモデルが発売されてから、ラズベリー・パイは何度かバージョンアップされています。これまでに発売されたラズベリー・パイの多くは、現在でも購入が可能です。それぞれ、どのような特徴があるのでしょうか。

現在販売されているラズベリー・パイ

現在販売されているラズベリー・パイには、いくつかの種類があります。発売時期により、性能や機能が異なりますが、今でもほぼすべてのモデルが購入できます。どのような違いがあるのかを見ていきましょう。

Raspberry Pi 1 Model A+

■発売日：2014年11月　■価格：$20

現在購入可能なラズベリー・パイのうち、もっとも古いモデルです。性能面では最新モデルに見劣りし、推奨される電源が少ないですが、扱いやすいモデルです。単体でのネットワーク接続はできず、別途USB接続のLANアダプタが必要です。

CPU		GPU	メモリー
ARMv6、ARM11、シングルコア700 MHz		250 MHz	512MB
映像出力	音声出力	有線通信	無線通信
HDMI／MIPI DSI	3.5mmジャック／HDMI／I2S	−	−
USBポート	電源（推奨）	サイズ	重量
1（USB2.0）	0.7A（3.5W）	65mm×56.5mm	23g

Raspberry Pi 3 Model A+

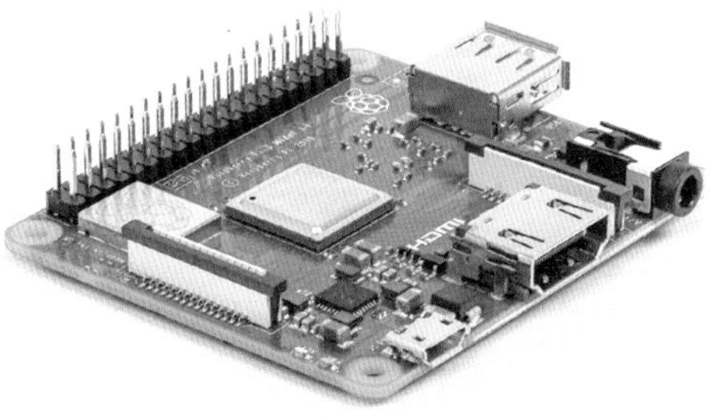

■発売日：2019年12月　■価格：$25

Raspberry Pi 1 Model A+の上位スペックモデルです。性能面では1世代前のRaspberry Pi 3 Model B+に近く、メモリーは512MBに、USBポートは1つに、有線通信をなくすなどのスペックダウンが行われる代わりに小型化されています。

CPU		GPU	メモリー
ARMv8(64bit)、ARM Cortex-A、クアッドコア1.4 GHz		400 MHz	512 MB
映像出力	音声出力	有線通信	無線通信
HDMI／MIPI DSI	3.5mmジャック／HDMI／I2S	−	11b／g／n／ac、Bluetooth4.2BLE
USBポート	電源（推奨）	サイズ	重量
1（USB2.0）	2.5A（12.5W）	65mm×56.5mm	23g

Raspberry Pi 1 Model B+

■発売日：2014年7月 ■価格：$25

CPUはRaspberry Pi 1 Model A+と同じですが、メインメモリーが512MBに倍増されたモデルです。USB2.0ポートが4つに増え、USBハブをつながなくてもキーボードとマウスを同時に使えます。

CPU		GPU	メモリー
ARMv6、ARM11、 シングルコア700 MHz		250 MHz	512 MB
映像出力	音声出力	有線通信	無線通信
HDMI／MIPI DSI	3.5mmジャック／ HDMI／I2S	10/100Mbps	－
USBポート	電源（推奨）	サイズ	重量
4（USB2.0）	1.8A（9.0W）	85.6×56.5mm	45g

Raspberry Pi 2 Model B

■発売日：2015年2月 ■価格：$35

900MHzのクアッドコアCPU+1GBメモリーと、Raspberry Pi 1 Model B+と比べて大幅に性能がアップしています。推奨される電源は9.0W（5V／1.8A）で、Raspberry Pi 1 Model B+と同等です。

CPU		GPU	メモリー
ARMv7、ARM Cortex-A、 クアッドコア900MHz		400 MHz	1 GB
映像出力	音声出力	有線通信	無線通信
HDMI／MIPI DSI	3.5mmジャック／ HDMI／I2S	10/100Mbps	－
USBポート	電源（推奨）	サイズ	重量
4（USB2.0）	1.8A（9.0W）	85.6×56.5mm	45g

Raspberry Pi 3 Model B

■発売日：2016年2月 ■価格：$35

Raspberry Pi 2 Model Bからさらに性能アップしたモデルです。IEEE802.11b／g／nのWi-FiとBluetooth 4.1／LEの 無線機能が使えます。その分、推奨される電源は12.5Wとなっています。

CPU		GPU	メモリー
ARMv8(64bit)、ARM Cortex-A、 クアッドコア1.2 GHz		400 MHz	1 GB
映像出力	音声出力	有線通信	無線通信
HDMI／MIPI DSI	3.5mmジャック／ HDMI／I2S	10/100Mbps	11b／g／n、 Bluetooth4.1／LE
USBポート	電源（推奨）	サイズ	重量
4（USB2.0）	2.5A（12.5W）	85.6×56.5mm	45g

Raspberry Pi 3 Model B+

■発売日：2018年3月 ■価格：$35

Raspberry Pi 3 Model Bの機能を継承しながら、CPUの動作周波数は1.4GHzにアップしています。Wi-FiはIEEE802.11b／g／n／acに対応します。推奨される電源は12.5W（5V／2.5A）です。

CPU		GPU	メモリー
ARMv8(64bit)、ARM Cortex-A、クアッドコア1.4 GHz		400 MHz	1 GB
映像出力	音声出力	有線通信	無線通信
HDMI／MIPI DSI	3.5mmジャック／HDMI／I?S	ギガビット	11b／g／n／ac、Bluetooth4.2BLE
USBポート	電源（推奨）	サイズ	重量
4（USB2.0）	2.5A（12.5W）	85×56mm	45g

Raspberry Pi 4 Model B 2GB

■発売日：2019年11月 ■価格：$45

1.5GHzのクアッドコアCPU、2GBのメモリーなど、性能アップした最新モデルです。15W（5V／3A）の電源が必要となるため、電源入力のためのコネクターがUSB-Cへと変わっています。

CPU		GPU	メモリー
ARMv8(64bit)、ARM Cortex-A、クアッドコア1.5 GHz		デュアルコア 500 MHz	2GB
映像出力	音声出力	有線通信	無線通信
HDMI／MIPI DSI	3.5mmジャック／HDMI／I2S	–	11b／g／n／ac、Bluetooth5.0
USBポート	電源（推奨）	サイズ	重量
2（USB2.0） 2（USB3.0）	3A（15W）	85×56mm	45g

Raspberry Pi 4 Model B 4GB

■発売日：2019年11月 ■価格：$55

上記のモデルと同時に発売された最新モデルです。メモリーが4GBとなっている以外は、まったく同じ性能となっています。2GBモデルと同様にUSB3.0を2ポート搭載しています。ほかに、メモリーが1GBと8GBのモデルもあります。

CPU		GPU	メモリー
ARMv8(64bit)、ARM Cortex-A、クアッドコア1.5 GHz		デュアルコア 500 MHz	4GB
映像出力	音声出力	有線通信	無線通信
HDMI／MIPI DSI	3.5mmジャック／HDMI／I2S	–	11b／g／n／ac、Bluetooth5.0
USBポート	電源（推奨）	サイズ	重量
2（USB2.0） 2（USB3.0）	3A（15W）	85×56mm	45g

Raspberry Pi Zero

■発売日：2015年11月　■価格：＄5

従来のモデルから、サイズを大幅に縮小したモデルです。価格が抑えられ、購入しやすくなっているかわりに、CPUやメモリーなど性能面も低めに設定されています。推奨される電源は6W（5V／1.2A）と、現在購入できるRaspberry Piシリーズの中ではもっとも容量が小さいのも特徴の1つです。GPIOピンヘッダーは搭載されておらず、必要な場合は半田づけします。

CPU		GPU	メモリー
ARMv6、ARM11、シングルコア1GHz		250MHz	1 GB
映像出力	音声出力	有線通信	無線通信
ミニHDM	ミニHDMI、I2S	－	－
USBポート	電源（推奨）	サイズ	重量
1 (Micro USB)	1.2A（6.0W）	65×30mm	9g

Raspberry Pi Zero W

■発売日：2017年2月　■価格：＄10

Raspberry Pi Zeroに無線LAN機能を追加したモデルです。CPUやメモリー、消費電力などはRaspberry Pi Zeroと同じですが、IEEE801.11b／g／nのWi-Fi機能とBluetooth 4.1／LEに対応しています。Raspberry Pi Zero WにはGPIOのピンヘッダがありませんが、ピンヘッダを備えたRaspberry Pi Zero WHというモデルもあります。

CPU		GPU	メモリー
ARMv6、ARM11、シングルコア1GHz		250MHz	512 MB
映像出力	音声出力	有線通信	無線通信
ミニHDM	ミニHDMI、I2S	－	IEEE802.11b／g／n、Bluetooth4.1／LE
USBポート	電源（推奨）	サイズ	重量
1 (Micro USB)	1.2A（6.0W）	65×30mm	9g

Raspberry Pi Zero WH

■発売日：2015年11月　■価格：＄14

Raspberry Pi Zero Wに搭載されているCPUやメモリ、Bluetoothや無線LANなどの機能はまったく同じで、ピンヘッダが付いているモデルです。

CPU		GPU	メモリー
ARMv6、ARM11、シングルコア1GHz		250MHz	1 GB
映像出力	音声出力	有線通信	無線通信
ミニHDM	ミニHDMI、I2S	－	－
USBポート	電源（推奨）	サイズ	重量
1 (Micro USB)	1.2A（6.0W）	65×30mm	9g

Section
0-3 ラズベリー・パイを使うためになにが必要?

コンピューターを使うには、操作するためのキーボードやマウス、映像を出力するためのモニターなどの周辺機器が必要です。ここでは、ラズベリー・パイを動作させるために必要なものを確認しておきましょう。

コンピューターとして使うために必要なもの

まずは、ラズベリー・パイをコンピューターとして利用する場合に必要なものを用意します。電子工作で使う場合でも、最初の設定や、動作しないなどのトラブルを解消するときに、これらの機器があると便利です。

ストレージ用のmicro SDカード

ラズベリー・パイのストレージはHDDやSSDではなく、micro SDカードを使います。容量16Gバイト以上のものを用意しましょう。

操作のためのキーボードとマウス

ラズベリー・パイを操作するには、キーボードとマウスが必要です。Raspberry Pi 3 Model BやZero Wなどの機種ではBluetoothに対応していますが、セットアップの時点では使うことができません。そのため、USB接続のタイプをおすすめします。キーボードとタッチパッドなどのポインティングデバイスが合体した製品は、ケーブルが1本で済むので使い勝手が向上します。

●キーボード

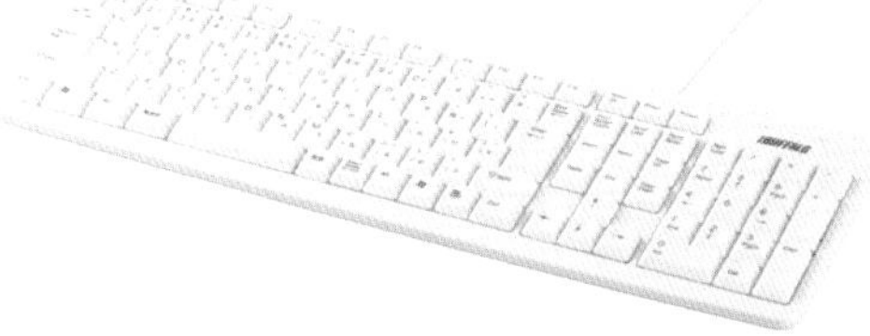

有線と無線のどちらのタイプでも利用できるが、セットアップ時に利用できるのは有線タイプのみ。無線タイプは2.4GHzワイヤレス対応の製品がおすすめ。

●マウス

有線と無線のどちらのタイプでも利用できるが、セットアップ時に利用できるのは有線タイプのみ。無線タイプはBluetooth対応ではなく、接続がかんたんな2.4GHzワイヤレス対応の製品がおすすめ。

セットアップ用の液晶モニター

ラズベリー・パイのセットアップ時には液晶モニターが必要です。ラズベリー・パイにはHDMI端子がついているので、同じHDMI端子を備えたパソコン用モニターがあると便利です。HDMI端子を備えた、家庭用の薄型テレビでも代用できます。なお、ラズベリー・パイ専用の小型の液晶モニターが販売されていますが、多くの製品は使用するための知識や設定作業が必要です。はじめのうちはパソコン用のモニターやテレビを利用して、慣れてきたら専用の小型モニターを導入するとよいでしょう。

●パソコン用のモニター

デスクトップパソコンで使用する液晶の外付けモニター。HDMI端子がついている機種であればラズベリー・パイで使える。

●小型の液晶モニター

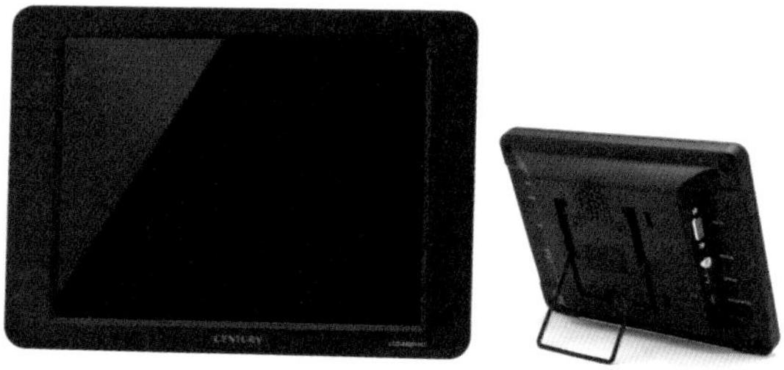

ラズベリー・パイなど小型コンピューター向けに、サイズの小さな液晶モニターが販売されている。HDMI端子を備えた製品を選ぶとよい。

●家庭用の液晶テレビ

HDMI端子を備える家庭用の液晶テレビでも代用可能。

●ラズベリー・パイ専用の小型液晶モニター

GPIOピンや外部出力ポートに接続する、ラズベリー・パイ専用の液晶モニターもある。インターネット通販などで購入可能。

動作用の電源

ラズベリー・パイには電源がついていないため、別途ACアダプターが必要です。モデルによって消費電力が異なるため、手持ちの機種に合わせたものを選ぶ必要があります。Raspberry Pi ZeroやPi 2 Model B以下の機種は消費電力が少ないため、スマートフォン用のACアダプターでも動作することが多いのですが、Pi 3 Model B以降の消費電力の大きい機種は、2.5A以上を出力できるACアダプターが必要になります。

●USBのACアダプター

3A以上の出力ができるUSB-Cタイプがおすすめ。Pi 4は両端がUSB-CのUSB3.1ケーブルを使うことで、3Aの電力供給ができる。Pi 3以前のモデルは、片側がMicro USBのケーブルを使って接続する。

●モバイルバッテリー

モバイルバッテリーについては、出力が大きくても、1ポートあたり2.4Aまでの製品が多い。1ポートでも3A出力できるものであれば、余裕をもってラズベリー・パイを動作させることができる。

ケーブルや変換アダプター

ラズベリー・パイにモニターやACアダプターを接続するためのケーブルも必要です。Raspberry Pi ZeroやZero Wは端子の形状が異なっているので、変換するケーブルやアダプターも用意しておきます。

●電源用のMicro USBケーブル

ACアダプターやモバイルバッテリーと接続するためのMicro USBケーブル。USB Type-Cケーブルを使う場合は、Micro USB端子への変換アダプターが必要。

●USB機器を接続するための変換ケーブル

Raspberry Pi Zeroは、Micro USB端子からキーボードなどへ接続する。そのままでは端子の形状が異なるので、変換アダプターを用意しておく。Raspberry Pi 1～4では不要。

●HDMI変換アダプター

Raspberry Pi Zeroは、HDMI端子の形状が通常よりも小さいミニHDM端子となっている。一般的なモニターに接続するためには変換アダプターが必要となる。Raspberry Pi 4ではマイクロHDMIの変換アダプターが必要。Raspberry Pi 1～3では変換アダプターは不要。

電子工作でよく使うもの

ラズベリー・パイを使った電子工作では、下記のアイテムをよく使います。モーターやLEDなど、実際の工作に必要なパーツは後の章で解説しますが、電子工作をはじめるにあたって最低限必要なものを紹介します。

●ブレッドボード

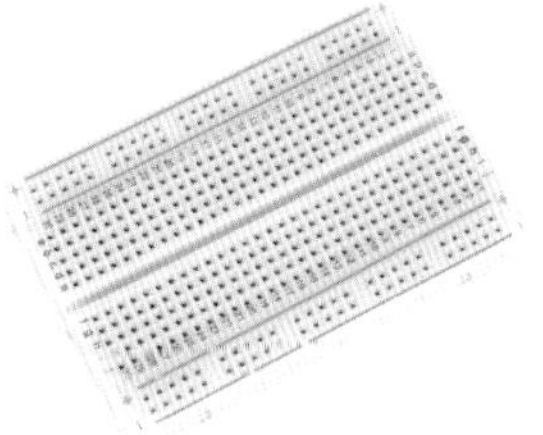

LEDやスイッチなどの電子パーツを差し込んで、動作を確認したり、回路を試作したりするためのボード。本書で使用するブレッドボードについてはP.116参照。

●ジャンパーワイヤー

ブレッドボード上の穴に差して使う。ラズベリー・パイのGPIOピンはオス、ブレッドボードの穴はメスなので、オス－メスのジャンパーワイヤーと、ブレッドボード上だけで使うオス－オスのジャンパーワイヤーを用意しておく。

●フラットケーブル

ラズベリー・パイのGPIOをそのままブレッドボードで使えるようにするためのフラットケーブル。なくてもよいが、大きなサイズのブレッドボードを使う場合は、フラットケーブルを利用すると回路を作りやすい。

●マイクロスイッチ

回路をオン／オフする、ラズベリー・パイに信号を送など、動作を確認するときに利用する。本書では「タクトスイッチ」を使用する。

メモ

ラズベリー・パイを使った電子工作の基礎知識

スマートフォン用のモバイルバッテリーやUSB電源アダプターは使える?

一般的なスマートフォン用のモバイルバッテリーやUSB電源アダプターの多くは、USB-A端子を備えたものがほとんどです。USB-A端子で供給できる電流値は0.5Aで、ラズベリー・パイを安定して動作させることはできませんが、急速充電が可能で2.4Aの出力に対応しているモデルであれば、Raspberry Pi 3までの機種であれば使うことができます(Raspberry Pi 3では2.5Aの電源が推奨されていますが、それほど大きな負荷がかからず十分に使用できます)。Raspberry Pi 4では、3Aの出力が必要です。最近のスマートフォンの充電器には、3A出力に対応しているものもあります。1ポート15W以上の表記があれば、3A出力ができます。

3Aで急速充電に対応するAnkerの「PowerPort Atom PD 1」。

ラズベリー・パイのCPUのコア数は多い方がいい?

Raspberry Pi 1やPi Zeroの CPUコアは1つですが、Raspberry Pi 2～4は4つのCPUコアを内蔵しています。CPUコアはCPUの内部にある、実際に処理を行う部分です。コア数が多ければ複雑なプログラムを高速で処理できますが、本書で作成するプログラムはかんたんなものが多く、コア数の違いによる差はほとんどありません。ただし、CPUのクロック周波数による処理速度の差はあります。

静電気で電子パーツが壊れることはある?

ラズベリー・パイはパソコンと同じ精密さがあり、微弱な電気で動く箇所がたくさんあります。電子パーツも同様に、わずかな電流が機器を誤動作させてしまうこともあります。冬など乾燥して静電気が発生しやすいときには、金属のドアノブに触れて放電させておくなどの注意が必要です。また、長い時間工作に取り組む場合は、作業中に衣服などへ静電気がたまる場合があります。ラズベリー・パイにダメージを与える不安があるときは、静電気を防止するリストバンドなどをはめて作業しましょう。

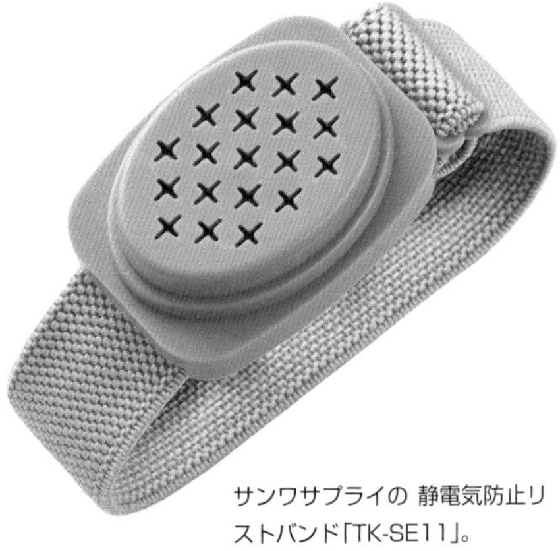

サンワサプライの 静電気防止リストバンド「TK-SE11」。

ポイント

初心者はRaspberry Pi 3 Model B+を購入しよう

本章で紹介したように、ラズベリー・パイは多くのモデルが販売されています。このうち、Raspberry Pi 1/2やRaspberry Pi Zero/W/WHはモデルによって差がありますが、動作が重い、メモリーが少ない、USB端子が1つしかない、Wi-Fiに非対応、GPIOピンヘッダーが取り付けられていない、などの制限があります。2018年3月発売の「Raspberry Pi 3 Model B+」はこのような制限がないため、はじめてラズベリー・パイを購入する人にはおすすめです。最新機種の「Raspberry Pi 4 Model B」はハイスペックですが、端子の形状が異なっていたり、要求電力が高くACアダプターによっては使えないことがあります。
なお、ラズベリー・パイ本体とケース、ヒートシンク、電源ケーブル、HDMIケーブル、micro SDカードなど、必要なパーツがセットになった「スターターキット」が複数の会社から発売されています。NOOBS(P.24参照)がインストールされたmicro SDカードや、スイッチ付きの電源ケーブルなど、便利なパーツが付属するキットもあります。パーツの選択肢は狭くなりますが、買い物がかんたんで、必要なパーツの買い忘れを防止できるので、初心者はこのようなキットを購入するのもよいでしょう。

Chapter 01

ラズベリー・パイを使う準備をしよう

Section 1-1 OSをインストールする準備をしよう

Section 1-2 ラズベリー・パイにOSをインストールしよう

Section 1-3 モニターがない環境でOSをインストールしよう

Section 1-4 Wi-Fiに接続しよう

Section 1-5 インストール後の初期設定をしよう

Section 1-1

OSをインストールする準備をしよう

購入したばかりのラズベリー・パイにはOSがインストールされておらず、そのままでは使うことができません。まずは、OSのインストールからはじめましょう。ラズベリー・パイ専用のOS「Raspbian（ラズビアン）」をインストールするプログラムをインターネットからダウンロードして、ラズベリー・パイに導入します。

3つのインストール方法

「Raspbian」はラズベリー・パイ専用に作られたOSです。Linuxをベースにしており、OfficeソフトやMinecraft（マインクラフト）などのゲームが含まれているため、インストールの完了後、すぐに使うことができます。

Raspbianをインストールするには、3つの方法があります。1つ目は、Raspbianのイメージファイルをダウンロードして、micro SDカードに書き込む方法です。2つ目は、「NOOBS」というインストールプログラムをmicro SDカードにコピーして、ラズベリー・パイで実行させる方法です。どちらも最終的には同じRaspbianがインストールされますが、16GB以下のmicro SDカードを使うときは、モニターのない環境でもインストールができるNOOBSがおすすめです。32GB以上のmicro SDカードではこの方法が使えないので、P.36で解説しているRaspberry Pi Imagerを使ってインストールします。

RaspbianとNOOBSは、ともに無料で配信されています。そのため、誰でも入手して手持ちのラズベリー・パイにインストールできます。まずは、パソコンを使ってNOOBSをダウンロードしてみましょう。

NOOBSをダウンロードする

1 パソコンでウェブブラウザーを開き、アドレスバーに「www.raspberrypi.org」と入力して、「Enter」キーを押します❶。ラズベリー・パイの公式ページが開示されたら、画面の上のほうにある「Downloads」をクリックします❷。

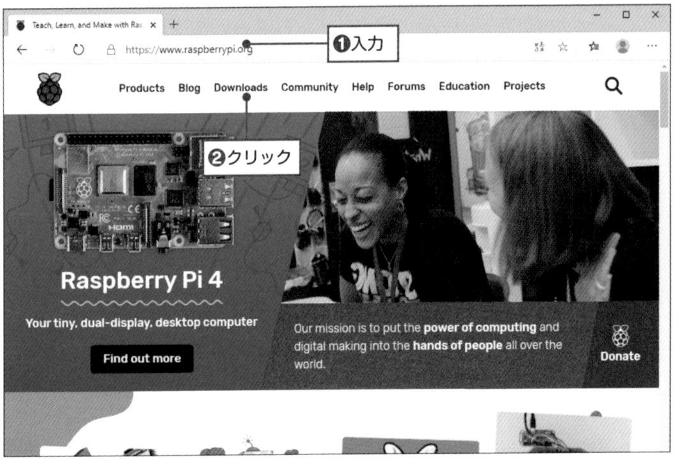

2 ダウンロードページが表示されます。このページではNOOBSとRaspbianのどちらをダウンロードするかを選べます。本書では「NOOBS」をクリックします❶。

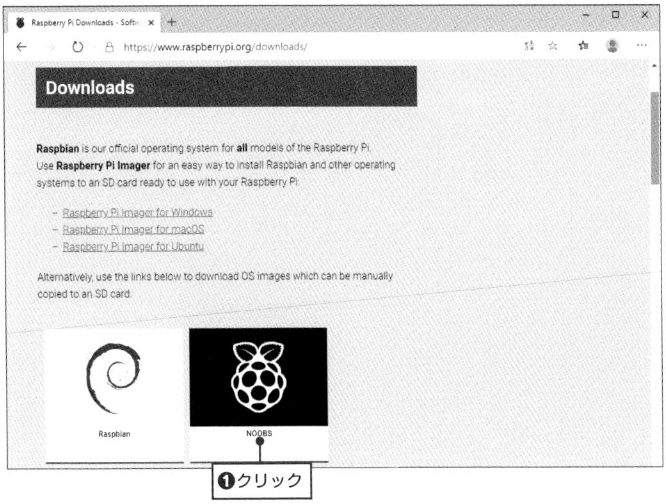
Raspberry Pi Downloads - Softw
https://www.raspberrypi.org/downloads/
Downloads
Raspbian is our official operating system for all models of the Raspberry Pi.
Use Raspberry Pi Imager for an easy way to install Raspbian and other operating systems to an SD card ready to use with your Raspberry Pi:
– Raspberry Pi Imager for Windows
– Raspberry Pi Imager for macOS
– Raspberry Pi Imager for Ubuntu
Alternatively, use the links below to download OS images which can be manually copied to an SD card.
Raspbian
NOOBS
❶クリック

3 NOOBSのダウンロードページが表示されます。画面の下のほうにある「Download ZIP」をクリックします❶。ブラウザーによっては確認画面が表示されます。確認画面が表示されたら、画面の左側で「ダウンロード」フォルダーを選択した状態で「保存」をクリックすると、ダウンロードが開始されます。

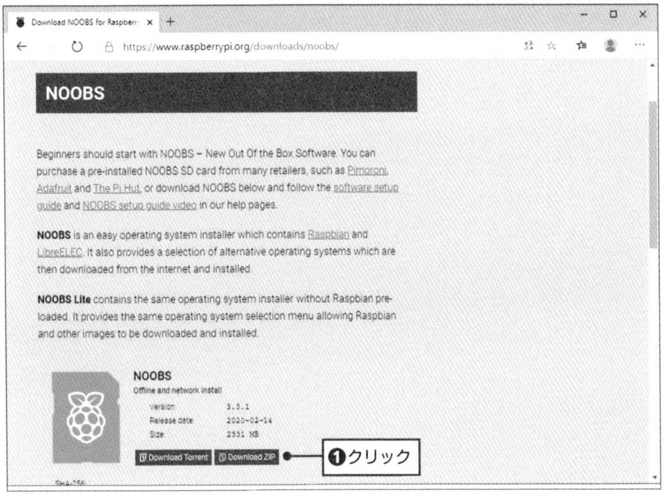
Download NOOBS for Raspberr
https://www.raspberrypi.org/downloads/noobs/
NOOBS
Beginners should start with NOOBS – New Out Of the Box Software. You can purchase a pre-installed NOOBS SD card from many retailers, such as Pimoroni, Adafruit and The Pi Hut, or download NOOBS below and follow the software setup guide and NOOBS setup guide video in our help pages.
NOOBS is an easy operating system installer which contains Raspbian and LibreELEC. It also provides a selection of alternative operating systems which are then downloaded from the internet and installed.
NOOBS Lite contains the same operating system installer without Raspbian pre-loaded. It provides the same operating system selection menu allowing Raspbian and other images to be downloaded and installed.
NOOBS
Offline and network install
Version: 3.3.1
Release date: 2020-02-14
Size: 2331 MB
Download Torrent
Download ZIP
❶クリック

micro SDカードをフォーマットする

NOOBSをダウンロードしたら、micro SDカードにインストール用ファイルを書き込みます。その際、micro SDカードは「FAT32」形式でフォーマットされている必要があります。市販のmicro SDカードの多くはあらかじめFAT32形式でフォーマットされているので、そのまま使う場合はフォーマットは不要です。別の形式でフォーマットしたmicro SDカードを流用する場合は、FAT32形式でフォーマットします。

なお、Windows 10は標準の機能でFAT32形式のフォーマットができないため、別途フォーマット用ツールを利用する必要があります。本書では「SDアソシエーション」という規格団体が提供している「SD Card Formatter」というツールを利用します。なお、このツールではFAT32形式でフォーマットできる容量が32GBまでとなっています。

1

ウェブブラウザーのアドレスバーに「www.sdcard.org/downloads/formatter_4/」と入力して、「Enter」キーを押します❶。表示されたページの下のほうにある「For Windows」（Macの場合は「For Mac」）をクリックします❷。

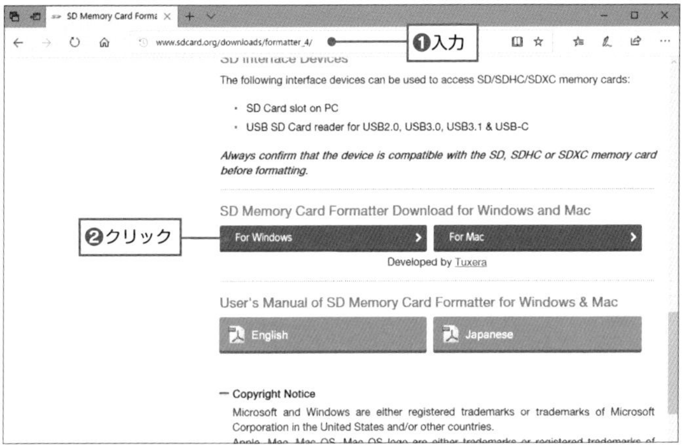
SD Memory Card Forma
www.sdcard.org/downloads/formatter_4/
❶入力
The following interface devices can be used to access SD/SDHC/SDXC memory cards:
SD Card slot on PC
USB SD Card reader for USB2.0, USB3.0, USB3.1 & USB-C
Always confirm that the device is compatible with the SD, SDHC or SDXC memory card before formatting.
SD Memory Card Formatter Download for Windows and Mac
❷クリック
For Windows
For Mac
Developed by Tuxera
User's Manual of SD Memory Card Formatter for Windows & Mac
English
Japanese
Copyright Notice
Microsoft and Windows are either registered trademarks or trademarks of Microsoft Corporation in the United States and/or other countries.

2

ダウンロードページが開示されたら、下のほうにある「Accept」をクリックします❶。確認画面が表示されたら、「実行」をクリックします❷。

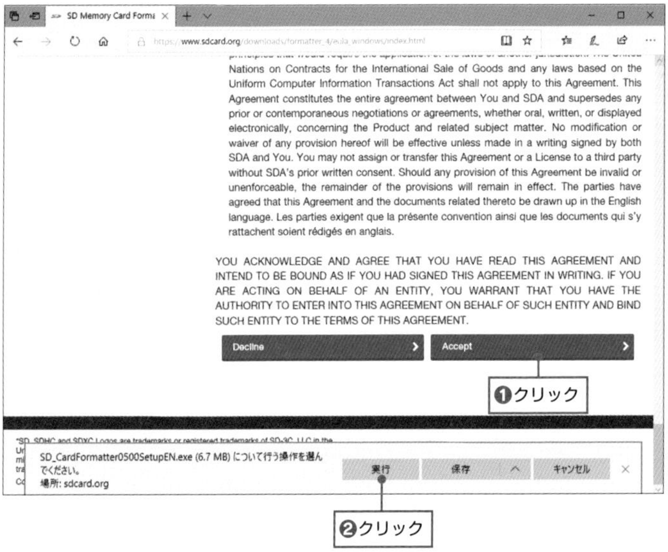
SD Memory Card Forma
www.sdcard.org/downloads/formatter_4/eula_windows/index.html
Nations on Contracts for the International Sale of Goods and any laws based on the Uniform Computer Information Transactions Act shall not apply to this Agreement. This Agreement constitutes the entire agreement between You and SDA and supersedes any prior or contemporaneous negotiations or agreements, whether oral, written, or displayed electronically, concerning the Product and related subject matter. No modification or waiver of any provision hereof will be effective unless made in a writing signed by both SDA and You. You may not assign or transfer this Agreement or a License to a third party without SDA's prior written consent. Should any provision of this Agreement be invalid or unenforceable, the remainder of the provisions will remain in effect. The parties have agreed that this Agreement and the documents related thereto be drawn up in the English language. Les parties exigent que la présente convention ainsi que les documents qui s'y rattachent soient rédigés en anglais.
YOU ACKNOWLEDGE AND AGREE THAT YOU HAVE READ THIS AGREEMENT AND INTEND TO BE BOUND AS IF YOU HAD SIGNED THIS AGREEMENT IN WRITING. IF YOU ARE ACTING ON BEHALF OF AN ENTITY, YOU WARRANT THAT YOU HAVE THE AUTHORITY TO ENTER INTO THIS AGREEMENT ON BEHALF OF SUCH ENTITY AND BIND SUCH ENTITY TO THE TERMS OF THIS AGREEMENT.
Decline
Accept
❶クリック
SD_CardFormatter0500SetupEN.exe (6.7 MB) について行う操作を選んでください。
場所: sdcard.org
実行
保存
キャンセル
❷クリック

メモ

「名前を付けて保存」画面が表示された場合

❶のあと「名前を付けて保存」画面が表示された場合は、ファイルの保存先を指定して「保存」をクリックます。保存された圧縮ファイルを解凍し、生成されたフォルダー内にあるインストールプログラムのアイコンをダブルクリックします。

3

SD Card Formatterのインストールプログラムが起動します。数秒待ちます。

SD Card Formatter - InstallShield Wizard
Preparing to Install...
SD Card Formatter Setup is preparing the InstallShield Wizard, which will guide you through the program setup process. Please wait.
Extracting: SD Card Formatter Setup.msi
Cancel

4 インストールウィザードが開始します。「Next」をクリックします❶。

SD Card Formatter - InstallShield Wizard
Welcome to the InstallShield Wizard for SD Card Formatter
The InstallShield(R) Wizard will install SD Card Formatter on your computer. To continue, click Next.
WARNING: This program is protected by copyright law and international treaties.
❶クリック
< Back
Next >
Cancel

5 ライセンスの確認画面が表示されます。内容を確認して、「I accept the terms in the license agreement」をクリックします❶。「Next」をクリックします❷。

SD Card Formatter - InstallShield Wizard
License Agreement
Please read the following license agreement carefully.
END USER LICENSE AGREEMENT
NOTICE:
BY DOWNLOADING, INSTALLING OR USING THE PRODUCT, THE ENTITY OR INDIVIDUAL ENTERING INTO THIS AGREEMENT AGREES TO BE BOUND BY THE FOLLOWING TERMS. IF YOU DO NOT AGREE WITH ANY OF THESE TERMS, DO NOT DOWNLOAD, INSTALL, OR USE THE PRODUCT; PROMPTLY RETURN (IF APPLICABLE) THE PRODUCT TO THE SDA OR YOUR SDA DISTRIBUTOR. IF YOU REJECT THIS AGREEMENT, YOU WILL NOT ACQUIRE ANY LICENSE TO USE THE PRODUCT.
I accept the terms in the license agreement
❶クリック
Print
I do not accept the terms in the license agreement
InstallShield
< Back
Next >
Cancel
❷クリック

6 インストール先の選択画面が表示されます。そのまま「Next」をクリックします❶。

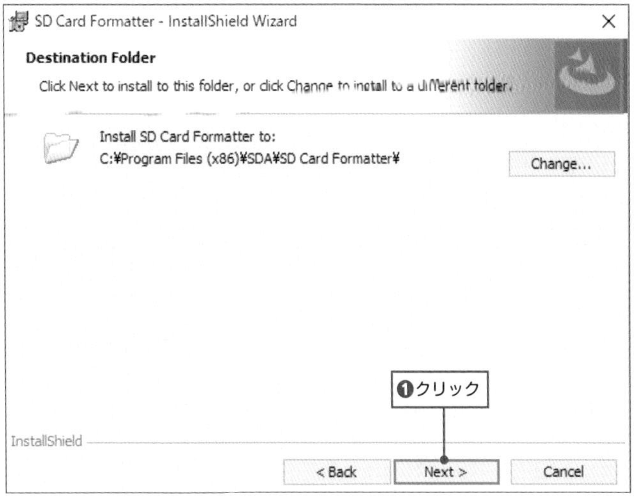
SD Card Formatter - InstallShield Wizard
Destination Folder
Click Next to install to this folder, or click Change to install to a different folder.
Install SD Card Formatter to:
C:¥Program Files (x86)¥SDA¥SD Card Formatter¥
Change...
❶クリック
InstallShield
< Back
Next >
Cancel

7 インストールの確認画面が表示されます。「Install」をクリックします❶。

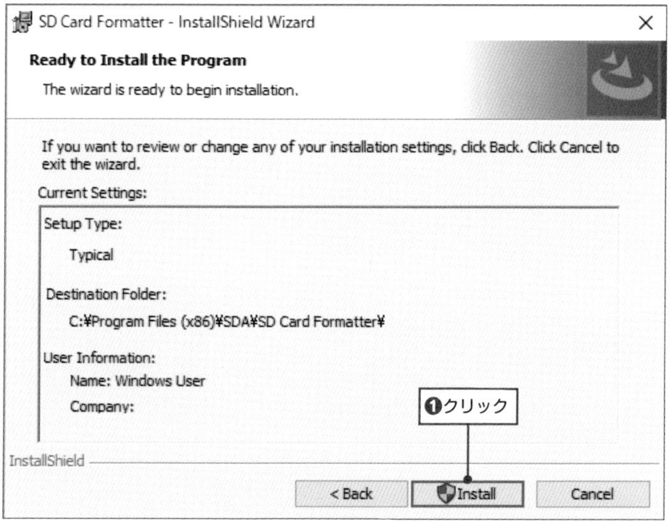

8 「ユーザーアカウント制御」画面が表示されます。「はい」をクリックします❶。

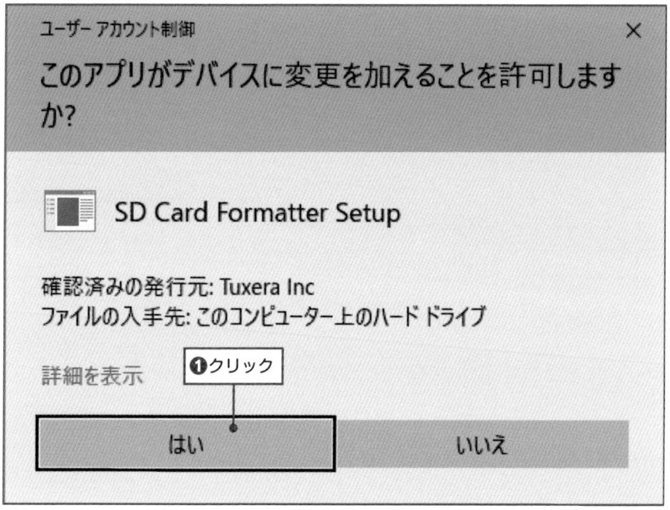

キーワード ユーザーアカウント制御

フォーマットや設定変更など、パソコンの根幹をなす機能は管理者だけが変更できます。それを許可する機能が「ユーザーアカウント制御」です。右の「ユーザーアカウント制御」画面は、パソコンでSD Card Formatterを実行する許可を求めています。

9 SD Card Formatterのインストールは数秒で完了します。「Launch the program」にチェックが入っていることを確認します❶。ここにチェックが入っていると、この画面を閉じたあと「SD Card Formatter」が起動します。「Finish」をクリックします❷。

10 「SD Card Formatter」が起動するときに、再度ユーザーアカウント制御の画面が表示されます。「はい」をクリックします❶。

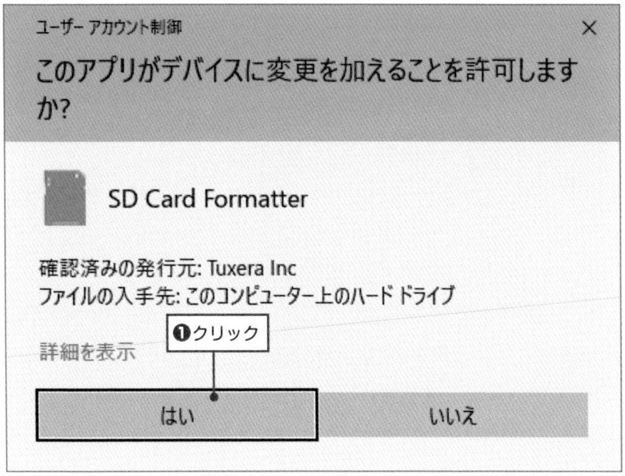

11 パソコンのSDカードスロット、またはUSB接続のカードリーダーにmicro SDカードを挿入します。

注意

micro SDカードの内容はすべて消去される

フォーマットを実行すると、micro SDカードの内容はすべて消去されます。micro SDカードを別の用途で使用していた場合は、大切なファイルが保存されていないか確認しましょう。

12 「SD Card Formatter」の画面が表示されたら、「カードの選択」欄をクリックして、micro SDカードのドライブ文字を選択します❶。「フォーマット」をクリックし❷、確認画面で「はい」をクリックするとフォーマットを開始します。

ポイント

インストールをやり直すときは、必ずフォーマットする

ラズベリー・パイが正常に動作しないなどの理由で、Raspbianのインストールをやり直すときは、必ずmicro SDカードを再度フォーマットしましょう。フォーマットをしないと、インストールができないことがあります。

micro SDカードにNOOBSを書き込む

フォーマットが完了したら、あらかじめダウンロードしておいたNOOBSをmicro SDカードに書き込みます。とはいっても、ダウンロードしたファイルをそのまま書き込むのではありません。ダウンロードしたファイルは圧縮されているので、展開して書き込みます。

1 エクスプローラーで「ダウンロード」フォルダーをクリックし❶、ダウンロードした圧縮ファイルをクリックして❷、「展開」タブ❸→「すべて展開」❹の順でクリックします。

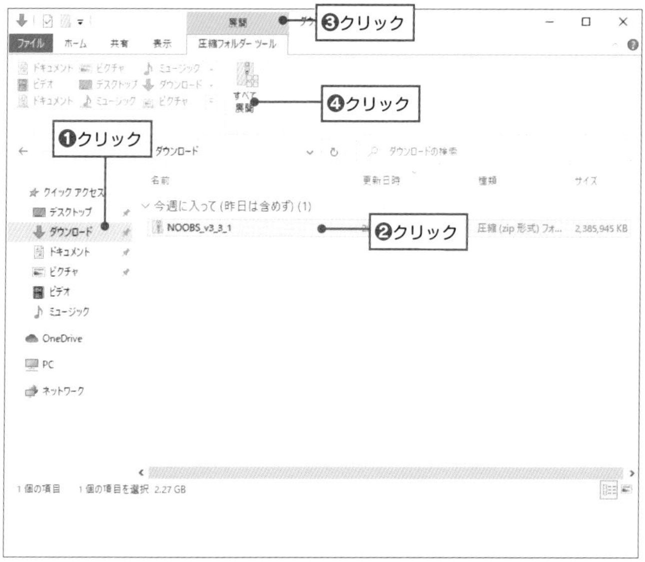

> メモ
>
> **解凍ツールがある場合**
>
> パソコンに圧縮ファイルの解凍ツールがインストールされている場合は、それを利用して解凍することもできます。その際は、ファイルの解凍先として、micro SDカードが挿入されているドライブを選択します。

2 「圧縮フォルダーの展開」画面が表示されます。「参照」をクリックします❶。

3 画面の左側から、micro SD カードが挿入されているドライブをクリックします❶。「フォルダーの選択」をクリックします❷。

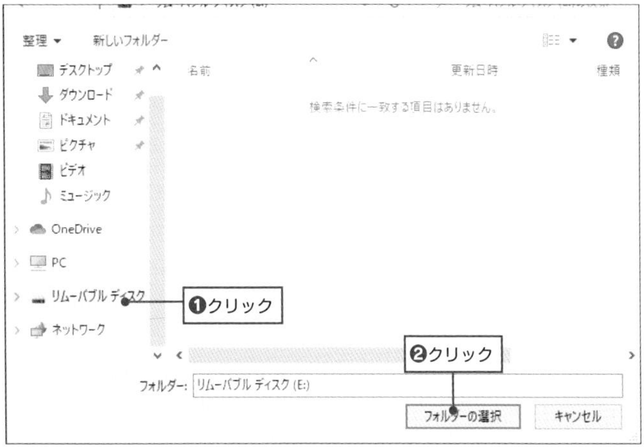

4 手順[2]の画面に戻ります。「展開」をクリックします❶。

5 圧縮ファイルの中身が micro SD カードにコピーされるので、このまま待ちます。パソコンの性能にもよりますが、数分でコピーが完了します。

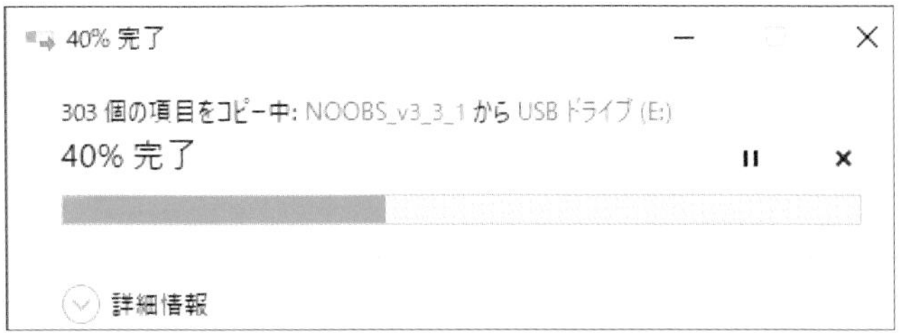

6 ファイルのコピーが完了すると、micro SD カードに展開されたファイルが表示されます。これで NOOBS が micro SD カードに書き込まれました。所定の操作を行って、パソコンまたはカードリーダーから micro SD カードを取り出しましょう。

Section

1-2 ラズベリー・パイにOSをインストールしよう

NOOBSを書き込んだmicro SDカードを使って、いよいよラズベリー・パイにRaspbianをインストールしていきます。英語の画面が多いので、戸惑うことがあるかもしれません。しかし、ここで解説する手順どおりに進めれば、悩むことはなくインストールできるはずです。

作業上の注意点を確認する

ラズベリー・パイを起動する前に、キーボードとマウスのUSBケーブルと、モニターをつなぐHDMIケーブルを接続し、micro SDカードを挿入します。電源用のMicro USBケーブルを接続するとラズベリー・パイが起動してしまうので、まだ接続してはいけません。

ラズベリー・パイは電子基板がむき出しの状態なので、作業中は基板上の部品やピンに触れないよう注意しましょう。ラズベリー・パイ用のケースに取り付けた状態で作業を開始すると安全です。

図はRasberry Pi 3 Model B+

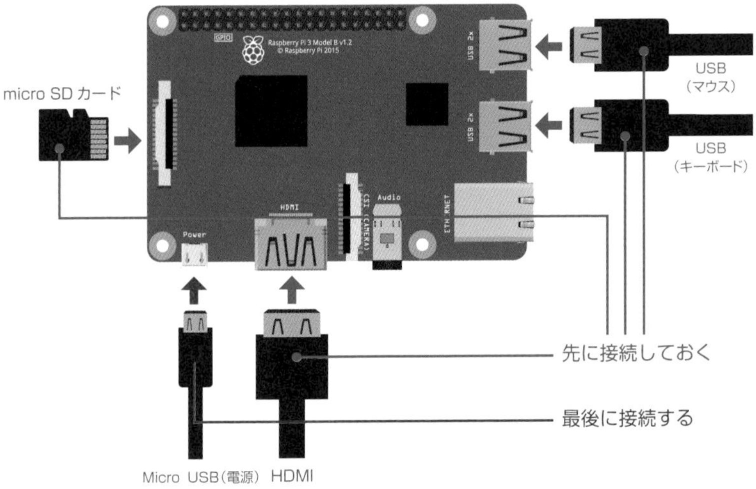

Raspberry Pi 4 Model Bにケーブルを接続する

ラズベリー・パイの各端子にキーボードとマウスの USB ケーブル、HDMI ケーブルを接続します。複数ある USB 端子はどれでも利用できます。マイクロ HDMI 端子は、2 つのうち USB-Type-C 端子側にある HDMI 0 に接続します。HDMI ケーブルは、片方がマイクロ HDMI になっているものか、HDMI → マイクロ HDMI の変換アダプターを使用します。

Raspberry Pi 1 ／ 2 ／ 3にケーブルを接続する

ラズベリー・パイの各端子にキーボードとマウスのUSBケーブル、HDMIケーブルを接続します。複数あるUSB端子はどれでも利用できます。Raspberry Pi 1 Model A＋はUSB端子が1つしかないので、USBハブが必要です。

Raspberry Pi Zero ／ W ／ WHにケーブルを接続する

Raspberry Pi Zero ／ W ／ WH に USB ケーブルを接続するには、USB → Micro USBの変換ケーブルを使用します。USB端子は1つしかないので、キーボードとマウスを接続するにはUSBハブが必要です。同様に、HDMIケーブルはHDMI→ミニHDMIの変換アダプターを使用して接続します。

micro SDカードを挿入する

ケーブルに続いて、NOOBSを書き込んだmicro SDカードをカードスロットに挿入します。micro SDカードは金属の端子がある面がラズベリー・パイの基板側になるように挿入します。表裏が逆の状態では挿入できないので、無理に押し込まないようにしましょう。

Raspbianのインストールを開始する

キーボードやマウス、モニターのケーブルを接続し、micro SDカードを挿入したら、いよいよRaspbianのインストールを開始します。

1 ラズベリー・パイの Micro USB 端子に電源用の USB ケーブルを接続します❶。すると、LED が点灯して電源がオンになります。

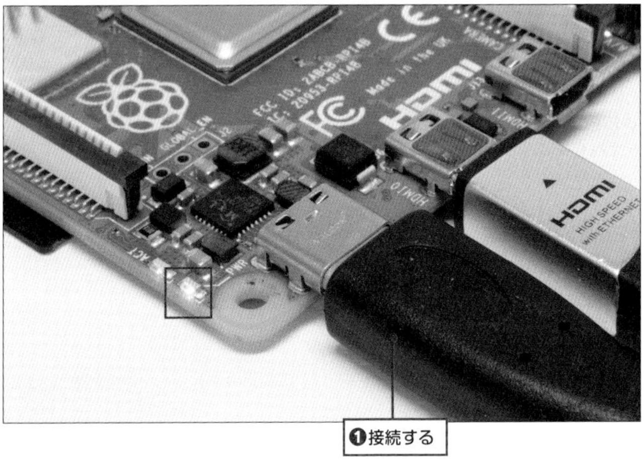

ポイント

接続するUSBケーブルの種類

Raspberry Pi 3以前の機種ではMicro USBケーブルを、Raspberry Pi 4 Model Bでは、USB Type-Cケーブルを接続します。

2 ラズベリー・パイが正常に動作すると、最初にこのような画面が表示されます。しばらく待ちます。

ポイント

モニターによっては表示されないことがある

起動時に表示される虹色の画面は、ほんの数秒間だけです。ラズベリー・パイに接続しているモニターによっては、この画面が表示される前に次の画面に切り替わることがあります。

3 インストール画面が表示されます。このままでは英語で読みにくいので、表示する言語を日本語に変更します。画面の下に表示されている「Language」欄の「▼」をクリックします❶。一覧から「日本語」をクリックします❷。

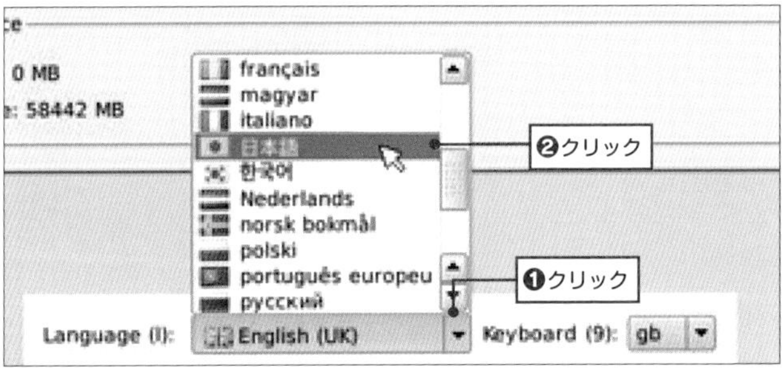

4 画面が日本語で表示されるようになりました。「Raspbian」をクリックして、チェックを入れます❶。画面左上の「インストール」をクリックします❷。確認画面が表示されたら、「はい」をクリックします❸。

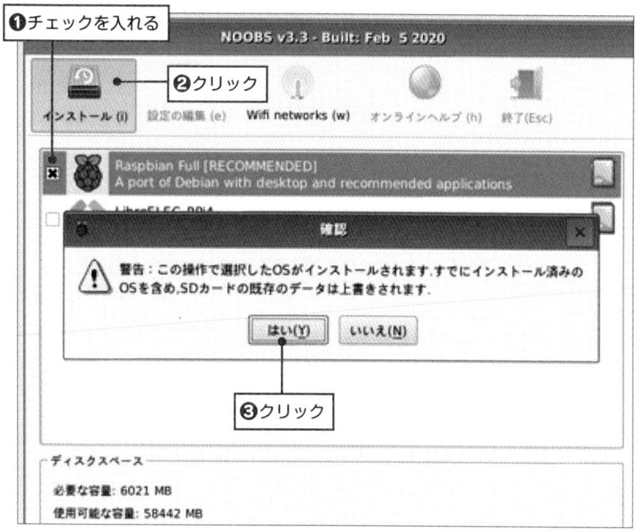
❶チェックを入れる
NOOBS v3.3 - Built: Feb 5 2020
❷クリック
インストール (i)
設定の編集 (e)
Wifi networks (w)
オンラインヘルプ (h)
終了(Esc)
Raspbian Full [RECOMMENDED]
A port of Debian with desktop and recommended applications
確認
警告：この操作で選択したOSがインストールされます.すでにインストール済みのOSを含め,SDカードの既存のデータは上書きされます.
はい(Y)
いいえ(N)
❸クリック
ディスクスペース
必要な容量: 6021 MB
使用可能な容量: 58442 MB

キーワード

LibreELEC

右の画面には、Raspbianのほかに「LibreELEC_RPi」という項目が表示されています。これは、ラズベリー・パイをテレビに接続して、動画や音楽を視聴することに特化したOSです。電子工作やプログラミング向きではないため、本書ではRaspbianをインストールします。

5 Raspbianのインストールが完了すると、右の画面が表示されます。「OK」をクリックすると❶、自動的にラズベリー・パイが再起動します。

OSがインストールされました
OSのインストールに成功しました
OK
❶クリック

6 Raspbianが正しくインストールされていると、再起動後に右のような画面が表示されます。このまま2～3分ほど待ちます。

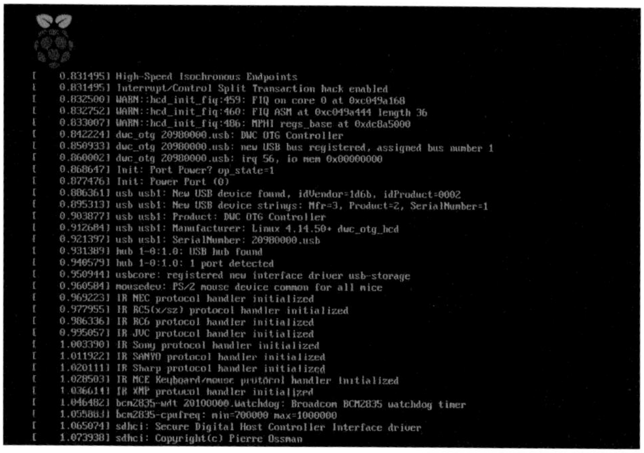
[0.831495] High-Speed Isochronous Endpoints
[0.831495] Interrupt/Control Split Transaction hack enabled
[0.832500] WARN::hcd_init_fiq:459: FIQ on core 0 at 0xc049a168
[0.832752] WARN::hcd_init_fiq:460: FIQ ASM at 0xc049a444 length 36
[0.833007] WARN::hcd_init_fiq:486: MPHI regs_base at 0xdc8a5000
[0.842224] dwc_otg 20980000.usb: DWC OTG Controller
[0.850933] dwc_otg 20980000.usb: new USB bus registered, assigned bus number 1
[0.860002] dwc_otg 20980000.usb: irq 56, io mem 0x00000000
[0.868647] Init: Port Power? op_state=1
[0.877476] Init: Power Port (0)
[0.886361] usb usb1: New USB device found, idVendor=1d6b, idProduct=0002
[0.895313] usb usb1: New USB device strings: Mfr=3, Product=2, SerialNumber=1
[0.903877] usb usb1: Product: DWC OTG Controller
[0.912684] usb usb1: Manufacturer: Linux 4.14.50+ dwc_otg_hcd
[0.921397] usb usb1: SerialNumber: 20980000.usb
[0.931389] hub 1-0:1.0: USB hub found
[0.940579] hub 1-0:1.0: 1 port detected
[0.950944] usbcore: registered new interface driver usb-storage
[0.960584] mousedev: PS/2 mouse device common for all mice
[0.969223] IR NEC protocol handler initialized
[0.977955] IR RC5(x/sz) protocol handler initialized
[0.986336] IR RC6 protocol handler initialized
[0.995057] IR JVC protocol handler initialized
[1.003390] IR Sony protocol handler initialized
[1.011922] IR SANYO protocol handler initialized
[1.020111] IR Sharp protocol handler initialized
[1.028503] IR MCE Keyboard/mouse protocol handler initialized
[1.036614] IR XMP protocol handler initialized
[1.046482] bcm2835-wdt 20100000.watchdog: Broadcom BCM2835 watchdog timer
[1.055883] bcm2835-cpufreq: min=700000 max=1000000
[1.065074] sdhci: Secure Digital Host Controller Interface driver
[1.073938] sdhci: Copyright(c) Pierre Ossman

ポイント

この画面には何が書いてある？

ラズベリー・パイの起動時や終了時には、毎回右の画面が表示されます。この画面には、Raspbianを構成している多くのプログラムの起動や終了の状態が表示されますが、とくに気にする必要はありません。

7 Raspbianが起動しました。

Welcome to Raspberry Pi
Welcome to the Raspberry Pi Desktop!
Before you start using it, there are a few things to set up.
Press 'Next' to get started.
Cancel
Next

メモ

インストールが完了したら？

Raspbianのインストールが完了したら、1-3「モニターがない環境でOSをインストールしよう」の操作は不要なので、1-4「Wi-Fiに接続しよう」の操作に進みましょう。

注意 Raspbianのインストール画面が表示されないときは

SDカードの種類によっては、P.34手順2の画面から先に進まなくなることがあります。その場合は「Raspberry Pi Imager」を利用してインストールします。Raspberry Pi Imagerを使えば、Raspbianがインストールされたmicro SDをパソコンで作成できます。作成済みのmicro SDカードをラズベリー・パイに挿入して起動すれば、インストール作業を行うことなく、Raspbianが使えるようになります。作業を始める前に、パソコンからmicro SDカードを使えるように接続しておきます。

Raspberry Pi Imager を使ったRaspbianのインストール

1

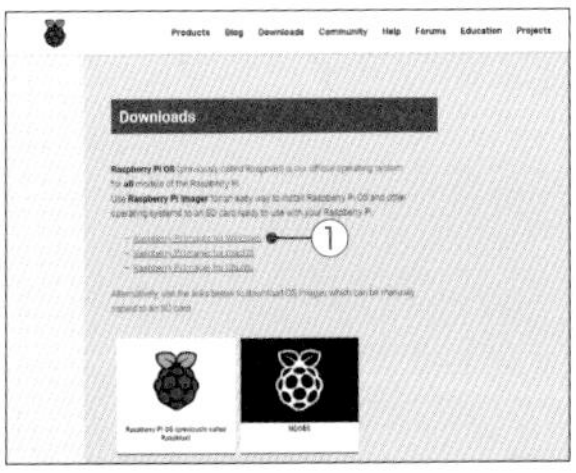

ウェブブラウザーでP.25手順2の画面を表示します。Windows、macOS、Ubuntu用 のRaspberry Pi imagerが用意されているので、ここではRaspberry Pi imager for Windowsをクリックします①。

2

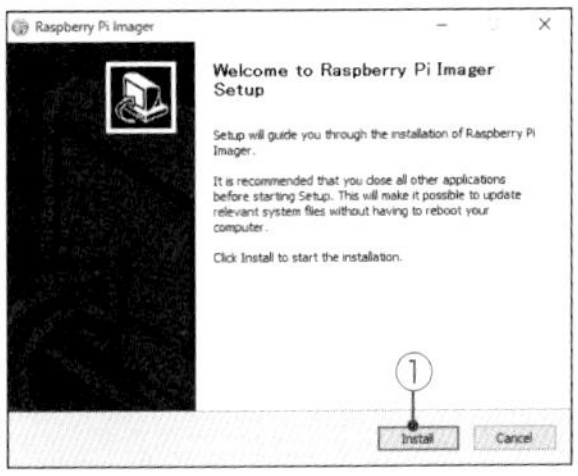

「imager.exe」というファイルがダウンロードされるので、ダブルクリックして実行します。この画面が表示されたら「Install」をクリックします①。Raspbianのインストールが開始します。

3

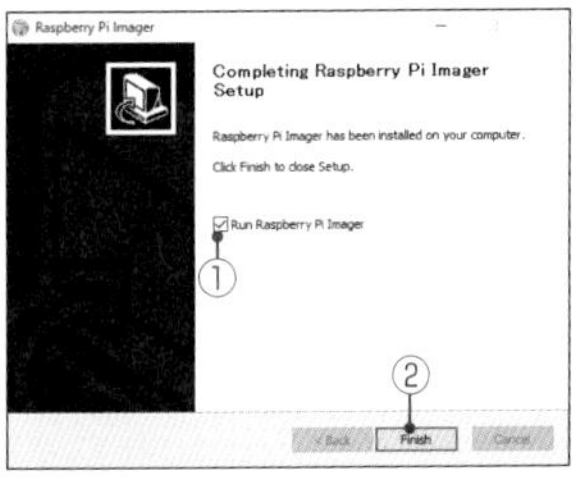

インストールが完了したら「Run Raspberry Pi Imager」にチェックが入っていることを確認します①。「Finish」をクリックします②。

4

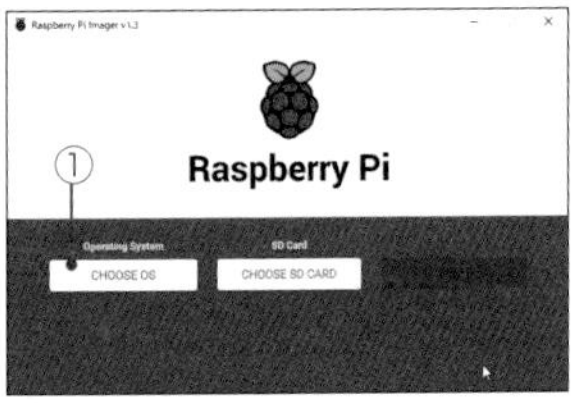

「Raspberry Pi Imager」が起動します。「CHOOSE OS」をクリックします①。

5

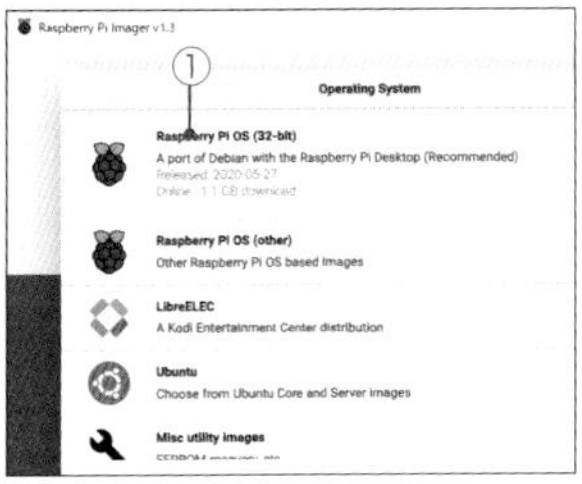

「Raspberry Pi OS (32-bit)」をクリックします①。

6

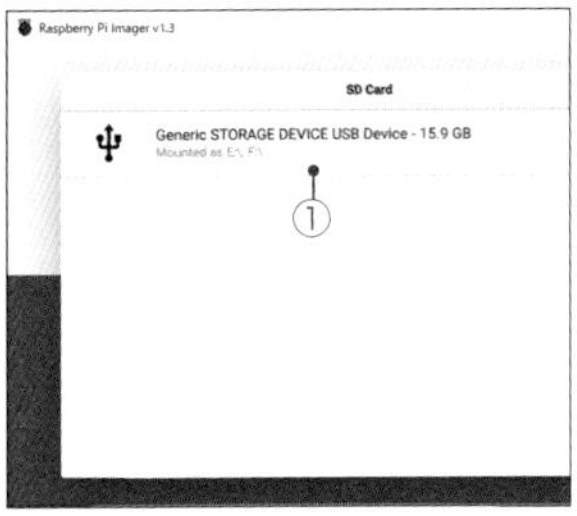

手順4の画面に戻ったら、「CHOOSE SD CARD」をクリックしてこの画面を開きます。SDカードの容量に近い項目をクリックします。ここでは、「Generic STORAGE DEVICE USB Device」をクリックします①。

7

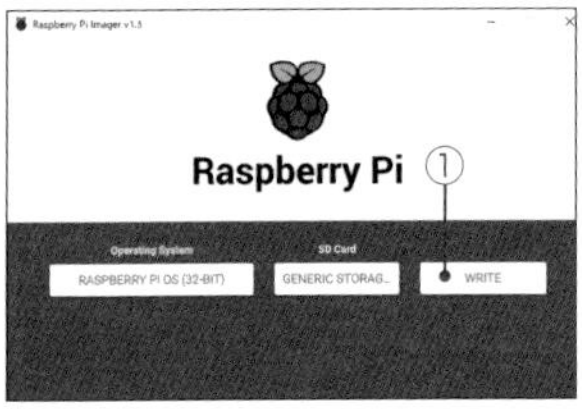

「Operating System」と「SD Card」の欄に先ほど設定した項目が入っていること確認します。「WRITE」をクリックすると①、Raspbianのインストールが開始します。

8

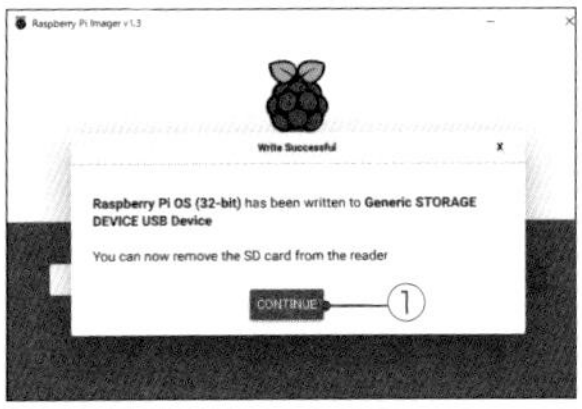

しばらく待つと、この画面が表示されます。SDカードを取り外し、「CONTINUE」をクリックします①。「×」をクリックすると、アプリが終了します。以上でインストールは完了です。

Section
1-3 モニターがない環境でOSをインストールしよう

前節の操作ですでにRaspbianのインストールが完了しているなら、ここで解説する手順は不要です。次の1-4節に進みましょう。ラズベリー・パイに接続する液晶モニターやキーボードがない場合でも、Raspbianをインストールできるようになっています。ただし、相当のスキルが必要になるので、初心者は1-2節で解説している通常の方法でRaspbianをインストールしましょう。

モニターなしでのRaspbianのインストール

本節で解説する、モニターなしでのRaspbianのインストールでは、ラズベリー・パイの画面表示をいっさい確認できません。そのため、すべての手順を画面表示に頼らず、手探りの状態で進める必要があります。さらに、手順が複雑で、なんらかの原因でインストールが止まってしまったときの対処が困難です。また、Wi-Fiが搭載されているモデルが必要となります。この手順でうまくインストールできないときは、液晶モニターやキーボードを接続して、1-2節で解説している通常の手順でインストールすることをおすすめします。

モニターがない環境でラズベリー・パイを使うには、Wi-Fi経由で別のパソコンのモニターにラズベリー・パイの画面を表示させます。この状態にたどり着けば、モニターを接続した場合と同様にラズベリー・パイを操作できるようになります。

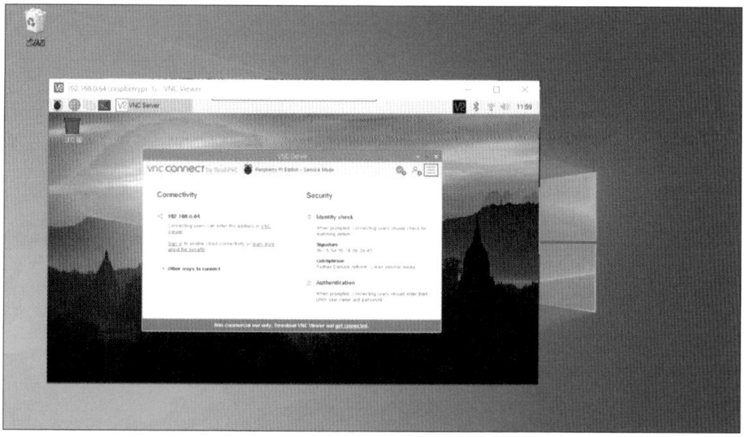

左の図は、パソコンに「VNC Viewer」というソフトウェアをインストールして、ラズベリー・パイの画面を表示させている様子です。「VNC Viewer」のインストール方法や使い方は後述します。

モニターなしでRaspbianをインストールする

モニターなしでRaspbianをインストールするには、1-1節でNOOBSを書き込んだmicro SDカードの内容を編集する必要があります。具体的には、①Raspbian以外のファイルを削除する、②自動でRaspbianをインストールする「サイレントインストール」の設定をする、③インストール後に遠隔操作するためSSH（P.44のキーワード参照）を有効にする、などの操作を行います。

1 エクスプローラーを開き、NOOBS を書き込んだ micro SD カードのドライブ文字（ここでは「USB ドライブ (E:)」）をクリックします❶。マイクロ SD カード内の「OS」フォルダーをダブルクリックして開きます❷。

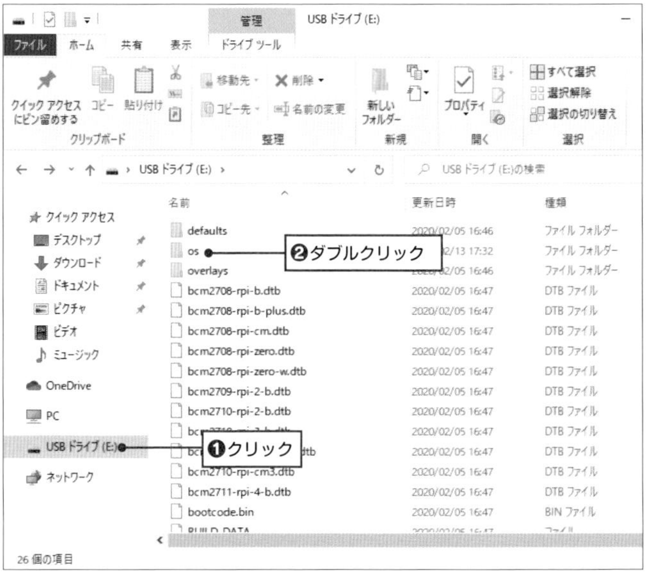

2 ここに表示されているフォルダー内には、NOOBS でインストールできる OS が保存されています。ここでは Raspbian をインストールするため、ほかの OS のフォルダーを削除します。「LibreELEC_RPi」「LibreELEC_RPi2」「LibreELEC_RPi4」の 3 つのフォルダーを選択し❶、「ホーム」タブをクリックして❷、「削除」をクリックします❸。

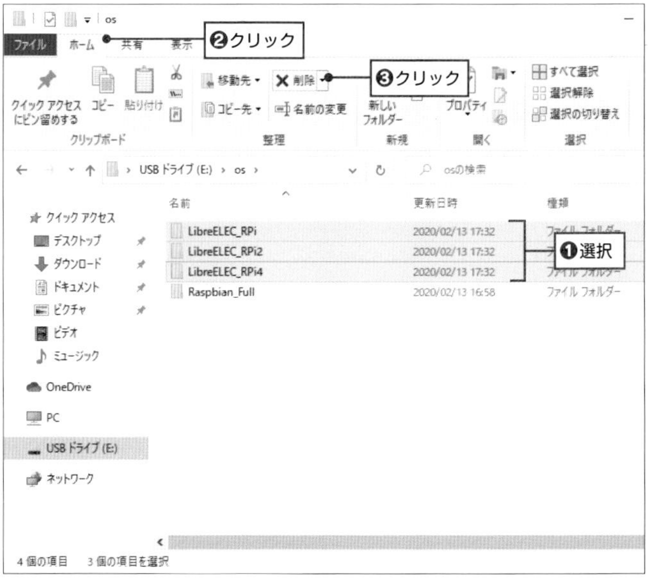

3 確認画面が表示されるので、「はい」をクリックします❶。

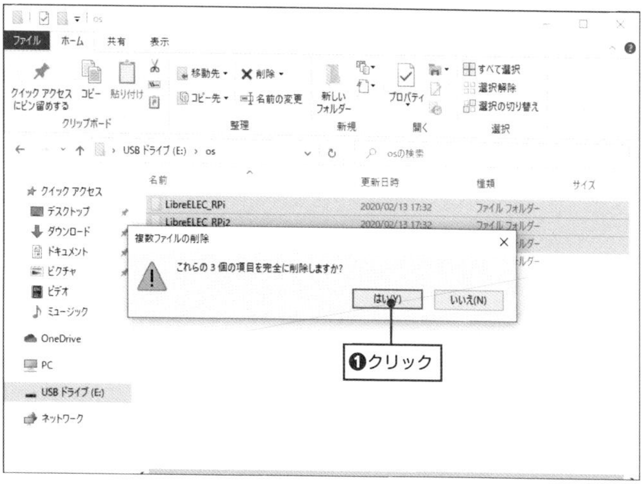

4 選択したフォルダーが削除されたことを確認します。画面の左上にある「↑」をクリックします❶。

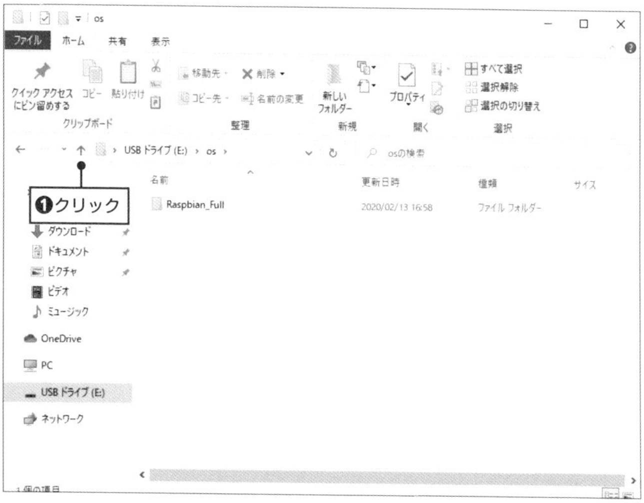

5 サイレントインストールを行うよう、設定ファイルの中身を編集します。タスクバーの検索ボックスに「note」と入力します❶。一覧が表示されたら、「メモ帳」をクリックします❷。

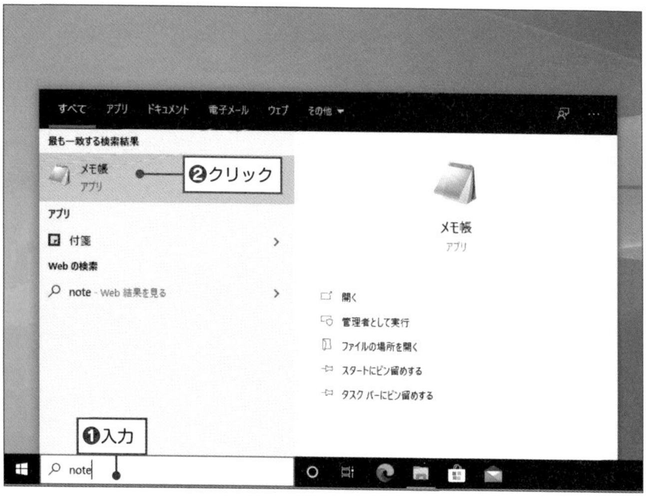

ポイント

メモ帳の起動方法

ここではメモ帳を検索して起動していますが、Windowsのスタートメニューから起動してもかまいません。

6 メモ帳が起動したら、micro SDカードの中に保存されている「recovery.cmdline」というファイルをメモ帳にドラッグ&ドロップします❶。

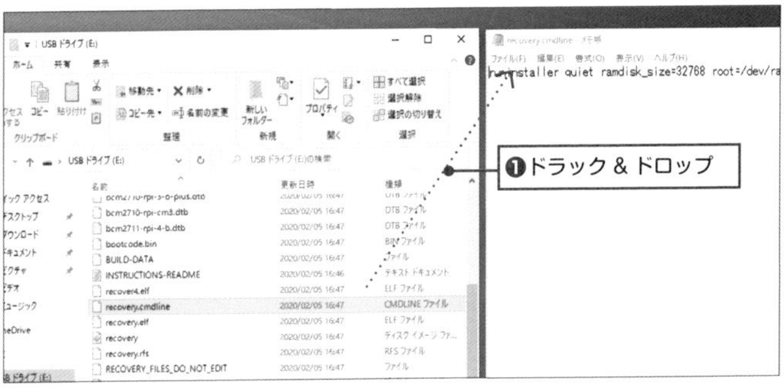

7 このファイルに記録されている、設定の内容が表示されます。末尾に半角スペースを入力し、続いて「silentinstall」と入力します❶。

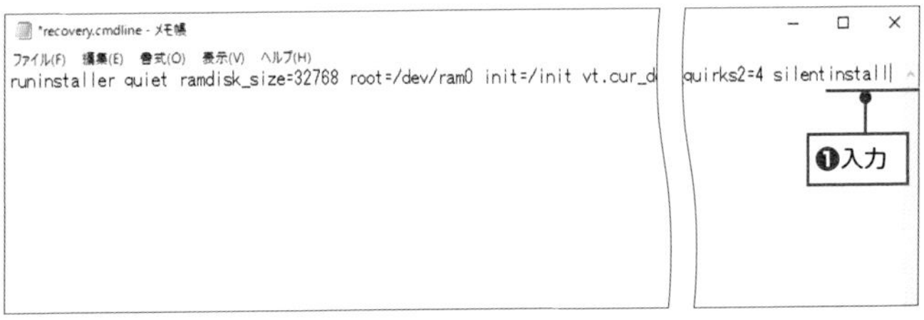

8 「ファイル」メニュー❶→「上書き保存」❷の順にクリックします。「×」をクリックして、画面を閉じます❸ 。

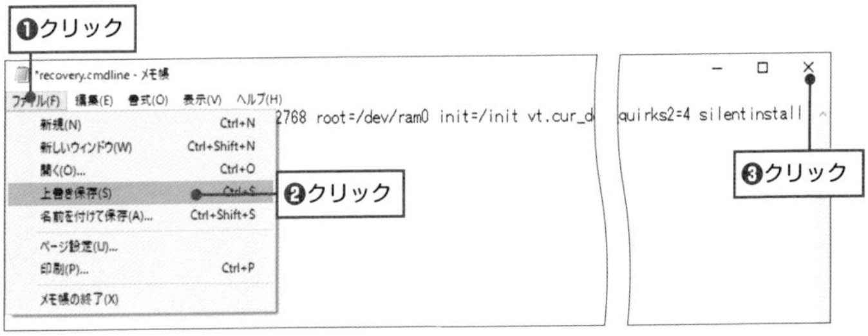

9 SSHが使えるように設定します。micro SDカードに「SSH」という名前の空のファイルを作成することで、自動的にSSHが有効になります。エクスプローラーでmicro SDカードの入ったドライブを開き、「ホーム」をクリックして❶、「新しいアイテム」❷→「テキストドキュメント」❸の順でクリックします。

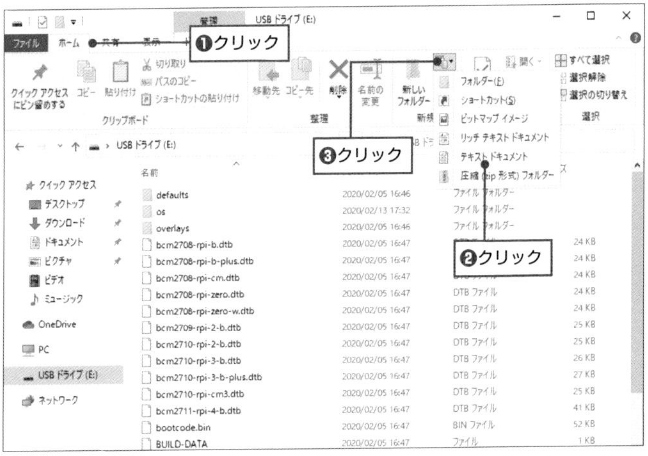

注意

インストールが途中で止まるときは?

手順8で、メモ帳で設定ファイルを編集すると、まれにRaspbianのインストールが途中で止まってしまうことがあります。その場合は無料ソフトの「Mery」などのテキストエディターを使って編集することで、正常にインストールできます。

10 新規ファイルが作成されるので、ファイル名を「ssh」に変更して「Enter」キーを押します❶。

11 確認画面が表示されたら、「はい」をクリックします❶。この後、micro SD カードを取り出します。

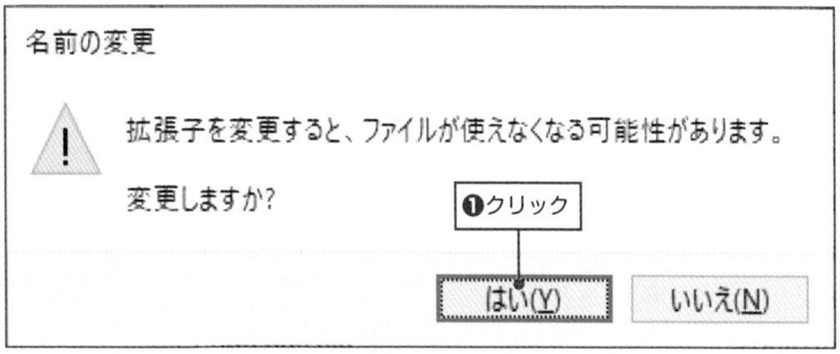

12 ラズベリー・パイに micro SD カードを挿入し、電源用の Micro USB ／ USB Type-C ケーブルを接続すると、ラズベリー・パイが起動して Raspbian のインストールが開始します。1 時間ほどしてインストールが完了すると、micro SD カード へのアクセスはほとんど行われなくなります。つまり、アクセス LED が消灯した状態が 10 秒以上続いたら、インストールが完了したと判断できます。

注意

確認画面が表示されないときは？

SSHを有効にするには、テキストファイルの拡張子（.txt）を削除する必要があります。拡張子が残ったままでは、手順11の確認画面は表示されません。エクスプローラーの「表示」タブの「ファイル名拡張子」にチェックを入れ、拡張子が見える状態にして、ファイル名を拡張子がない「ssh」に変更しましょう。

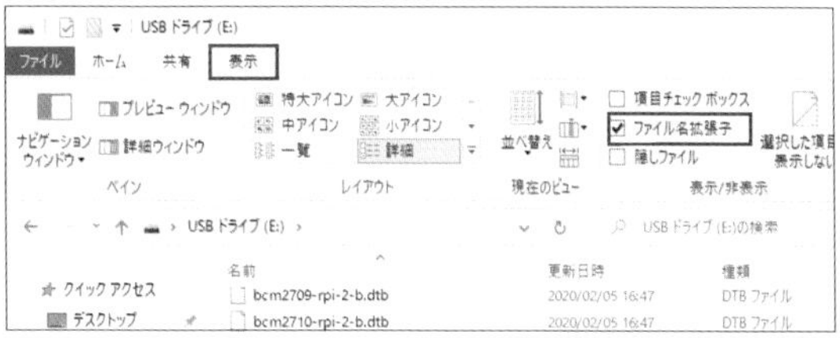

モニターなしでWi-Fiを使えるようにする

　モニターがない環境でラズベリー・パイを操作するには、Wi-Fiでの接続が必要です。Raspbianのインストールが完了したラズベリー・パイからMicro USB／USB Type-Cケーブルを抜いて電源を切り、micro SDカードをパソコンにセットして設定ファイルを編集します。この設定後、1-4「Wi-FIに接続しよう」の手順は不要です。

1　ラズベリー・パイの緑色のLEDが消灯していることを確認して、電源用のMicro USBケーブルを抜きます。micro SDカードをスロットから取り出します。

メモ

モニターにつないでいない状態で電源をオフにする

通常、Raspbianの電源をオフにするには、シャットダウン操作を行います。インストール直後でモニターに接続していない状態では、この操作が行えません。緑色のアクセスLEDが10秒以上消灯していることを確認し、電源用の　Micro USB／USB Type-C ケーブルを抜きます。

2　パソコンのSDカードスロットにmicro SDカードを挿入します。

3　「boot」ドライブを開きます❶。P.40～41手順 9 ～ 11 を参考にテキストドキュメントを新規作成し❷、ファイル名を「wpa_supplicant.conf」に変更します❸。

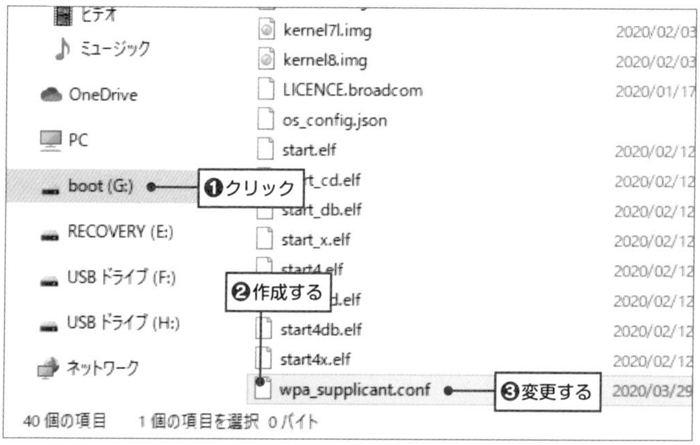

4 P.39 手順5～ P.40 手順7を参考にメモ帳を開き、先ほど作成した「wpa_supplicant.conf」をドラッグ＆ドロップして開きます。下記のリストの内容を入力し、＜アクセスポイントの SSID ＞＜アクセスポイントのパスワード＞に自宅の Wi-Fi アクセスポイントの情報を設定します。

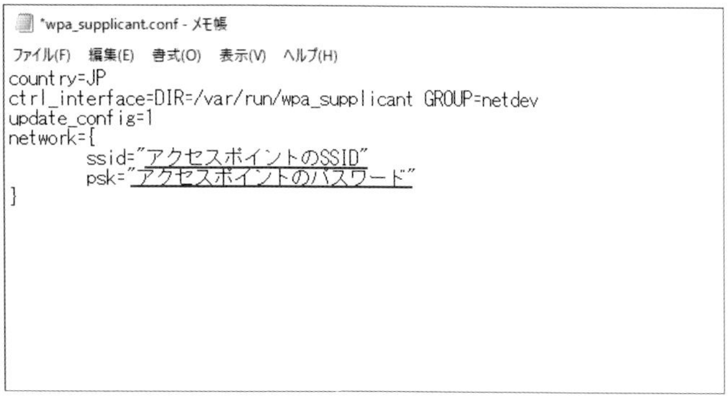

ファイル「wpa_supplicant.conf」

```
country=JP
ctrl_interface=DIR=/var/run/wpa_supplicant GROUP=netdev
update_config=1
network={
        ssid="アクセスポイントのSSID"
        psk="アクセスポイントのパスワード"
}
```

5 「ファイル」メニュー❶→「上書き保存」❷の順でクリックします。続いて、同じメニューの「メモ帳の終了」をクリックして、メモ帳を閉じます❸。

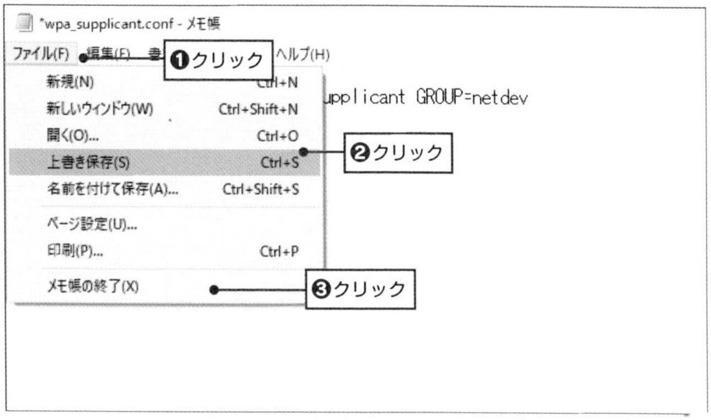

モニター代わりのSSHクライアントをインストールする

続いて、パソコンからRaspberry Piの設定ができるよう、パソコンにSSHクライアントをインストールしておきます。Windows 10にはオプション機能としてSSHが用意されているので、これを利用します。

1 Windows 10のタスクバーの検索ボックスに「option」と入力します❶。一覧が表示されたら、「オプション機能を追加する」をクリックします❷。

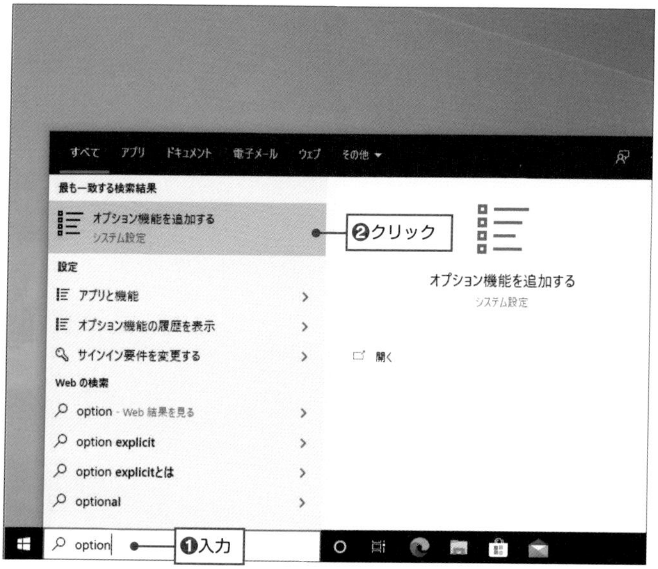

キーワード

SSH

SSHは「セキュアシェル」の略で、コンピューターを遠隔で操作するための機能です。Windowsだけでなく、macOSやLinuxなどのさまざまなOSで使用できます。SSHは文字のみの最低限の入出力しかできませんが、この機能を使うことでラズベリー・パイの設定を変更したり、プログラムを実行させたりできます。

2 「オプション機能の管理」画面が表示されます。「機能の追加」をクリックします❶。

3 「機能の追加」画面が表示されます。一覧から「OpenSSH クライアント」をクリックします❶。詳細が表示されたら、「インストール」をクリックします❷。画面左上の「←」をクリックします❸。

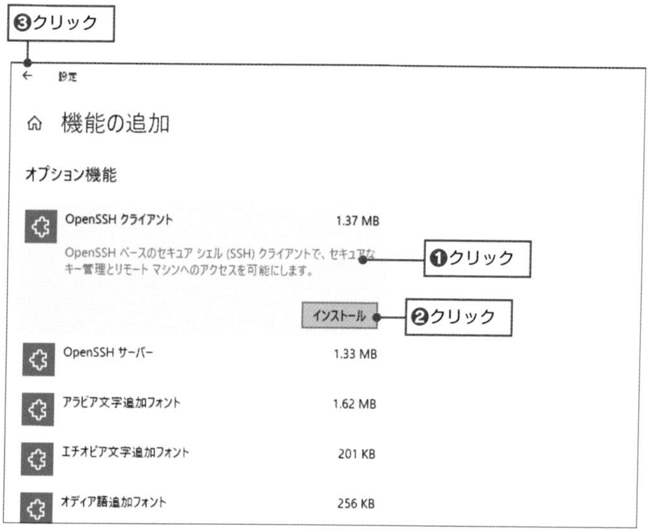

メモ

OpenSSHクライアントが表示されない

2019年9月以降のアップデートが適用されたWindows 10では、機能の追加を行わなくてもSSHが使えるようになっています。そのため、ここでは表示されません。

4 インストールが完了すると、「オプション機能の管理」画面の一覧に「OpenSSH クライアント」が表示されます。「×」をクリックして、画面を閉じます❶。

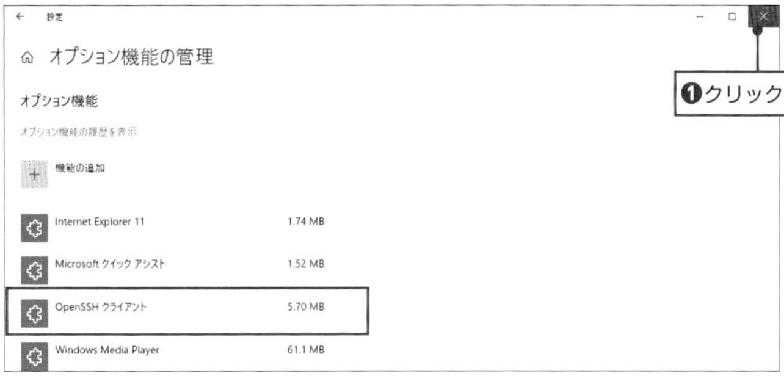

ラズベリー・パイのIPアドレスを探す

Wi-Fiに接続されたラズベリー・パイを遠隔操作するには、IPアドレスを知る必要があります。IPアドレスはネットワークの住所のようなもので、ネットワークに接続したすべての機器に割り当てられます。IPアドレスを使うことで、目的の機器にファイルを送ったり、情報を見たりできるようになります。ラズベリー・パイのIPアドレスは、Windowsの「コマンドプロンプト」を使って探します。

1 ラズベリー・パイに micro SD カードを挿入します。ラズベリー・パイに電源用の Micro USB／USB Type-C ケーブルを挿して、起動します。

2 Windows のタスクバーの入力欄に「cmd」と入力します❶。一覧が表示されたら、「コマンドプロンプト」をクリックします❷。

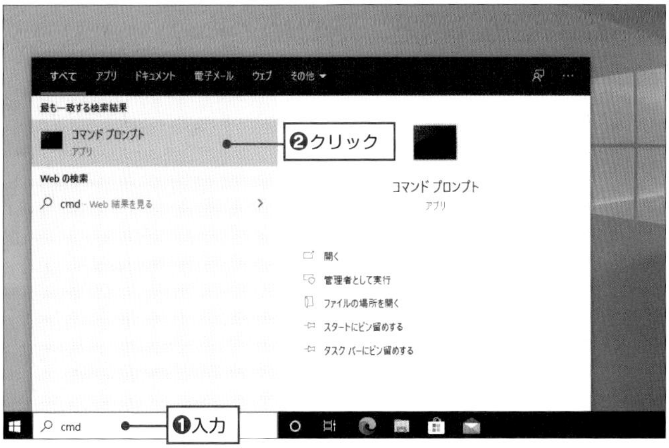

3 以下のコマンドを半角文字で入力して、「Enter」キーを押します❶。「/（スラッシュ）」のあとにある文字は小文字の「l（エル）」です。間違えないように入力しましょう。

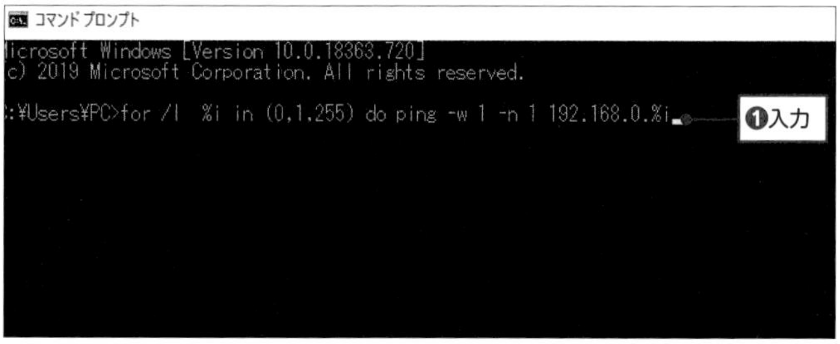
コマンド プロンプト
icrosoft Windows [Version 10.0.18363.720]
c) 2019 Microsoft Corporation. All rights reserved.
:¥Users¥PC>for /l %i in (0,1,255) do ping -w 1 -n 1 192.168.0.%i
❶入力

```
for /l  %i in (0,1,255) do ping -w 1 -n 1 192.168.0.%i [Enter]
```

4 コマンドの処理が完了するまで10分ほどかかります。完了したら、「arp -a」と入力して、「Enter」キーを押します❶。

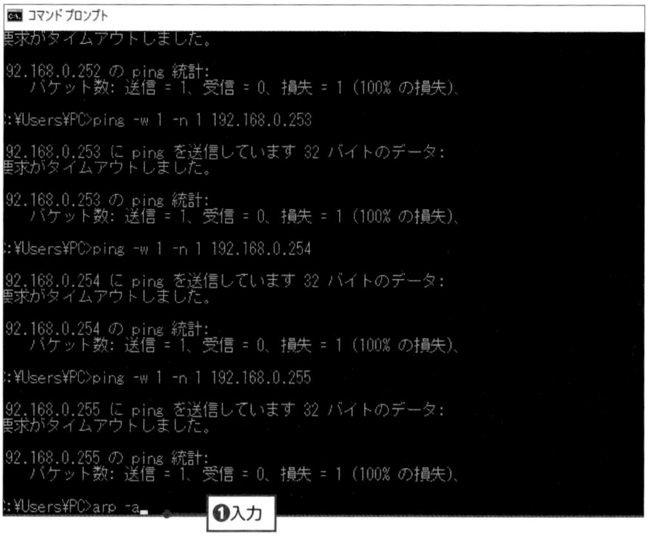
コマンド プロンプト
要求がタイムアウトしました。
92.168.0.252 の ping 統計:
パケット数: 送信 = 1、受信 = 0、損失 = 1 (100% の損失)、
:¥Users¥PC>ping -w 1 -n 1 192.168.0.253
92.168.0.253 に ping を送信しています 32 バイトのデータ:
要求がタイムアウトしました。
92.168.0.253 の ping 統計:
パケット数: 送信 = 1、受信 = 0、損失 = 1 (100% の損失)、
:¥Users¥PC>ping -w 1 -n 1 192.168.0.254
92.168.0.254 に ping を送信しています 32 バイトのデータ:
要求がタイムアウトしました。
92.168.0.254 の ping 統計:
パケット数: 送信 = 1、受信 = 0、損失 = 1 (100% の損失)、
:¥Users¥PC>ping -w 1 -n 1 192.168.0.255
92.168.0.255 に ping を送信しています 32 バイトのデータ:
要求がタイムアウトしました。
92.168.0.255 の ping 統計:
パケット数: 送信 = 1、受信 = 0、損失 = 1 (100% の損失)、
:¥Users¥PC>arp -a
❶入力

```
arp -a [Enter]
```

5 ネットワークで使われているIPアドレスの一覧が表示されます。ここから、「物理アドレス」列の最初の文字が「b8-27-eb」または「dc-a6-32」となっている行を探します。ここの先頭の文字がラズベリー・パイのIPアドレスです❶。確認したIPアドレスは、次の手順で必要となります。

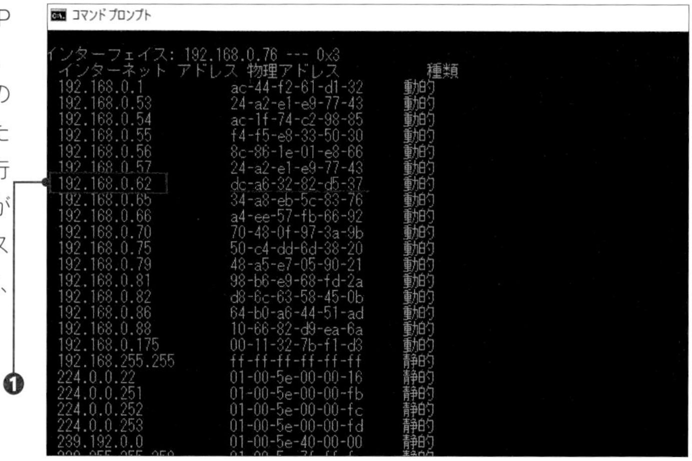
コマンド プロンプト
インターフェイス: 192.168.0.76 --- 0x3
インターネット アドレス 物理アドレス 種類
192.168.0.1 ac-44-f2-61-d1-32 動的
192.168.0.53 24-a2-e1-e9-77-43 動的
192.168.0.54 ac-1f-74-c2-98-85 動的
192.168.0.55 f4-f5-e8-33-50-30 動的
192.168.0.56 8c-86-1e-01-e8-66 動的
192.168.0.57 24-a2-e1-e9-77-43 動的
192.168.0.62 dc-a6-32-82-d5-37 動的
192.168.0.65 34-a8-eb-5c-83-76 動的
192.168.0.66 a4-ee-57-fb-66-92 動的
192.168.0.70 70-48-0f-97-3a-9b 動的
192.168.0.75 50-c4-dd-6d-38-20 動的
192.168.0.79 48-a5-e7-05-90-21 動的
192.168.0.81 98-b6-e9-68-fd-2a 動的
192.168.0.82 d8-6c-63-58-45-0b 動的
192.168.0.86 64-b0-a6-44-51-ad 動的
192.168.0.88 10-66-82-d9-ea-6a 動的
192.168.0.175 00-11-32-7b-f1-d3 動的
192.168.255.255 ff-ff-ff-ff-ff-ff 静的
224.0.0.22 01-00-5e-00-00-16 静的
224.0.0.251 01-00-5e-00-00-fb 静的
224.0.0.252 01-00-5e-00-00-fc 静的
224.0.0.253 01-00-5e-00-00-fd 静的
239.192.0.0 01-00-5e-40-00-00 静的
❶

SSHでラズベリー・パイに接続する

ラズベリー・パイのIPアドレスが判明したら、SSHでラズベリー・パイに接続します。ラズベリー・パイにログインするには、ユーザー名とパスワードを入力する必要があります。初期状態では、ユーザー名は「pi」、パスワードは「raspberry」に設定されています。

1 コマンドプロンプトに「ssh pi@ラズベリー・パイのIPアドレス」と入力して、「Enter」キーを押します❶。コマンドの中にある「pi」とは、ラズベリー・パイにログインするためのユーザー名です。

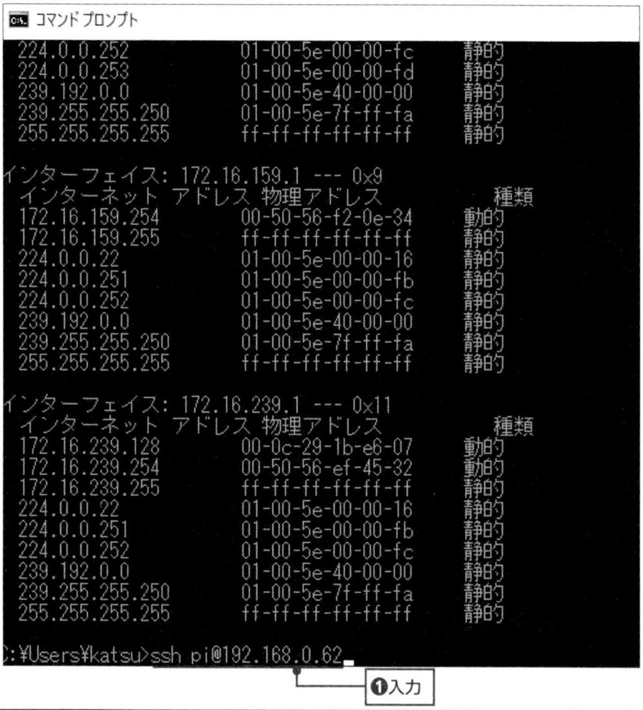

ssh pi@ラズベリー・パイの IP アドレス Enter

2 はじめて接続するときのみ、確認メッセージが表示されます。「yes」と入力して、「Enter」キーを押します❶。

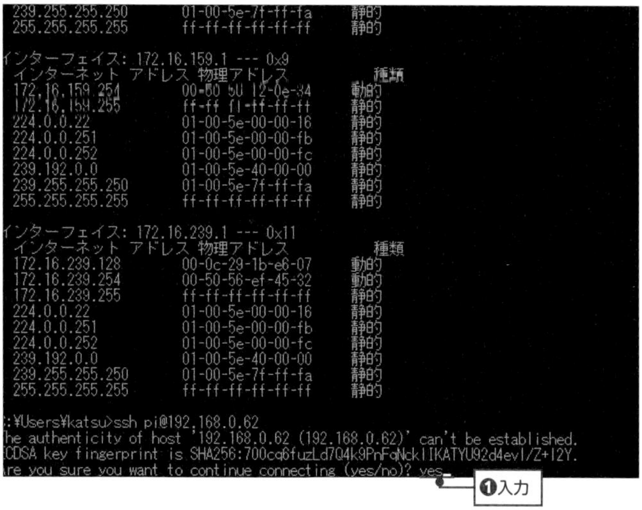

3 パスワードの入力を求められます。ラズベリー・パイの初期パスワードは「raspberry」です。「raspberry」と入力して、「Enter」キーを押します❶。

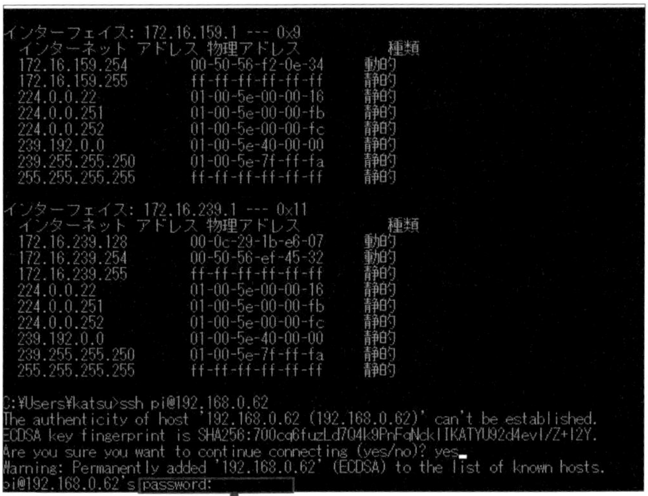
インターフェイス: 172.16.159.1 --- 0x9
インターネット アドレス 物理アドレス 種類
172.16.159.254 00-50-56-f2-0e-34 動的
172.16.159.255 ff-ff-ff-ff-ff-ff 静的
224.0.0.22 01-00-5e-00-00-16 静的
224.0.0.251 01-00-5e-00-00-fb 静的
224.0.0.252 01-00-5e-00-00-fc 静的
239.192.0.0 01-00-5e-40-00-00 静的
239.255.255.250 01-00-5e-7f-ff-fa 静的
255.255.255.255 ff-ff-ff-ff-ff-ff 静的
インターフェイス: 172.16.239.1 --- 0x11
インターネット アドレス 物理アドレス 種類
172.16.239.128 00-0c-29-1b-e6-07 動的
172.16.239.254 00-50-56-ef-45-32 動的
172.16.239.255 ff-ff-ff-ff-ff-ff 静的
224.0.0.22 01-00-5e-00-00-16 静的
224.0.0.251 01-00-5e-00-00-fb 静的
224.0.0.252 01-00-5e-00-00-fc 静的
239.192.0.0 01-00-5e-40-00-00 静的
239.255.255.250 01-00-5e-7f-ff-fa 静的
255.255.255.255 ff-ff-ff-ff-ff-ff 静的
C:¥Users¥katsu>ssh pi@192.168.0.62
The authenticity of host '192.168.0.62 (192.168.0.62)' can't be established.
ECDSA key fingerprint is SHA256:700cq6fuzLd704k9PnFqNcklIKATYU92d4evl/Z+I2Y.
Are you sure you want to continue connecting (yes/no)? yes
Warning: Permanently added '192.168.0.62' (ECDSA) to the list of known hosts.
pi@192.168.0.62's password:

❶入力

ポイント

パスワードは表示されない

パスワードを入力しても、画面には文字が表示されません。背後から他人にパスワードを盗み見られることのないようにするためのしくみで、実際には入力されています。

4 緑色の文字が表示され❶、ラズベリー・パイにログインできました。

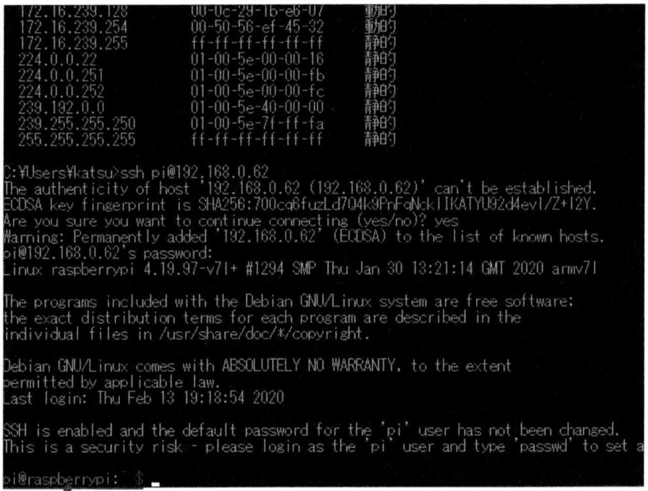
172.16.239.128 00-0c-29-1b-e6-07 動的
172.16.239.254 00-50-56-ef-45-32 動的
172.16.239.255 ff-ff-ff-ff-ff-ff 静的
224.0.0.22 01-00-5e-00-00-16 静的
224.0.0.251 01-00-5e-00-00-fb 静的
224.0.0.252 01-00-5e-00-00-fc 静的
239.192.0.0 01-00-5e-40-00-00 静的
239.255.255.250 01-00-5e-7f-ff-fa 静的
255.255.255.255 ff-ff-ff-ff-ff-ff 静的
C:¥Users¥katsu>ssh pi@192.168.0.62
The authenticity of host '192.168.0.62 (192.168.0.62)' can't be established.
ECDSA key fingerprint is SHA256:700cq6fuzLd704k9PnFqNcklIKATYU92d4evl/Z+I2Y.
Are you sure you want to continue connecting (yes/no)? yes
Warning: Permanently added '192.168.0.62' (ECDSA) to the list of known hosts.
pi@192.168.0.62's password:
Linux raspberrypi 4.19.97-v7l+ #1294 SMP Thu Jan 30 13:21:14 GMT 2020 armv7l
The programs included with the Debian GNU/Linux system are free software;
the exact distribution terms for each program are described in the
individual files in /usr/share/doc/*/copyright.
Debian GNU/Linux comes with ABSOLUTELY NO WARRANTY, to the extent
permitted by applicable law.
Last login: Thu Feb 13 19:18:54 2020
SSH is enabled and the default password for the 'pi' user has not been changed.
This is a security risk - please login as the 'pi' user and type 'passwd' to set a
pi@raspberrypi: ~ $

❶表示された

テクニック

ログアウトするには？

ラズベリー・パイからログアウトするには、「exit」と入力して「Enter」キーを押します。今回は、続けてVNCをオンにする設定を行うので、そのままログアウトせずに進みます。

VNCをオンにする

VNCとは、ラズベリー・パイのネットワーク接続機能を使って、パソコンから遠隔操作するためのソフトウェアです。モニターが接続されている環境では、後ほどVNCをオンにする設定を行います。しかし、モニターがないとその画面を表示することができないので、事前にVNCをオンにしておきます。設定は、「raspi-config」というコマンドコンソールのツールを使います。

1 P.47からの操作によって、ラズベリー・パイにSSHでログインした状態で、「sudo raspi-config」と入力して、「Enter」キーを押します❶。

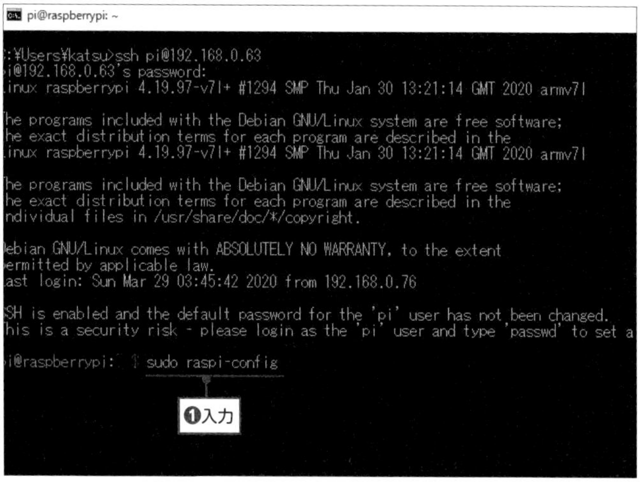
pi@raspberrypi: ~
:¥Users¥katsu>ssh pi@192.168.0.63
i@192.168.0.63's password:
inux raspberrypi 4.19.97-v7l+ #1294 SMP Thu Jan 30 13:21:14 GMT 2020 armv7l
he programs included with the Debian GNU/Linux system are free software;
he exact distribution terms for each program are described in the
inux raspberrypi 4.19.97-v7l+ #1294 SMP Thu Jan 30 13:21:14 GMT 2020 armv7l
he programs included with the Debian GNU/Linux system are free software;
he exact distribution terms for each program are described in the
ndividual files in /usr/share/doc/*/copyright.
ebian GNU/Linux comes with ABSOLUTELY NO WARRANTY, to the extent
ermitted by applicable law.
ast login: Sun Mar 29 03:45:42 2020 from 192.168.0.76
SH is enabled and the default password for the 'pi' user has not been changed.
his is a security risk - please login as the 'pi' user and type 'passwd' to set a
i@raspberrypi: sudo raspi-config
❶入力

メモ sudo

最初に入力する「sudo」は、管理者権限でツールを実行(起動)するためのコマンドです。ラズベリー・パイのさまざまな設定を行うため、「raspiconfig」は管理者権限で起動する必要があります。

2 「↓」キーを押して「Interfacing Options」の項目を選択し、「Enter」キーを押します❶。

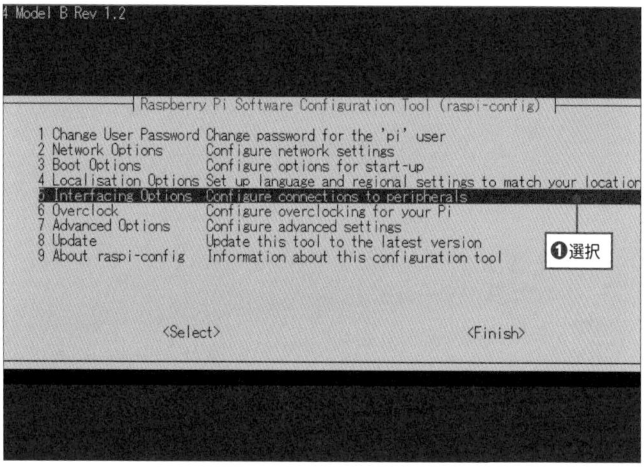
4 Model B Rev 1.2
Raspberry Pi Software Configuration Tool (raspi-config)
1 Change User Password Change password for the 'pi' user
2 Network Options Configure network settings
3 Boot Options Configure options for start-up
4 Localisation Options Set up language and regional settings to match your location
5 Interfacing Options Configure connections to peripherals
6 Overclock Configure overclocking for your Pi
7 Advanced Options Configure advanced settings
8 Update Update this tool to the latest version
9 About raspi-config Information about this configuration tool
❶選択
<Select>
<Finish>

テクニック raspi-configの操作方法

「raspi-config」は、「↑」「↓」キーで項目を選択します。項目を開くには「Enter」キーを押します。1つ前の画面に戻るには「ESC」キーを押します。画面の下に表示されている「Select」や「Finish」は、「Tab」キーで選択できます。

3 画面が切り替わるので、「↓」キーを押して「VNC」の項目を選択し、「Enter」キーを押します❶。

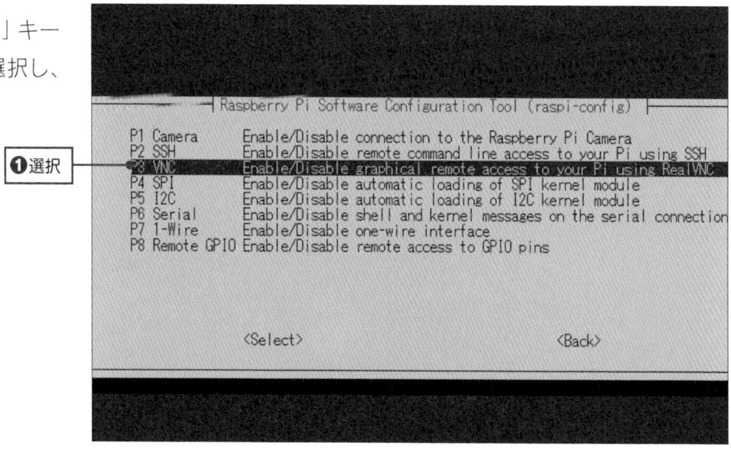
❶選択
Raspberry Pi Software Configuration Tool (raspi-config)
P1 Camera Enable/Disable connection to the Raspberry Pi Camera
P2 SSH Enable/Disable remote command line access to your Pi using SSH
P3 VNC Enable/Disable graphical remote access to your Pi using RealVNC
P4 SPI Enable/Disable automatic loading of SPI kernel module
P5 I2C Enable/Disable automatic loading of I2C kernel module
P6 Serial Enable/Disable shell and kernel messages on the serial connection
P7 1-Wire Enable/Disable one-wire interface
P8 Remote GPIO Enable/Disable remote access to GPIO pins
<Select>
<Back>

4 「Tab」キーを押して「Yes」を選択し、「Enter」キーを押します❶。

Would you like the VNC Server to be enabled?
❶選択
<Yes>
<No>

5 メッセージが表示されて、VNCが有効になりました。「Enter」キーを押して、画面を閉じます。

The VNC Server is enabled
<Ok>

テクニック

raspi-configを終了する

VNCの設定画面を閉じると、前の画面に戻ります。raspi-configを終了するには、「ESC」キーを数回押します。

Section 1-4 Wi-Fiに接続しよう

ラズベリー・パイにRaspbianをインストールした直後は、Wi-Fiに接続されていません。インターネットに接続するためには、有線LANまたはWi-Fiへの接続が必要です。電子工作では、多くのケーブルを接続しているとジャマになることがあるため、ケーブルを必要としないWi-Fiに接続すると便利です。

Wi-Fiに接続すればラズベリー・パイがもっと便利になる

ラズベリー・パイがWi-Fiに接続されていれば、ウェブページを見たり、追加のソフトウェアをダウンロードしたりできるようになります。また、パソコンから遠隔操作ができるようになるため、電子工作で動かすプログラムを確認したり、修正したりといった作業がラクになります。

なお、Raspberry Pi 1／2やRaspberry Pi ZeroはWi-Fi機能を搭載していないため、これらのモデルでWi-Fiに接続するには、USB接続のWi-Fiアダプターを利用する必要があります（P.52「メモ」参照）。

Wi-Fiの設定をする

Raspberry Pi 3や4、Raspberry Pi Zero W／WHなど、Wi-Fi機能が搭載されている機種では、Raspbianの画面の右上にWi-Fiのアイコンが表示されます。ここからWi-Fiの設定を行います。

なお、本章の解説どおりにRaspbianをインストールした場合、まだインストール後の初期設定が完了していない状態です。1-5節の初期設定の工程でWi-Fiに接続することもできますが、Raspbianのデスクトップから Wi-Fiに接続する方法の解説を兼ねて、ここでWi-Fiに接続しておきます。

1 Raspbianのデスクトップの右上にある「××」をクリックします❶。

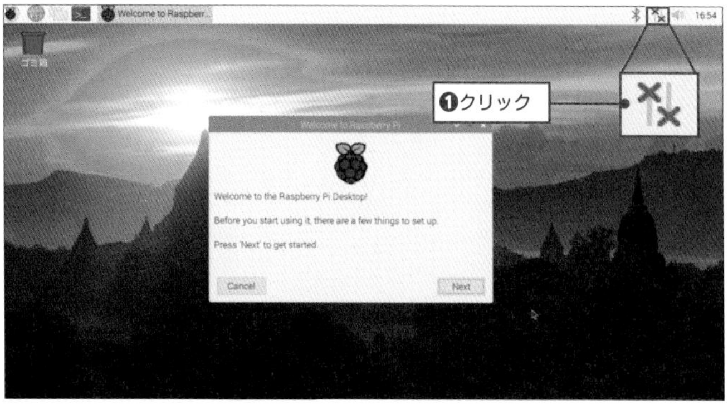
Welcome to Raspberr...
16:54
ゴミ箱
❶クリック
Welcome to Raspberry Pi
Welcome to the Raspberry Pi Desktop!
Before you start using it, there are a few things to set up.
Press 'Next' to get started.
Cancel
Next

2 受信可能なWi-Fiアクセスポイントの一覧が表示されます。ここから、接続するアクセスポイント名をクリックします❶。

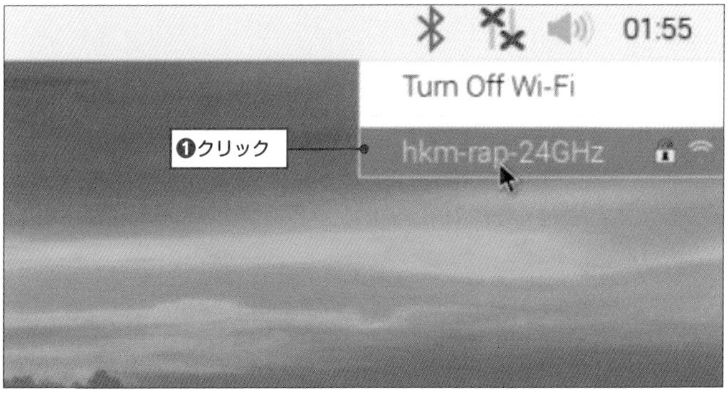

3 パスワードの入力画面が表示されます。あらかじめ確認しておいたWi-Fiアクセスポイントのパスワードを入力して❶、「OK」をクリックします❷。

4 数十秒待つとWi-Fiにつながり、アイコンの形状が変わります。アイコンがこのような形状のときは、Wi-Fiに接続していることを示しています。

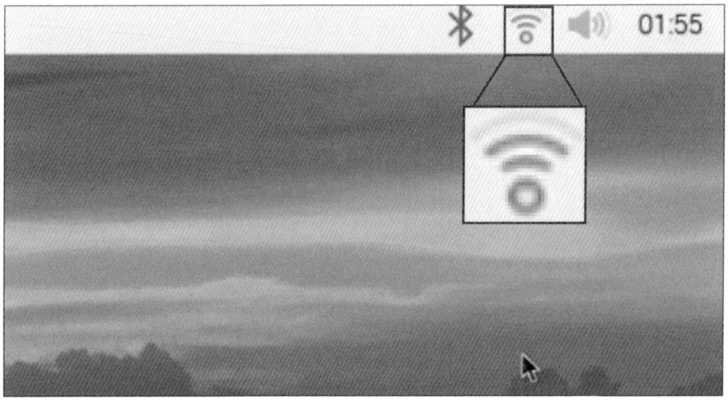

メモ

Wi-Fi機能がないモデルでインターネットに接続するには?

Raspberry Pi 1／2／3／4など、有線LAN端子を搭載している機種では、LANケーブルでルーターに接続することでもインターネットを利用できます。Raspberry Pi 1／2やRaspberry Pi Zeroなど、無線LAN機能がない機種でWi-Fiを利用するには、USB接続のWi-Fiアダプターが必要です。ただし、市販のWi-Fiアダプターの大半はラズベリー・パイに対応していないため、新規に購入する際はエレコムの「WDC-150SU2MBK」をおすすめします。この製品はドライバーのインストールが不要で、ラズベリー・パイのUSBポートに挿すだけでWi-Fiが利用できます。アクセスポイントに接続する手順は、無線LAN機能を搭載する機種と同じです。

インターネットへ正常に接続しているかを確認する

Wi-Fiにつながり、インターネットへ正常に接続しているかを確認するため、ウェブブラウザーでウェブサイトを表示させてみましょう。ここでは、Raspbianに最初からインストールされている「Chrominum」を起動し、グーグルのトップページを表示させてみます。無事に表示できれば、正常に接続していることになります。

1 Raspbian のデスクトップの左上にある「web browser」アイコンをクリックします❶。

2 しばらく待つと、「Chrominum」が起動します。アドレスバーに「google.com」と入力して❶、「Enter」キーを押します。

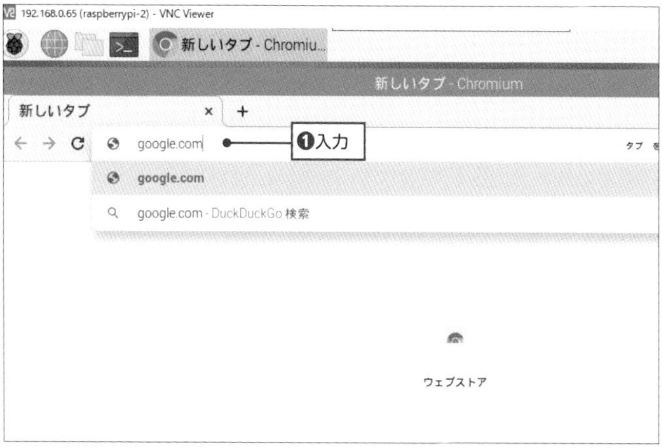

> **キーワード Chrominum**
>
> ここで使用する「Chrominum」は、グーグルが提供しているウェブブラウザー「Chrome」の改良版です。パソコン向けのChromeとほとんど同じ操作で利用できます。機能面もChromeと同等です。

3 インターネットに正常に接続していれば、グーグルのトップページが表示されます。

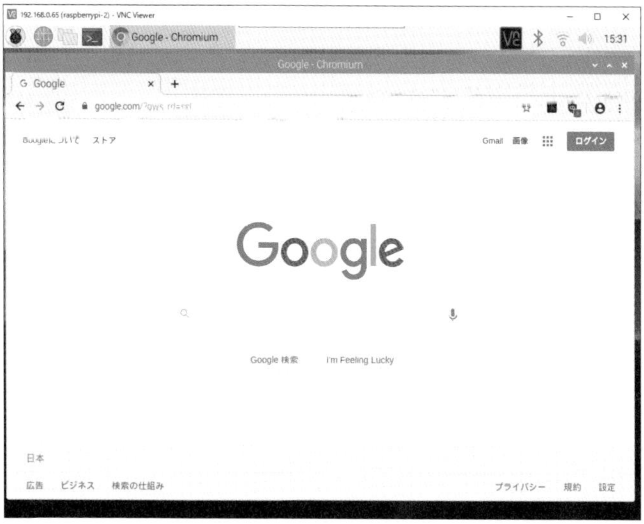

> **メモ グーグルのトップページが表示されないときは?**
>
> Wi-Fiルーターのセキュリティ設定により、登録された機器しか接続できない場合は、グーグルのトップページが表示されません。Wi-Fiルーターに固有のMACアドレスを登録する必要がある場合は、ラズベリー・パイのメニューバーから「LX Terminal」を開き「ifconfig」と入力して「Enter」キーを押します。「ether」と書かれた行にMACアドレスが表示されるので、この値をWi-Fiルーターに登録します。

Section
1-5 インストール後の初期設定をしよう

Raspbianのインストールが完了した直後は、メニューが英語で表示されます。また、使用するモニターによっては、画面の解像度が低く設定されてしまうこともあります。最初にこれらの設定を変更して、さらにラズベリー・パイを遠隔操作できるようにするため、VNCの機能をオンにします。

Raspbianの初期設定について

ラズベリー・パイを操作しやすくするため、ここでは以下の設定を行います。

1.言語の設定
　初期状態では画面上の表記の多くが英語のため、これを日本語に変更します。

2.VNCの設定
　ラズベリー・パイを遠隔操作するため、VNCの機能をオンにします。これにより、電子工作をする際に、モニターやキーボードを接続しない状態でもテストができるようになります。

3.画面の解像度の設定
　使用するモニターによっては、デスクトップ画面やVNCでの接続時の画面で文字が大きすぎる／小さすぎる場合があるので、画面の解像度を変更して見やすくします。

言語を設定する

1 ラズベリーパイを最初に起動すると、この画面が表示されます。「Next」をクリックします❶。

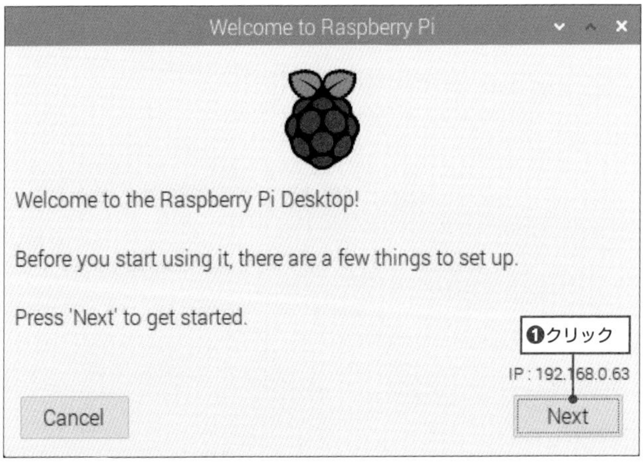
Welcome to Raspberry Pi
Welcome to the Raspberry Pi Desktop!
Before you start using it, there are a few things to set up.
Press 'Next' to get started.
❶クリック
IP : 192.168.0.63
Cancel
Next

メモ
あとから設定するには?

初期設定を完了すると、次回の起動時からこの画面は表示されません。あとから設定をするには、P.57手順2の「Raspberry Piの設定」画面で個別に設定します。

2 まず、国の情報を設定します。「Country」は「Japan」❶、「Language」は「Japanese」❷、「Timezone」は「Tokyo」❸を選択します。「Next」をクリックします❹。

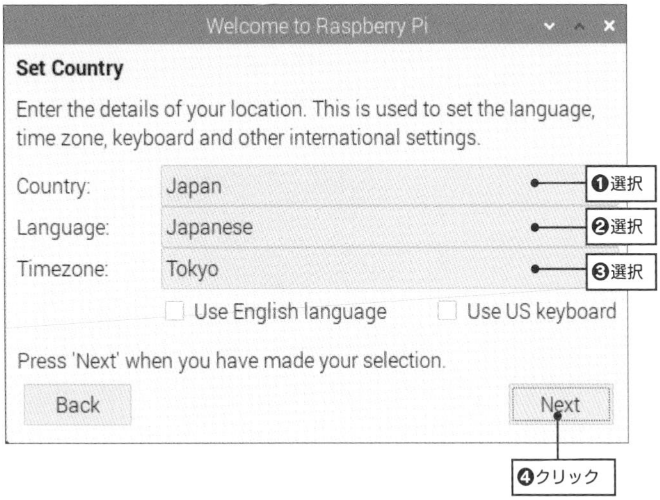

Welcome to Raspberry Pi
Set Country
Enter the details of your location. This is used to set the language, time zone, keyboard and other international settings.
Country: Japan
Language: Japanese
Timezone: Tokyo
Use English language
Use US keyboard
Press 'Next' when you have made your selection.
Back
Next
❶選択
❷選択
❸選択
❹クリック

3 続いて、Raspbianの管理者のパスワードを設定します。「Enter new password」欄と「Confirm new password」欄に、それぞれ任意の同じパスワードを入力します❶。このパスワードは、以後Raspbianを管理者の権限で操作するとき必要になるので、忘れないようにします。「Next」をクリックします❷。

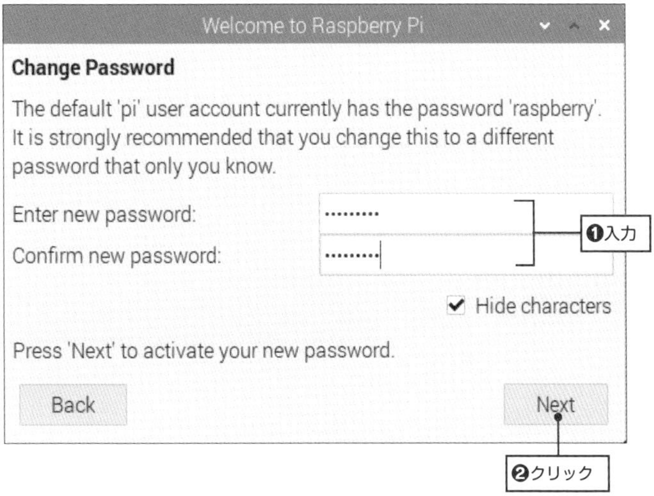

Welcome to Raspberry Pi
Change Password
The default 'pi' user account currently has the password 'raspberry'. It is strongly recommended that you change this to a different password that only you know.
Enter new password:
Confirm new password:
Hide characters
Press 'Next' to activate your new password.
Back
Next
❶入力
❷クリック

4 モニターのオーバースキャンの設定を行います。もし、画面の外側に黒い枠が見えていたら、チェックを入れます❶。見えていなければチェックをはずしたままにしておきます。「Next」をクリックします❷。

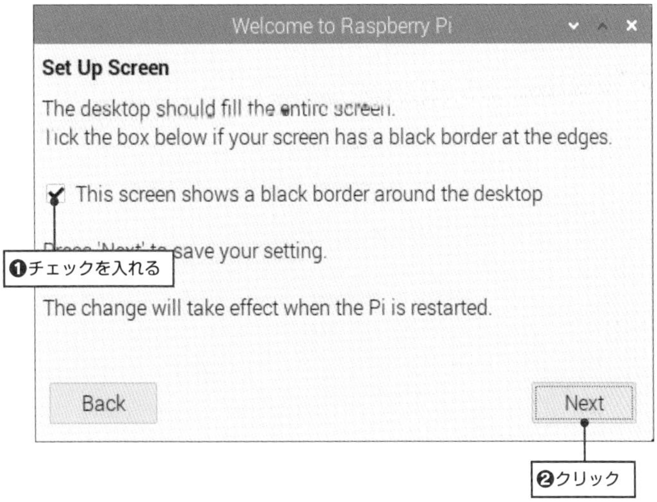

Welcome to Raspberry Pi
Set Up Screen
The desktop should fill the entire screen.
Tick the box below if your screen has a black border at the edges.
This screen shows a black border around the desktop
save your setting.
The change will take effect when the Pi is restarted.
Back
Next
❶チェックを入れる
❷クリック

5 Wi-Fi ネットワークの選択画面が表示されます。本書では前節で設定済みなので、そのまま「Next」をクリックします❶。

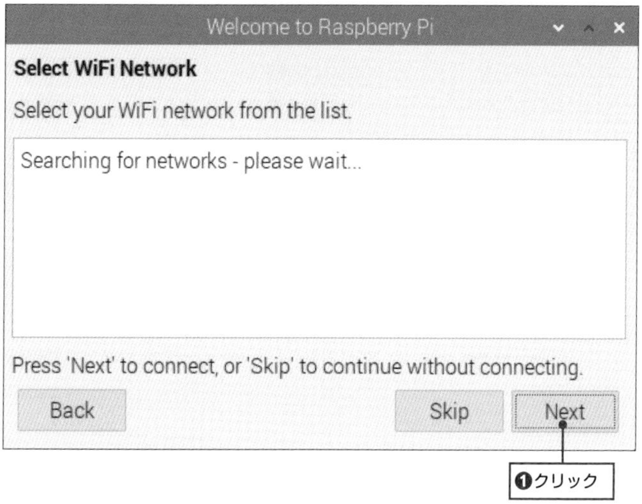
Welcome to Raspberry Pi
Select WiFi Network
Select your WiFi network from the list.
Searching for networks - please wait...
Press 'Next' to connect, or 'Skip' to continue without connecting.
Back
Skip
Next
❶クリック

6 Raspbian のアップデートがないかを確認します。「Next」をクリックします❶。Raspbian とプリインストールされているアプリケーションのアップデートが行われます。完了するまで待ちます。

> メモ
> **アップデート完了までの時間**
>
> インターネットの接続環境にもよりますが、アップデートの完了までRaspberry Pi 3 Model B+は20～30 分、Raspberry Pi Zeroは数時間かかる場合があります。

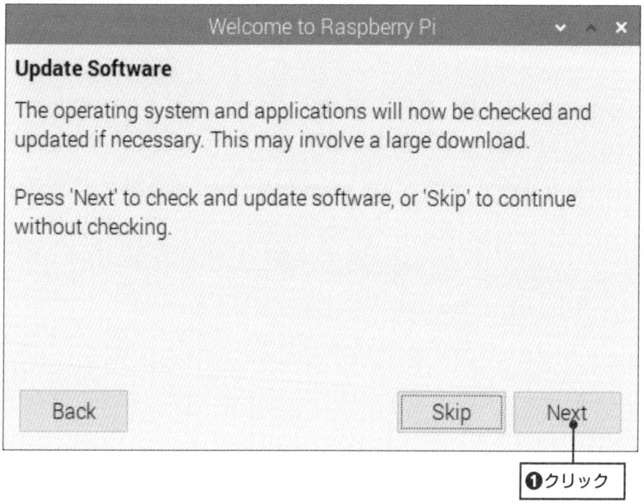
Welcome to Raspberry Pi
Update Software
The operating system and applications will now be checked and updated if necessary. This may involve a large download.
Press 'Next' to check and update software, or 'Skip' to continue without checking.
Back
Skip
Next
❶クリック

7 完了すると、この画面が表示されます。「Reboot」をクリックすると、ラズベリー・パイが再起動します❶。

Welcome to Raspberry Pi
Setup Complete
Your Raspberry Pi is now set up and ready to go.
Press 'Restart' to restart your Pi so the new settings will take effect.
Back
Later
Restart
❶クリック

VNC機能を有効にする

1 Raspbianのデスクトップの左上にあるメニューアイコンをクリックします❶。メニューの「設定」にマウスポインターを合わせ❷、表示されたメニューの「Raspberry Piの設定」をクリックします❸。

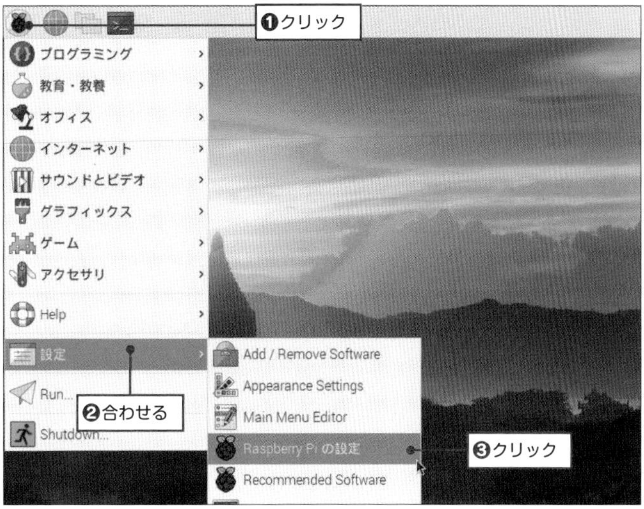

2 「Raspberry Pi の設定」画面が表示されます。「インターフェイス」タブをクリックして❶、「VNC」欄の「有効」をクリックします❷。「OK」をクリックして❸、右上の「×」をクリックします❹。

3 画面の右上に「VNC」アイコンが表示されて、VNC接続ができるようになりました。

パソコンにVNC Viewerをインストールする

1 パソコンでウェブブラウザーを開き、アドレスバーに「https://www.realvnc.com/en/connect/download/viewer/」と入力して、「Enter」キーを押します❶。

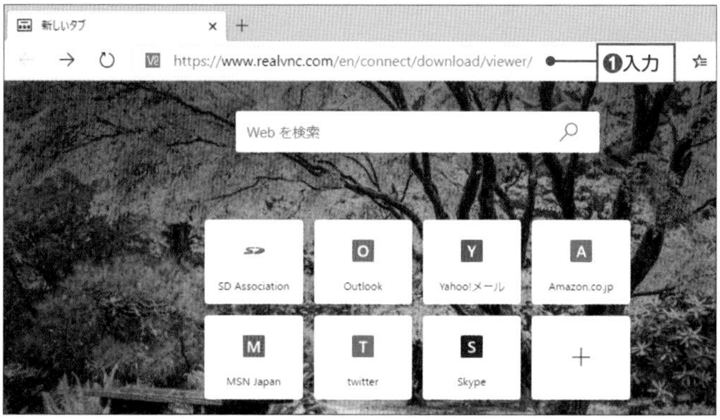

2 「VNC Viewer」のダウンロードページが表示されます。「Windows」をクリックし❶、メニューで「EXE x86/x64」が選択されていることを確認して❷、「Download VNC Viewer」をクリックします❸。

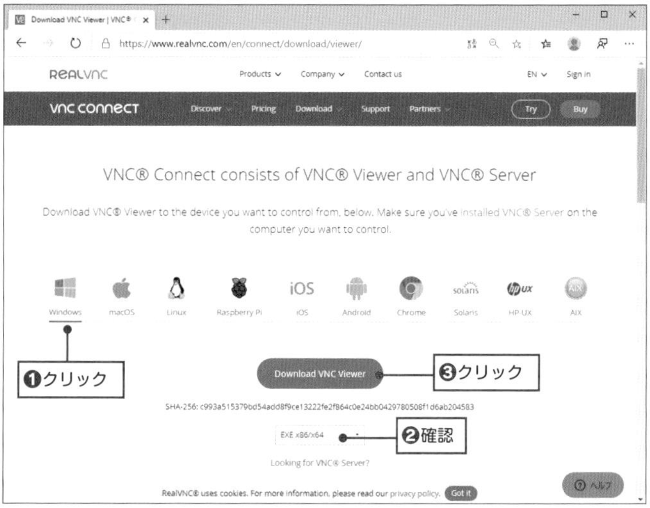

メモ

macOSの場合

macOSでVNCを利用する場合は、❶で「macOS」をクリックします。ファイルの種類の選択はないので、続いて「Download VNC Viewer」をクリックします。

3 ダウンロードが完了したら「ファイルを開く」をクリックします❶。

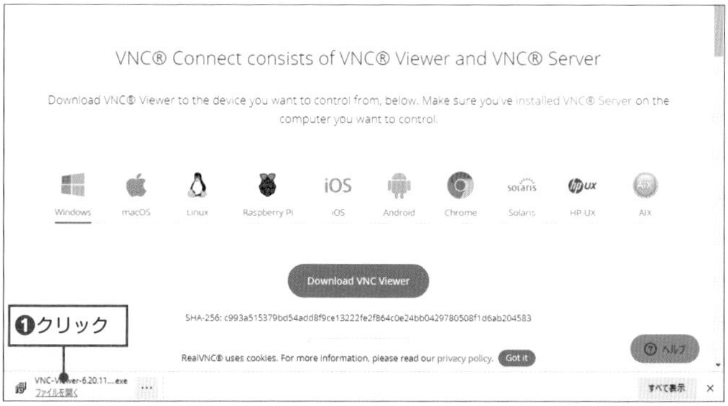

メモ

「名前を付けて保存」画面が表示された場合

「名前を付けて保存」画面が表示された場合は、ファイルの保存先を指定して「保存」をクリックし、保存されたインストールプログラムのアイコンをダブルクリックします。

4 「VNC Viewer」のインストーラーが起動します。そのまま「OK」をクリックします❶。

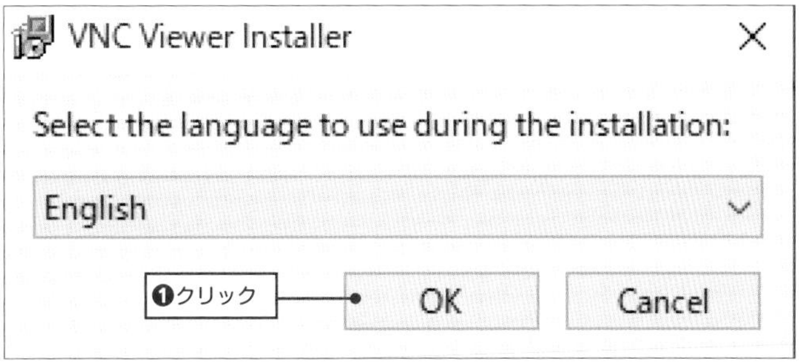
VNC Viewer Installer
Select the language to use during the installation:
English
❶クリック
OK
Cancel

5 セットアップウィザードが開始します。「Next」をクリックします❶。

VNC Viewer 6.20.113 Setup
VNC Viewer 6.20.113 Setup
This will install VNC Viewer 6.20.113 on your computer.
Click Next to continue, or Cancel to exit Setup.
❶クリック
Back
Next
Cancel

6 ライセンスの確認画面が表示されます。「I accept the terms in the License Agreement」をクリックしてチェックを入れて❶、「Next」をクリックします❷。

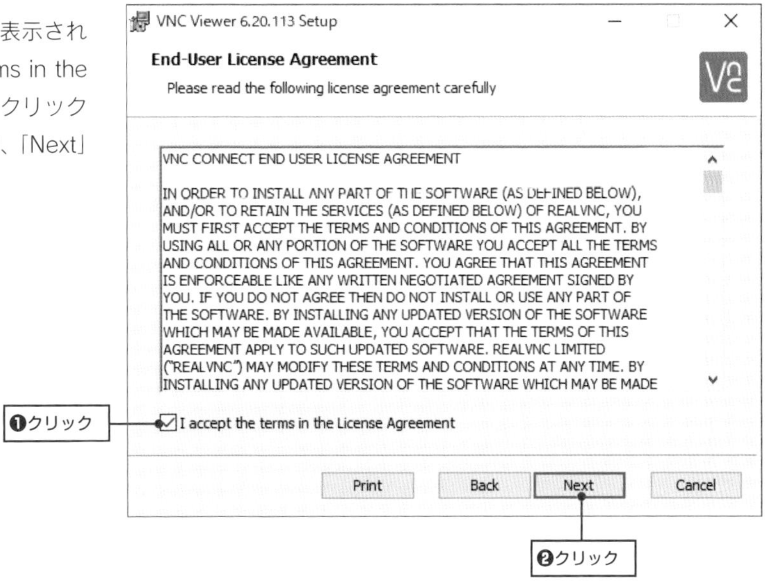
VNC Viewer 6.20.113 Setup
End-User License Agreement
Please read the following license agreement carefully
VNC CONNECT END USER LICENSE AGREEMENT
IN ORDER TO INSTALL ANY PART OF THE SOFTWARE (AS DEFINED BELOW), AND/OR TO RETAIN THE SERVICES (AS DEFINED BELOW) OF REALVNC, YOU MUST FIRST ACCEPT THE TERMS AND CONDITIONS OF THIS AGREEMENT. BY USING ALL OR ANY PORTION OF THE SOFTWARE YOU ACCEPT ALL THE TERMS AND CONDITIONS OF THIS AGREEMENT. YOU AGREE THAT THIS AGREEMENT IS ENFORCEABLE LIKE ANY WRITTEN NEGOTIATED AGREEMENT SIGNED BY YOU. IF YOU DO NOT AGREE THEN DO NOT INSTALL OR USE ANY PART OF THE SOFTWARE. BY INSTALLING ANY UPDATED VERSION OF THE SOFTWARE WHICH MAY BE MADE AVAILABLE, YOU ACCEPT THAT THE TERMS OF THIS AGREEMENT APPLY TO SUCH UPDATED SOFTWARE. REALVNC LIMITED ("REALVNC") MAY MODIFY THESE TERMS AND CONDITIONS AT ANY TIME. BY INSTALLING ANY UPDATED VERSION OF THE SOFTWARE WHICH MAY BE MADE
❶クリック
I accept the terms in the License Agreement
Print
Back
Next
Cancel
❷クリック

7

カスタムセットアップの画面で、「Desktop Shortcut」の左にあるアイコンをクリックします❶。

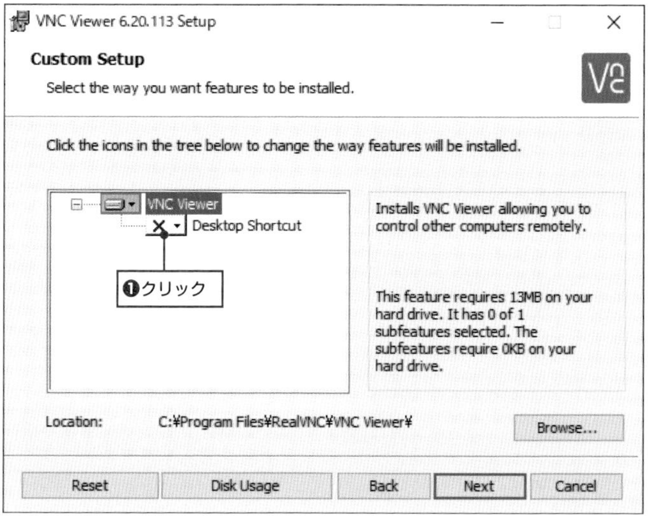
VNC Viewer 6.20.113 Setup
Custom Setup
Select the way you want features to be installed.
Click the icons in the tree below to change the way features will be installed.
VNC Viewer
Desktop Shortcut
❶クリック
Installs VNC Viewer allowing you to control other computers remotely.
This feature requires 13MB on your hard drive. It has 0 of 1 subfeatures selected. The subfeatures require 0KB on your hard drive.
Location:
C:¥Program Files¥RealVNC¥VNC Viewer¥
Browse...
Reset
Disk Usage
Back
Next
Cancel

8

表示されたメニューの「Will be installed on local hard drive」をクリックし❶、「Next」をクリックします❷。

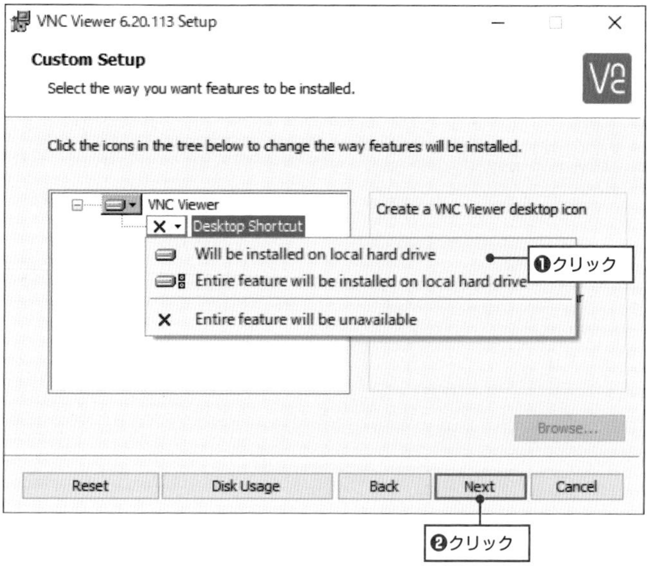
VNC Viewer 6.20.113 Setup
Custom Setup
Select the way you want features to be installed.
Click the icons in the tree below to change the way features will be installed.
VNC Viewer
Desktop Shortcut
Create a VNC Viewer desktop icon
Will be installed on local hard drive
❶クリック
Entire feature will be installed on local hard drive
Entire feature will be unavailable
Browse...
Reset
Disk Usage
Back
Next
Cancel
❷クリック

9

インストールの確認画面が表示されます。「Install」をクリックします❶。

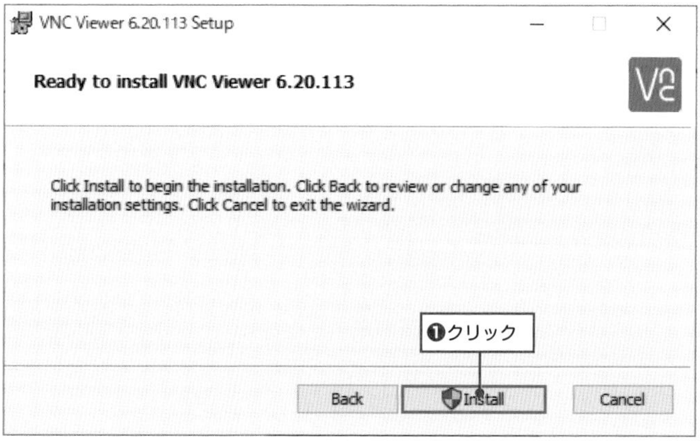
VNC Viewer 6.20.113 Setup
Ready to install VNC Viewer 6.20.113
Click Install to begin the installation. Click Back to review or change any of your installation settings. Click Cancel to exit the wizard.
❶クリック
Back
Install
Cancel

10 「ユーザーアカウント制御」画面が表示されます。「はい」をクリックします❶。

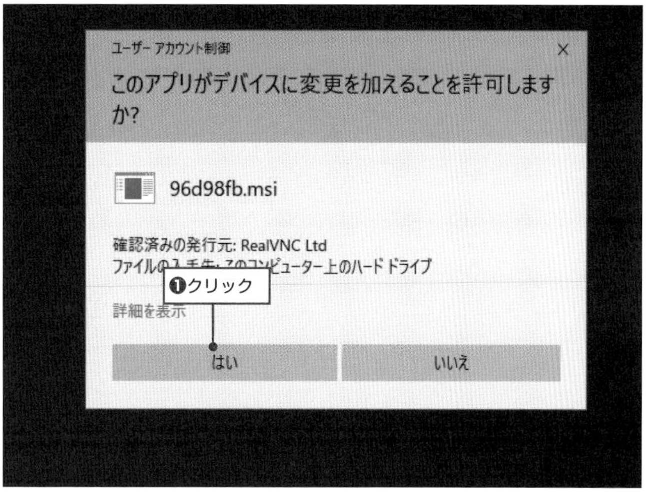
ユーザー アカウント制御
このアプリがデバイスに変更を加えることを許可しますか?
96d98fb.msi
確認済みの発行元: RealVNC Ltd
ファイルの入手先: このコンピューター上のハード ドライブ
❶クリック
詳細を表示
はい
いいえ

11 VNC Viewer のインストールが開始します。完了するまで、しばらく待ちます。

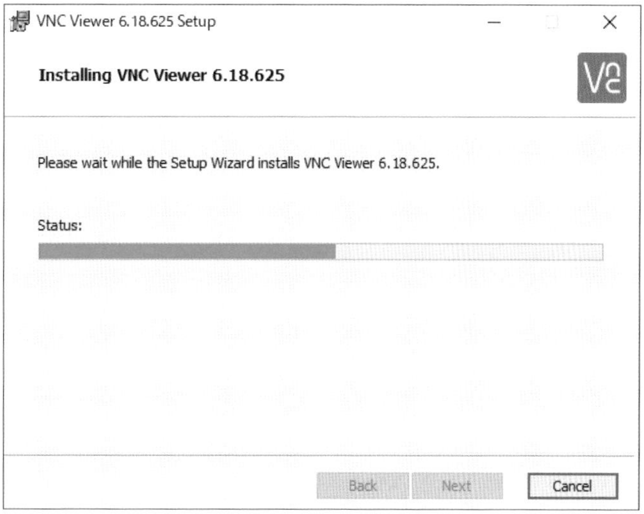
VNC Viewer 6.18.625 Setup
Installing VNC Viewer 6.18.625
Please wait while the Setup Wizard installs VNC Viewer 6.18.625.
Status:
Back
Next
Cancel

12 VNC Viewer のインストールが完了すると、この画面が表示されます。「Finish」をクリックして、画面を閉じます❶。

VNC Viewer 6.20.113 Setup
Completed the VNC Viewer 6.20.113 Setup Wizard
Click the Finish button to exit the Setup Wizard.
❶クリック
Back
Next
Cancel

VNC Viewerでパソコンからラズベリー・パイへ接続する

1 まず、ラズベリー・パイのIPアドレスを確認します。Raspbianのデスクトップの右上にある「Wi-Fi」アイコンにマウスポインターを乗せ❶、表示されたIPアドレスを確認します❷。

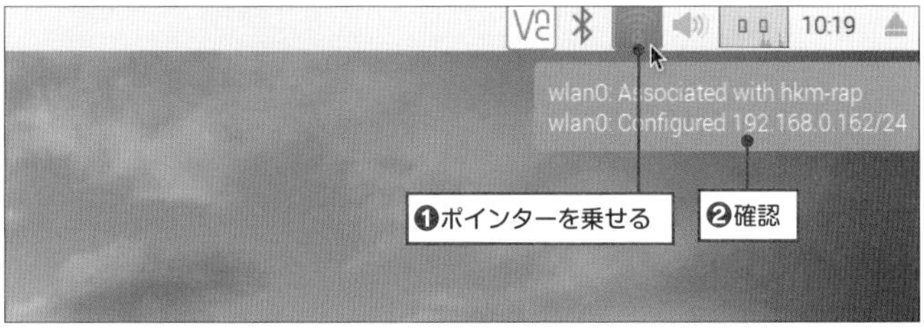
10:19
wlan0: Associated with hkm-rap
wlan0: Configured 192.168.0.162/24
❶ポインターを乗せる
❷確認

2 Windows（またはMac）のデスクトップに作成された「VNCViewer」のアイコンをダブルクリックします❶。

ごみ箱
VNC Viewer
❶ダブルクリック

3 初回の起動時のみ、この画面が表示されます。「GOT IT」をクリックします❶。

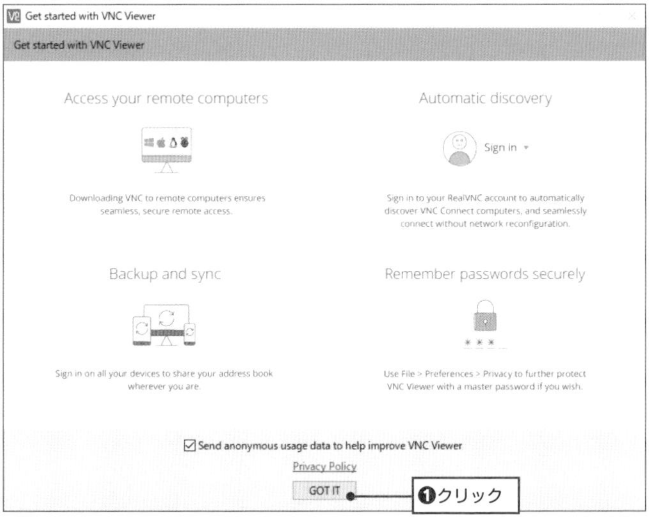
Get started with VNC Viewer
Get started with VNC Viewer
Access your remote computers
Downloading VNC to remote computers ensures seamless, secure remote access.
Automatic discovery
Sign in
Sign in to your RealVNC account to automatically discover VNC Connect computers, and seamlessly connect without network reconfiguration.
Backup and sync
Sign in on all your devices to share your address book wherever you are.
Remember passwords securely
Use File > Preferences > Privacy to further protect VNC Viewer with a master password if you wish.
Send anonymous usage data to help improve VNC Viewer
Privacy Policy
GOT IT
❶クリック

4 「VNC Viewer」が起動します。画面上部の入力欄に、手順1で確認したラズベリー・パイのIPアドレスを入力して、「Enter」キーを押します❶。

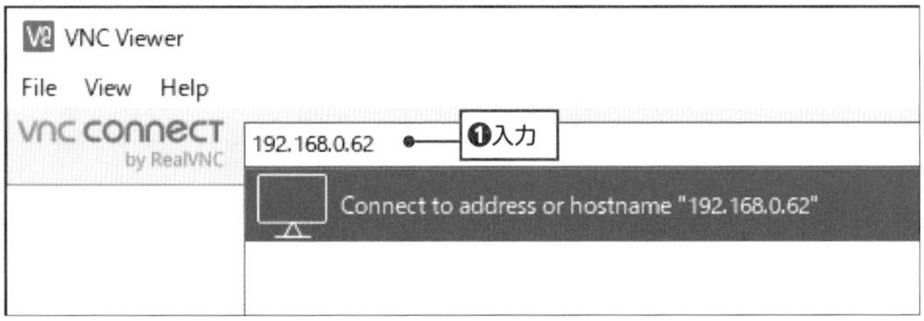
VNC Viewer
File View Help
vnc connect by RealVNC
192.168.0.62
❶入力
Connect to address or hostname "192.168.0.62"

5 初回の接続時のみ、この画面が表示されます。「Continue」をクリックします❶。

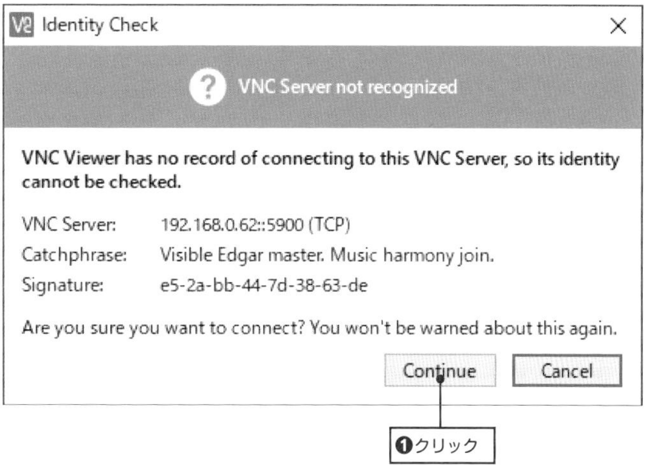

6 Raspbian のユーザー名とパスワードを確認します。「Username」に「pi」❶、「Password」に Raspbian の管理者のパスワード（P.55 手順3参照）を入力します　❷。「Remember password」をクリックしてチェックを入れると❸、次回から VNC Viewer で接続する際にユーザー名とパスワードの入力を省略できます。「OK」をクリックします❹。

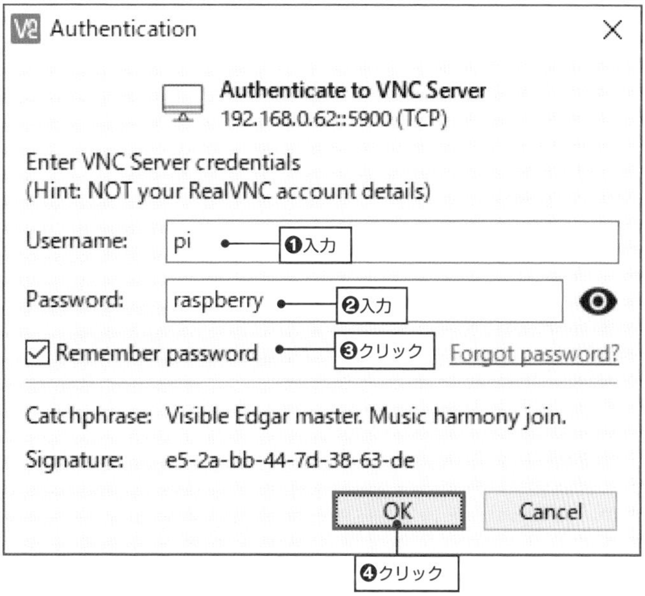

7 接続の処理が開始します。このまま 10 秒ほど待ちます。

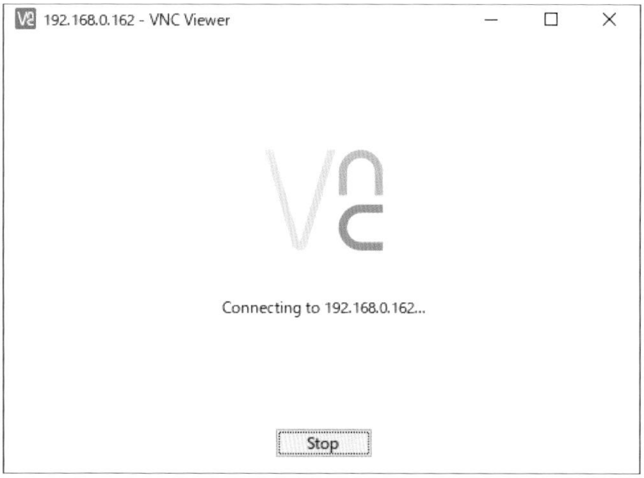

8 VNC Viewerでパソコンからラズベリー・パイに接続されました。以後は、VNC Viewerの画面からラズベリー・パイの操作ができます。接続を終了するときは、右上の「×」をクリックしてウィンドウを閉じます❶。

メモ 再度VNC Viewerで接続するには?

再度ラズベリー・パイに接続するには、VNC Viewerを起動して、右の画面に表示される接続先の項目をダブルクリックします。ラズベリー・パイのIPアドレスが変わると接続できないので、その場合はP.62手順1の方法で新しいIPアドレスを確認します。続いて、右の画面で接続先を右クリックし、表示されたメニューの「Properties」をクリックします。プロパティ画面の「VNC Server」欄に新しいIPアドレスを入力して「OK」をクリックし、接続先をダブルクリックします。なお、Windows 10ではIPアドレスのかわりに「raspberrypi.local」と入力することでも接続できます。

VNCになにも表示されないときは

初期設定をひととおり終えて、ラズベリー・パイにモニターを接続せずに起動すると、まれにVNCの画面が黒く表示されてしまうことがあります。この画面ではラズベリー・パイが操作できません。SSHで接続して解像度を設定することで、正常にVNCへ画面が表示されるようになります。

1 デスクトップの左上にあるメニューアイコンをクリックします❶。

注意 モニターがない環境でインストールしたときは

モニターがない環境でRaspbianをインストールしたときは、手順1～3を実行する必要はありません。手順4から設定をはじめてください。

2 Raspbian のデスクトップの左上にあるメニューアイコンをクリックします❶。メニューの「設定」にマウスポインターを合わせ❷、表示されたメニューの「Raspberry Pi の設定」をクリックします❸。

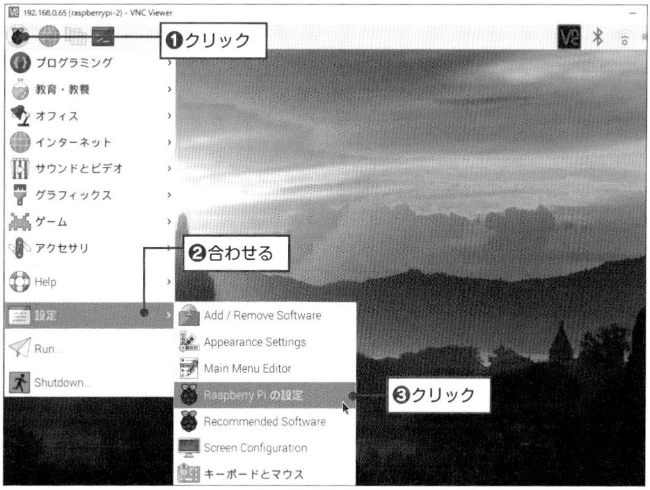

3 「インターフェイス」をクリックします❶。SSHの「有効」にチェックを入れます❷。「OK」をクリックします❸。

4 P.47 の手順で SSH 接続を行い、ラズベリー・パイにログインします。「sudo raspi-config」と入力して「Enter」キーを押します❶。

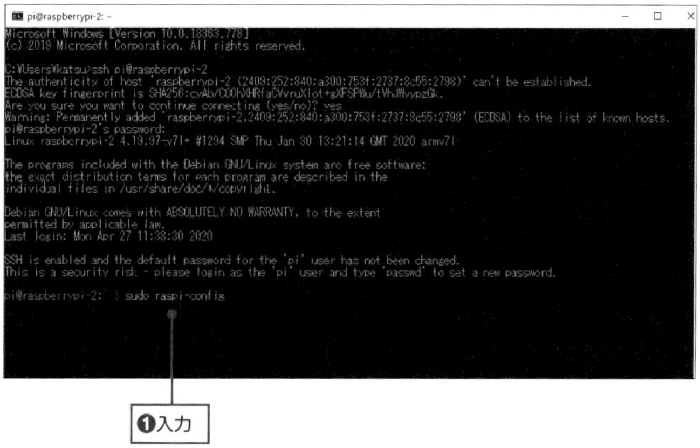

5 「↓」キーを押して「Advanced Options」の項目を選択し、「Enter」キーを押します❶。

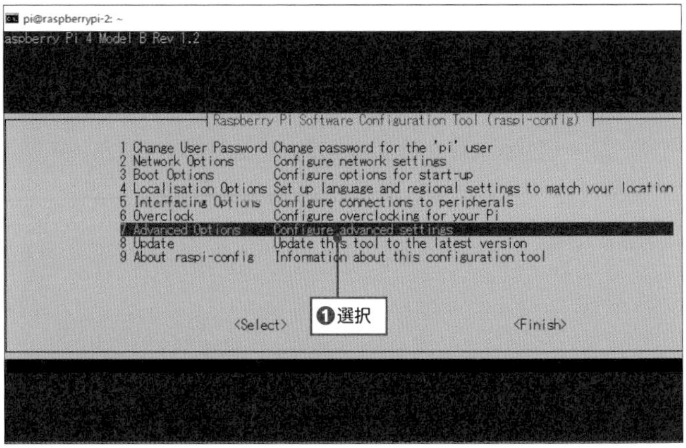

6 「↓」キーを押して「Resolution」の項目を選択し、「Enter」キーを押します❶。

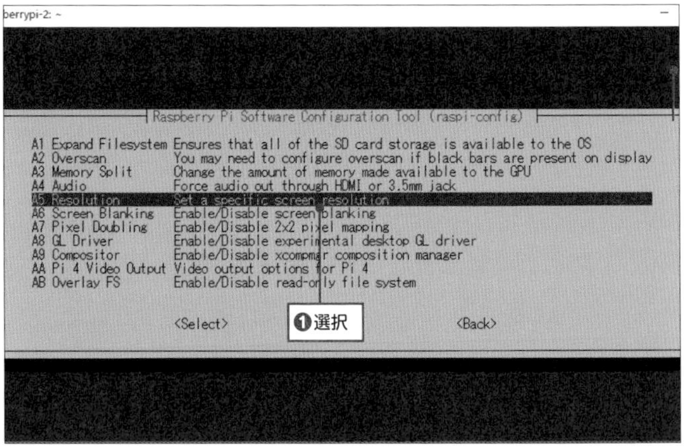

7 解像度を選択します。ここでは「↓」キーを押して「DMT Mode 85 1280x720 60Hz 16:9」を選択します❶。

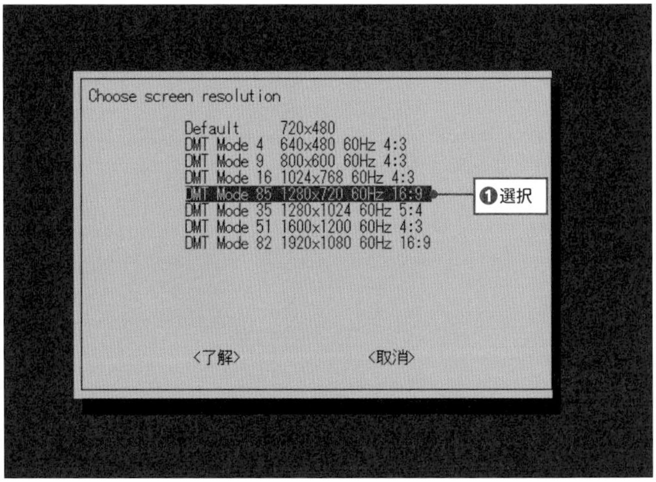

8 「Tab」キーを押すと「了解」が選択されます❶。「Enter」キーを押します。

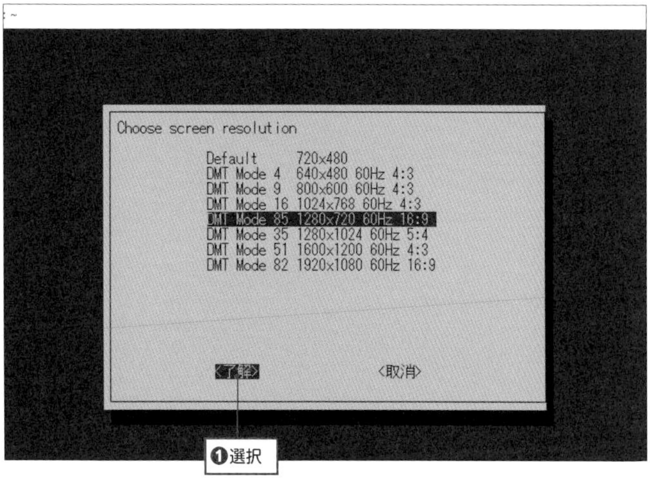

9 「Woud you like to reboot now ?」と表示されます。「Tab」キーで「はい」を選択して❶、「Enter」キーを押します。再起動後、VNCから接続できるようになっています。

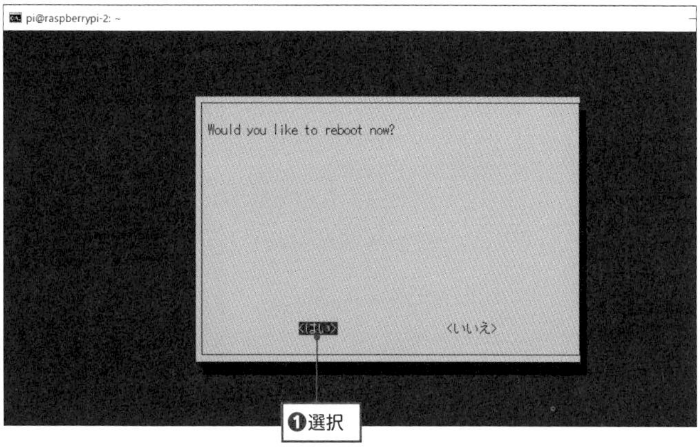

Raspbianを終了して電源をオフにする

Raspberry Piの使用を終えるとき、電源用のMicro USBケーブルを引き抜いてオフにできます。しかし、micro SDカードへのアクセス中にいきなり電源をオフにすると、カードが壊れてしまう恐れがあります。安全のため、Raspbianを終了させてから電源ケーブルを抜くようにしましょう。

1 デスクトップの左上にあるメニューアイコンをクリックします❶。

2 表示されたメニューの「Shutdown」をクリックします❶。

3 しばらくすると、「Shutdown options」画面が表示されます。「Shutdown」をクリックします❶。

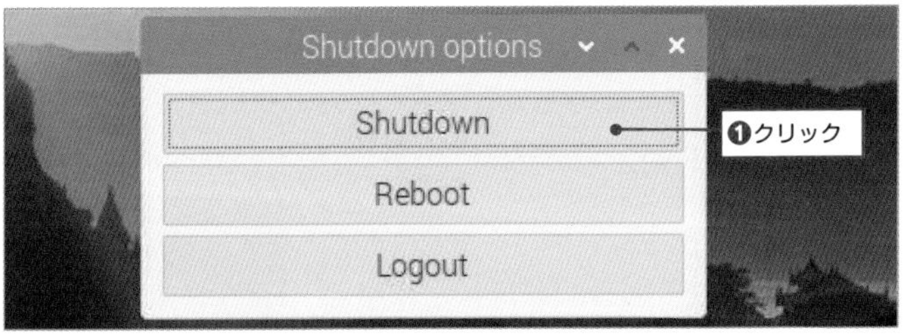

4 しばらくすると、画面がオフになります。

> メモ
> ### VNC Viewerで操作しているときは?
>
> VNC Viewerで操作していると、画面がこのような表示になります。「×」クリックしてこの画面を閉じて、次の手順に進みます。
>
> 

5 ラズベリー・パイの緑色のLEDが消灯していることを確認して、電源用のMicro USBケーブルを抜きます。

Chapter
02

ラズベリー・パイを操作しよう

Section 2-1 デスクトップの操作をしよう

Section 2-2 ファイルを操作しよう

Section 3-3 デスクトップの設定を変更しよう

Section
2-1 デスクトップの操作をしよう

ラズベリー・パイ専用のOSであるRaspbianは、Windowsによく似た見た目をしています。画面の名称や機能の呼び出し方が多少異なりますが、操作方法はWindowsに近く、Windowsパソコンの操作に慣れた人であればすぐに使うことができるはずです。

Raspbianの画面について

まずは、Raspbianの画面に表示されている各機能を確認しておきましょう。ここから、Raspbianのほとんどの機能を呼び出すことができます。

❶パネル

Raspbianの各種機能を呼び出したり、システムの状態を表示するための場所です。ここにさまざまな機能が詰め込まれています。

❷ メニューアイコン

Raspbianにインストールされているアプリケーションや、設定項目などを呼び出すためのアイコンです。クリックすると、各機能ごとに整理されたメニューが表示されます。

❸アプリケーション・ランチャー

よく使うアプリケーションを呼び出すためのランチャーです。初期状態では、「Web Browser」「ファイルマネージャ」「LXterminal」などのアイコンが並びます。

❹タスクバー

起動中のアプリケーションが「アプリボタン」として表示されます。ボタンをクリックしたアプリケーションが前面に表示されます。

❺システムトレイ

システムの状態や、無線LANなどの基本機能のオン／オフの状態がアイコン表示されます。クリックすると表示されるメニューから、オン／オフなどの設定をすることもできます。

❻ Ejecter

USBメモリーやUSBカードリーダーなどを接続しているときにクリックすると、各メディアを安全に取り外すためのメニューが表示されます。

❼ゴミ箱

デスクトップの左上に表示されている「ゴミ箱」には、削除されたファイルが入ります。ここをダブルクリックして開くと、削除したファイルを取り出すことができます。

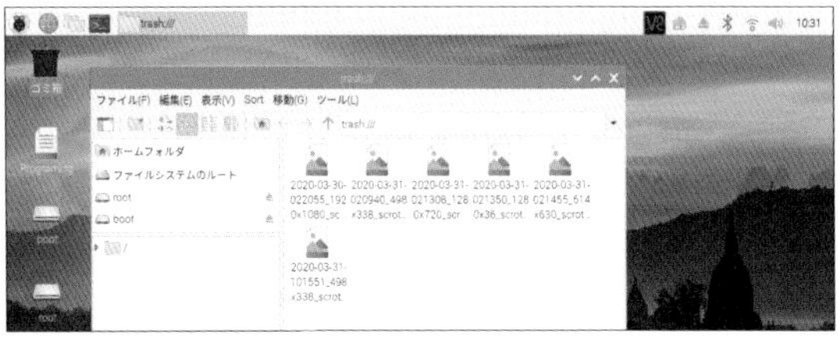

❽デスクトップアイコン

デスクトップに置かれたアイコンです。ダブルクリックして、アプリケーションやファイルを開くことができます。

❾デスクトップ

Raspbianの作業机の役割を持ち、アイコンを置いたり、アプリケーションウィンドウを開いたりするときに利用します。背景の「壁紙」は、自分の好きな画像や写真に変更できます。

❿アプリケーションウィンドウ

アプリケーションの画面です。この画面を通じて、アプリケーションを操作します。

アプリケーションを起動する

アプリケーションを起動するには、①メニューから起動する、②アプリケーション・ランチャーから起動する、③ターミナルからコマンドで起動する、という3つの方法があります。ターミナルから起動する方法は、キー入力が面倒です。基本はメニューからの起動です。

1 ここでは、Raspbian にインストールされている「LibreOffice Writer」というワープロを起動してみます。メニューアイコンをクリックして❶、「オフィス」にマウスポインターを合わせます❷。

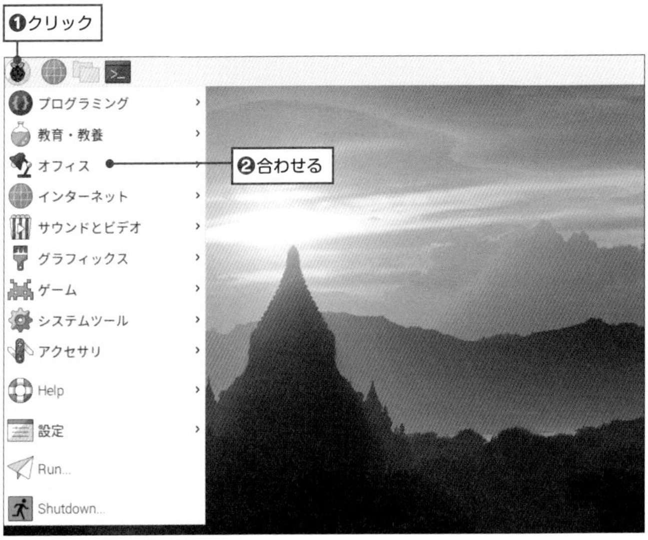

2 インストールされている Office アプリケーションが一覧表示されます。「LibreOffice Writer」をクリックします❶。

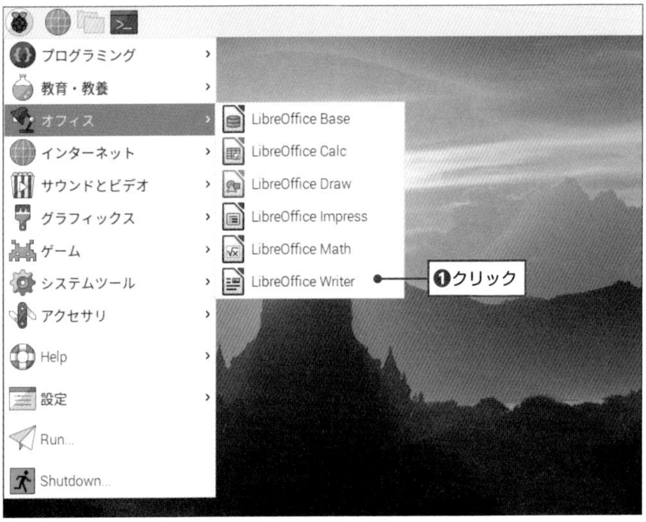

3 しばらく待つと、アプリケーション（LibreOffice Writer）が起動して、タスクバーにアプリボタンが表示されます。アプリケーションが起動するまでの時間は、ラズベリー・パイのモデルによって異なります。Raspberry Pi 3／4なら数秒、Raspberry Pi Zeroなら1～2分ほどかかる場合もあります。

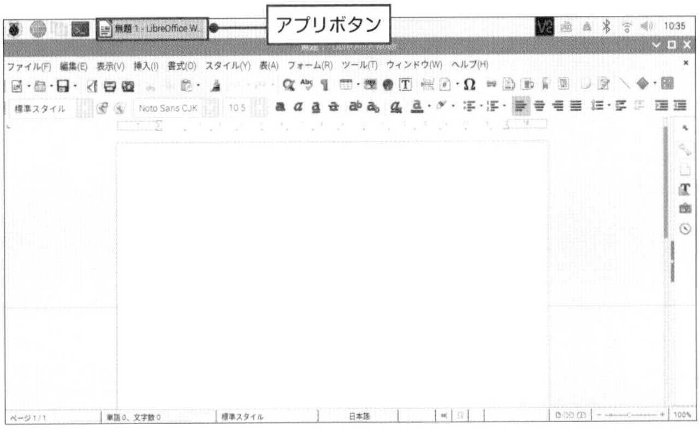

アプリケーションを終了する

1 アプリケーションを終了するには、アプリケーションウィンドウの右上の「×」をクリックします❶。

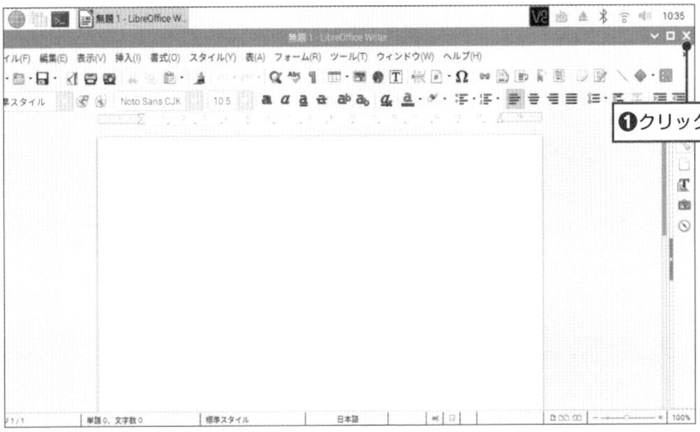

2 アプリケーションウィンドウが消えて、タスクバーのアプリボタンがなくなりました。これで、アプリが終了したことになります。

> メモ
> **メニューから終了する**
>
> アプリケーションウィンドウの「ファイル」メニュー→「終了」の順でクリックすることで終了できるアプリケーションもあります。

ファイルを保存してからアプリケーションを終了する

1 アプリケーションの操作中に終了しようとすると、作業中の内容をファイルに保存するか確認される場合があります。たとえば、LibreOffice Writer で文書を編集している途中に「×」をクリックします❶。

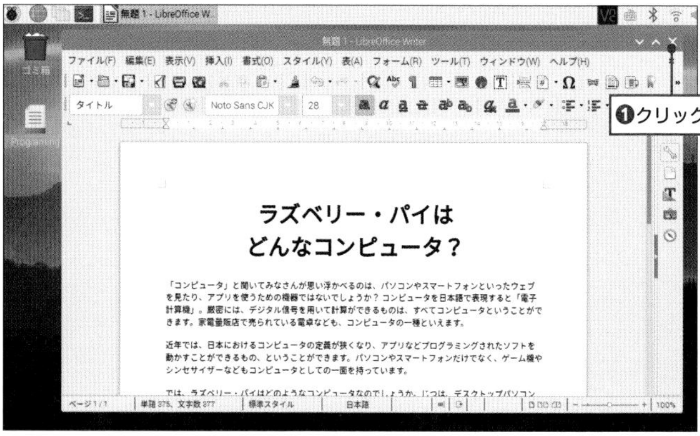

2 ドキュメントを保存するか確認する画面が表示されます。「保存」（アプリケーションによっては「Save」）をクリックします❶。

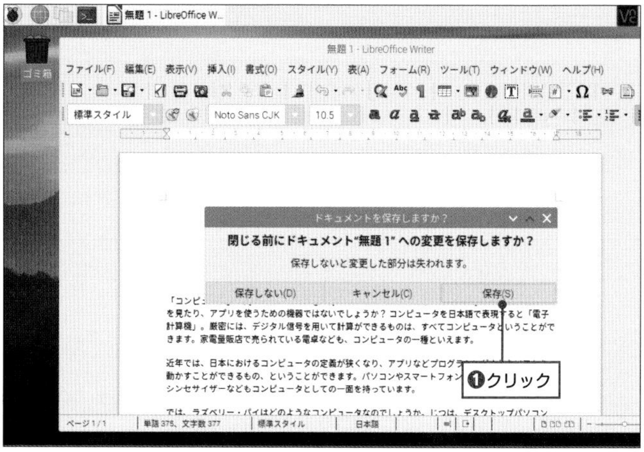

> **キーワード　Save**
>
> **英語のアプリケーションでは、ファイルを保存することを「Save」と表記します。**

3 左側の一覧にある「Desktop」をクリックします❶。「名前」欄にファイルの名前を入力して、「Enter」キーを押します❷。

> **メモ　ファイル名の付け方**
>
> **ファイル名は自由に付けられますが、「.」はファイル名と拡張子を区切る記号なので使用できません。また、「?」「／」「#」などの記号は正しく認識されないことがあるので、使用しないのが無難です。**

4 アプリケーションが終了しました。デスクトップには、先ほど保存したファイルが置かれています。

メモ

ファイルに保存すると?

保存したファイルは、ダブルクリックすることで再び開くことができます。一度電源を切ったあとでも、再びラズベリーパイを起動してファイルを開けば、中断した作業を再開することができます。

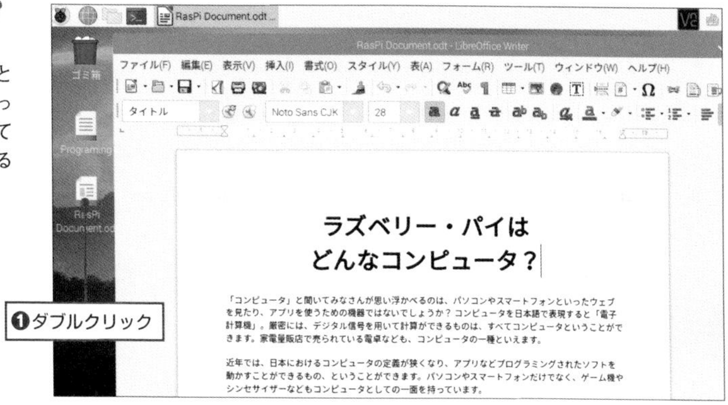

アプリケーションを切り替える

ラズベリー・パイの画面が狭いときに複数のアプリケーションを使うと、アプリケーションウィンドウが重なってしまうことがあります。背面のアプリケーションに切り替えたり、前面のアプリケーションを最小化したりすることで、複数の作業を同時に行うことができます。

1 起動した2つのアプリケーションのうち、片方が隠れてしまっています。タスクバーから、隠れているアプリケーションボタンをクリックします❶。

2 背面に隠れていたアプリケーションが前面に表示されました。

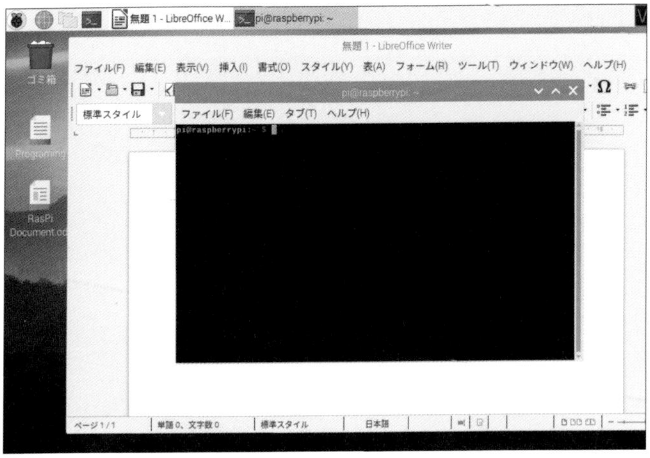

アプリケーションの画面を最小化する

1 アプリケーションウィンドウが邪魔に感じるけれど終了したくないときは、アプリケーションを「最小化」しましょう。アプリケーションウィンドウの右上にある「∨」をクリックします❶。

2 タスクバー上にアプリボタンが残ったまま、アプリケーションウィンドウが非表示になりました。

メモ

アプリケーションを再表示する

タスクバー上のアプリボタンをクリックすると、最小化したアプリケーションが再度表示されます。

Section

2-2 ファイルを操作しよう

アプリケーションで作業した内容は、ラズベリー・パイに挿入したmicro SDカードにファイルとして保存しておくことができます。ファイルを保存しておけば、あとで作業を再開したり、コピーして履歴を残したりできます。ここでは、Raspbianでのファイルの扱い方について解説します。

フォルダーの役割

フォルダーとは、ファイルを保管するための箱のようなものです。プログラム用のフォルダー、文書用のフォルダーなど、種類別に分類したり、日付ごとに整理したりすることで、目的のファイルを見つけやすくします。アプリケーションなどで新たに作成したファイルは、デスクトップや「pi」フォルダーなどに置かれます。このまま作業を続けていくと、デスクトップ上や「pi」フォルダー内にファイルが散らかって見づらくなるので、フォルダーを作って整理しましょう。

フォルダーを作成する

1 パネルの「ファイルマネージャ」アイコンをクリックします❶。ファイルマネージャが起動し、「pi」フォルダーの内容が表示されます。

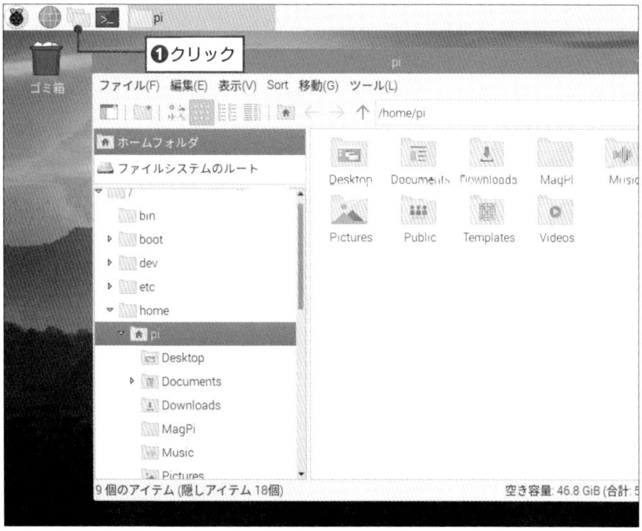

キーワード　ファイルマネージャ

ファイルマネージャはWindowsのエクスプローラーと同じ機能を持つアプリケーションです。

2 ファイルマネージャの「ファイル」メニューをクリックし❶、「New Folder」をクリックします❷。

3 入力欄にフォルダー名（ここでは「Programs」）を入力し❶、「OK」をクリックします❷。

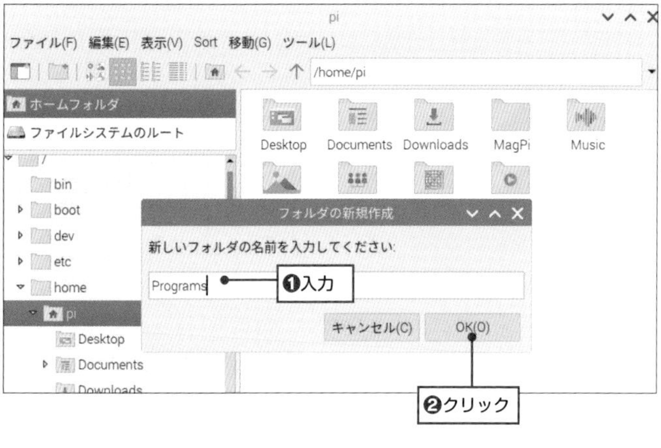

4 「Programs」という名前の新しいフォルダーが作成されました。

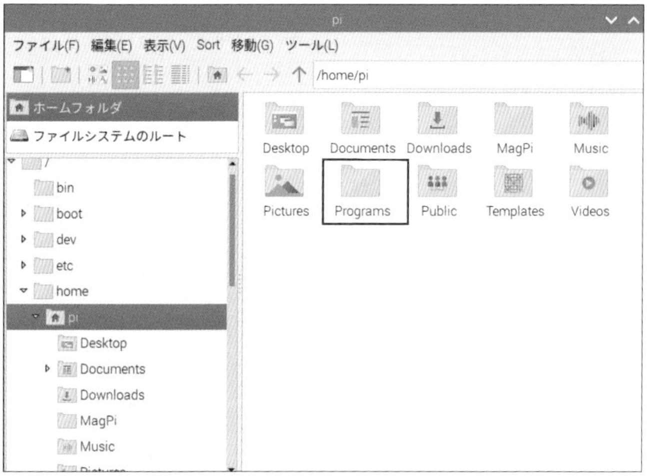

メモ

フォルダーはいくつまで作れる？

Raspbianが採用しているファイルシステム「ext4」の仕様により、Piフォルダー内に作成できるフォルダーの上限は約64,000個です。ファイルはいくつでも保存できます。

フォルダーにファイルを移動する

1 フォルダーに移動させたいファイルをクリックして、選択した状態にしておきます❶。「編集」メニューをクリックし❷、「カット」をクリックします❸。

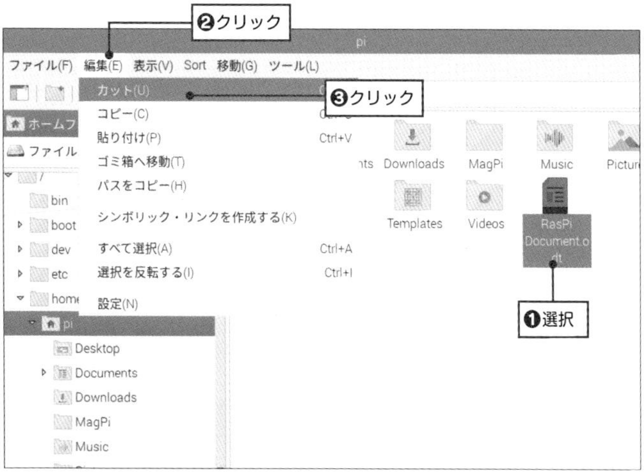

2 ファイルを移動させたいフォルダー（ここでは「Programs」）をクリックします❶。

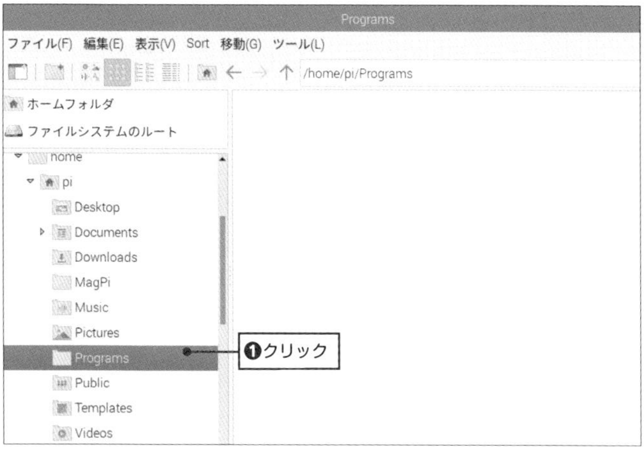

3 「Programs」フォルダーの内容が表示されます。「編集」メニューをクリックして❶、「貼り付け」をクリックします❷。

4 「Programs」フォルダーの中に、選択したファイルが移動しました。もとのフォルダー内にあったファイルは削除されます。

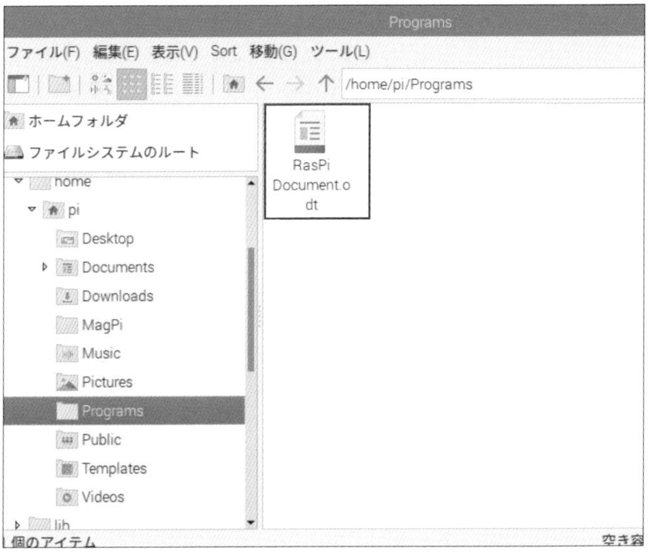

メモ　ドラッグ&ドロップで移動する

ここではカット&ペースト(貼り付け)によってファイルを移動していますが、WindowsやMacと同様に、ファイルを目的のフォルダーにドラッグ&ドロップすることでも移動できます。

ファイルをコピーする

ファイルをコピーすると、もとのファイルはそのままで、同じ内容の新しいファイルが作成されます。たとえば、3章以降で作成するプログラムに手を加える際にもとのファイルをコピーしておけば、変更後に正常に動作しなくても、変更前のプログラムに戻したり、変更前のプログラムと比較して原因を突き止めたりできます。また、コピーしたファイルの名前に日付や時間を追加すると、いつの状態のコピーなのか把握しやすくなります。

1 コピーしたいファイルが保存されているフォルダーを開いておきます。

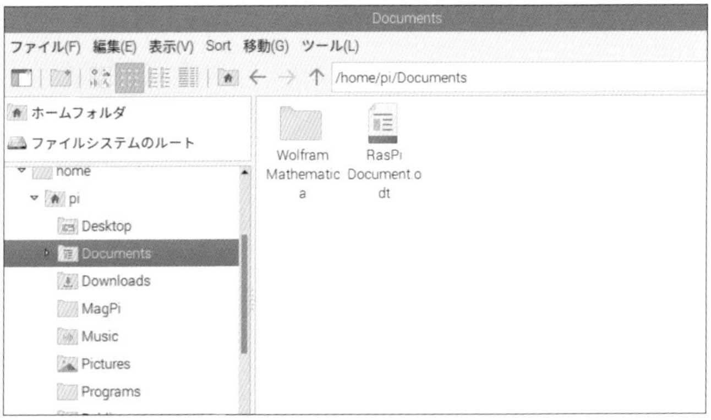

テクニック　フォルダーツリーを活用しよう

ファイルマネージャの画面の左側には、ラズベリー・パイに保存されているフォルダーの一覧(フォルターツリー)が表示されています。フォルダーの左側に「▽」マークが付いているものは、その中にサブフォルダーが存在することを示しています。このようなフォルダーをクリックすると内容が表示され、フォルダー内をさらに探していくことができます。

2 コピーしたいファイルを右クリックし❶、表示されたメニューの「コピー」をクリックします❷。この状態で、クリップボードにファイルが保存されました。

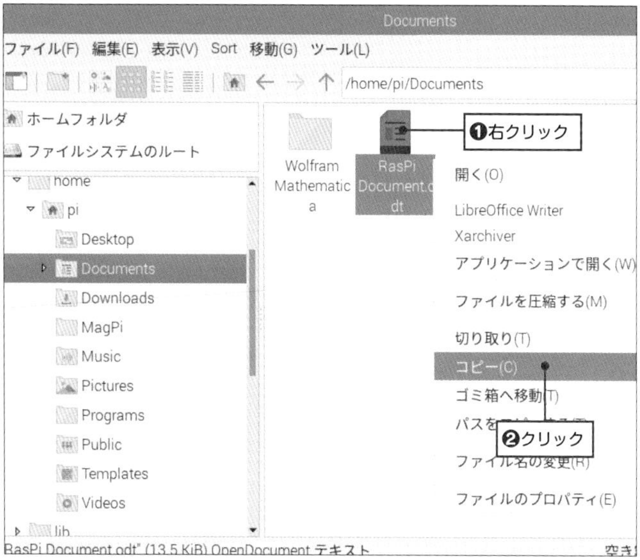

キーワード

クリップボード

ファイルのカットやコピーをするとき、ラズベリー・パイのメモリー上に、一時的にファイルの内容が置かれます。この一時的なファイルの置き場所をクリップボードといいます。

3 続いて、クリップボード内のファイルを元の場所と同じフォルダーに貼り付けます。「編集」メニューをクリックし❶、「貼り付け」をクリックします❷。

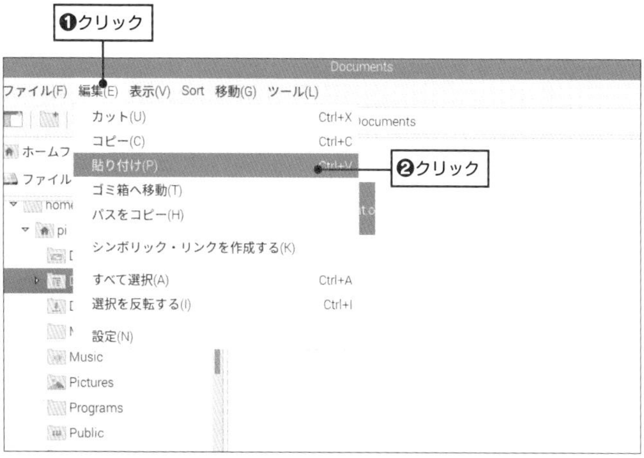

4 もとのファイルと同じフォルダー内に貼り付けると、「ファイルを置き換えるときは確認する」画面が表示されます。「ファイル名」欄にもとのファイルとは異なるファイル名（ここでは日付を示す数値を追加）を入力し❶、「別の名前で」をクリックします❷。

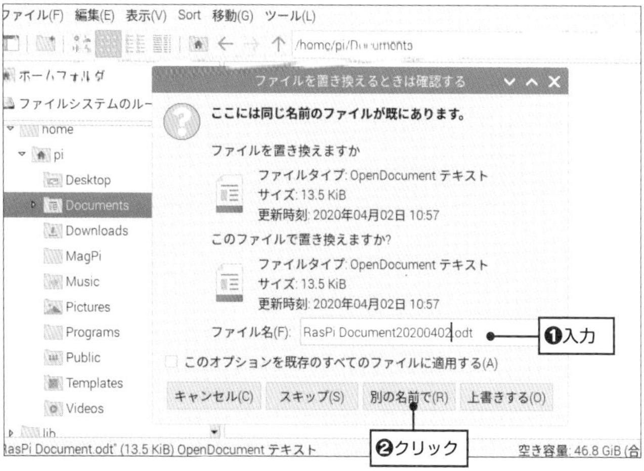

5 ファイルがコピーされました。

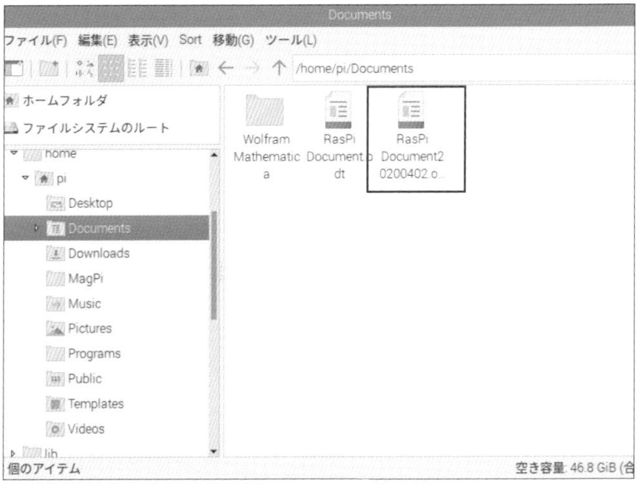

不要なファイルを削除する

ラズベリー・パイを使い続けていると、不要なファイルが増えていきます。不要なファイルが溜まりすぎると、目的のファイルを探しにくくなるだけでなく、micro SDカードの容量が不足したり、ラズベリー・パイの処理が遅くなったりします。

このような状態にならないよう、不要なファイルは小まめに削除しましょう。削除したファイルはいったんゴミ箱に入り、ゴミ箱を空にすることで完全に削除できます。ファイルをゴミ箱に入れただけでは削除されないため、必要ならばもとの場所（フォルダー）に戻すこともできます。

1 削除したいファイルがあるフォルダーを開きます。マウスをドラッグして、削除したいファイルをまとめて選択します❶。

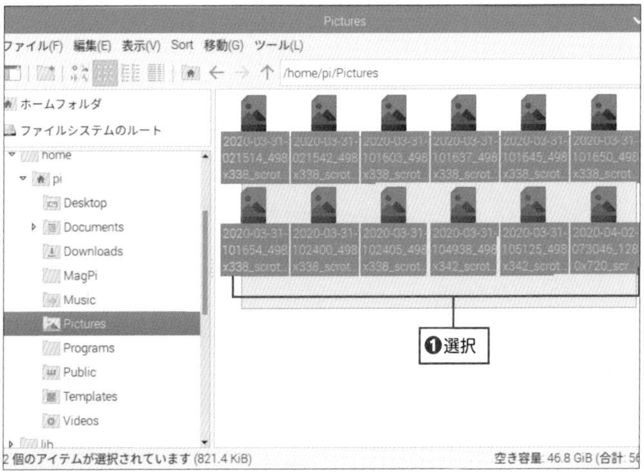

テクニック　特定のファイルを選択から外すには？

複数のファイルを選択した状態で、「Ctrl」キーを押しながらファイルをクリックすると、そのファイルを選択から外すことができます。

2 選択されたファイルの１つを右クリックし❶、表示されたメニューの「ゴミ箱へ移動」をクリックします❷。

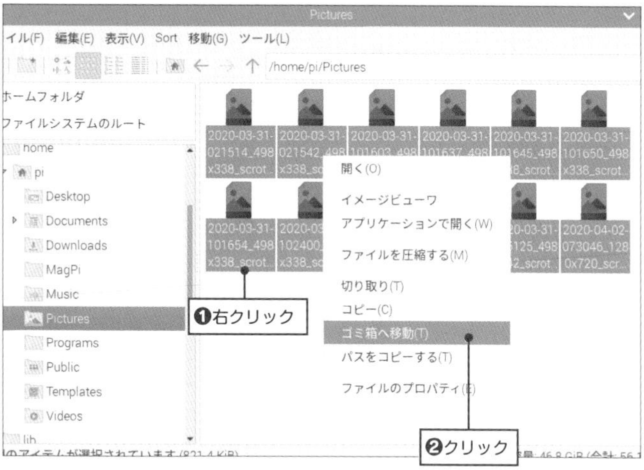

3 確認画面で「はい」をクリックすると❶、ファイルがゴミ箱に移動して、フォルダー内から消えます。

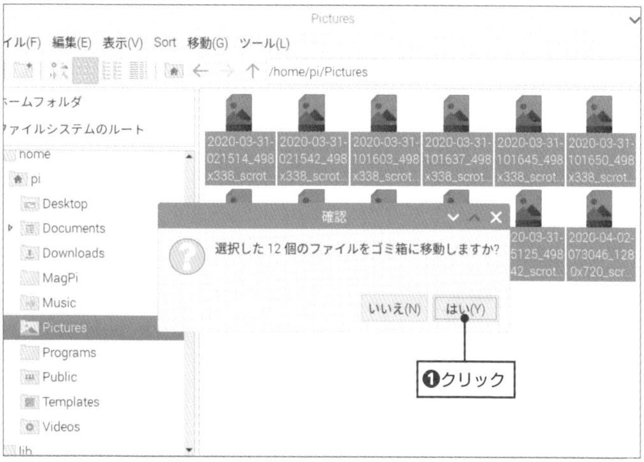

4 デスクトップの左上にあるゴミ箱のアイコンを右クリックし❶、表示されたメニューの「ゴミ箱を空にする」をクリックすると❷、ファイルは完全に削除されます。

ゴミ箱のファイルをもとの場所に戻す

1 デスクトップの左上にあるゴミ箱のアイコンをダブルクリックします❶。

2 ゴミ箱の内容が表示されます。もとの場所に戻したいファイルを右クリックし❶、表示されたメニューの「元に戻す」をクリックします❷。

3 選択したファイルが消えます。アプリケーション・ランチャーの「ファイルマネージャ」をクリックします❶。

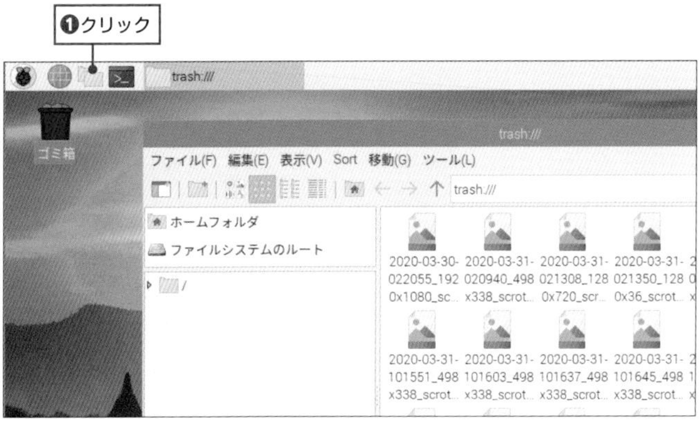

4 ファイルがもともと保存されていた場所（ここでは「Pictures」フォルダー）をクリックすると❶、もとに戻したファイルが表示されます。

Section
2-3
デスクトップの設定を変更しよう

Raspbianをインストールした直後の状態では、使いにくく感じることがあります。自分の利用スタイルに合わせてデスクトップの設定を変更することで、Raspbianの使いやすさが向上します。ここでは、Raspbianのデスクトップの設定を変更して使いやすくします。

よく使うアプリケーションのアイコンをデスクトップに置く

よく使うアプリケーションのアイコンをデスクトップに置くと、それをダブルクリックするだけでアプリケーションを起動できます。このとき、アプリケーション本体ではなく、アプリケーションを呼び出す「ショートカット」のアイコンを置けば、デスクトップとメニューのどちらからでも起動できます。

ここでは、3章以降でPythonのプログラムを作成する際に利用する「Thonny Python IDE」というアプリケーションのショートカットを作成します。

1 画面左上のメニューアイコンをクリックします❶。「プログラミング」にマウスポインターを合わせて❷、「Thonny Python IDE」を右クリックします❸。

2 右側にもう1つメニューが表示されます。ここから「デスクトップに追加」をクリックします❶。

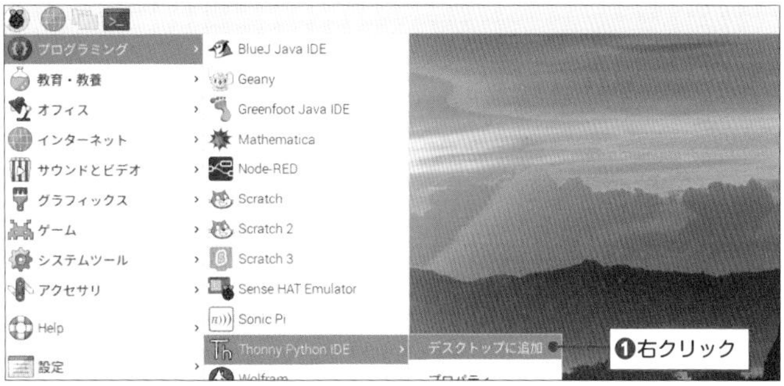

3 デスクトップにショートカットのアイコンが作成されました。

アプリケーション・ランチャーにアイコンを追加する

初期状態のRaspbianは、パネルのアプリケーション・ランチャーにいくつかのアプリケーションのアイコンが登録されています。これらのアイコンは追加・削除できます。よく使うアプリケーションのアイコンをここに登録しておけば、アイコンをクリックするだけで起動できます。メニューアイコンをクリックして、アプリケーションのアイコンを探す必要がなくなるので便利です。

1 パネルの空いている部分を右クリックします❶。メニューが表示されたら、「パネルのアイテムの追加・削除」をクリックします❷。

2 「パネルの設定」画面の「パネルアプレット」タブが開きます。一覧にある「アプリケーション・ランチャー」をクリックし❶、右の「設定」をクリックします❷。

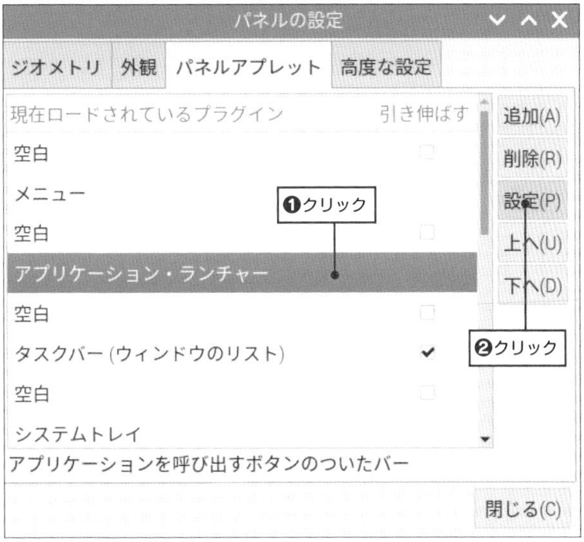

3 「アプリケーション・ランチャー」画面に切り替わります。右側のアプリケーションの一覧で、「プログラミング」の左側にある「▷」をクリックします❶。

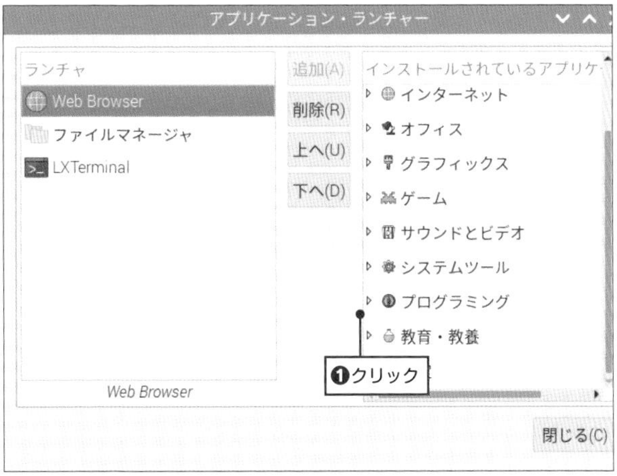

4 「プログラミング」グループの内容が表示されます。「Thonny Python IDE」をクリックし❶、「追加」をクリックします❷。

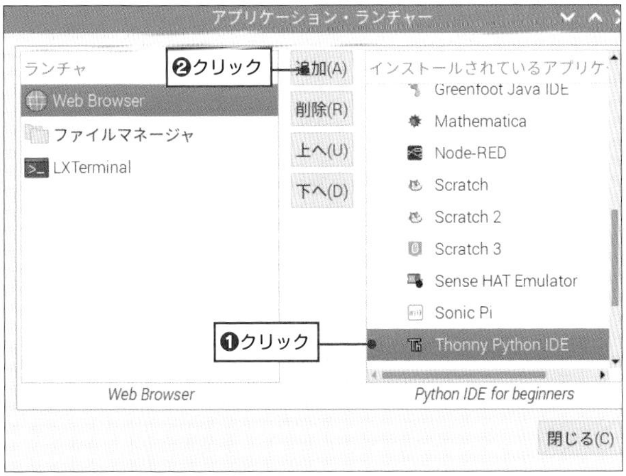

5 左側の「ランチャ」項目のいちばん下に「Thonny Python IDE」が追加されます。「閉じる」をクリックします❶。

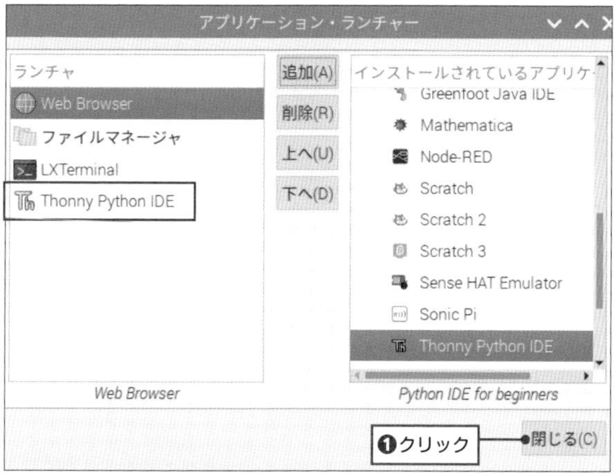

6 「パネルの設定」画面に戻ります。「閉じる」をクリックします❶。

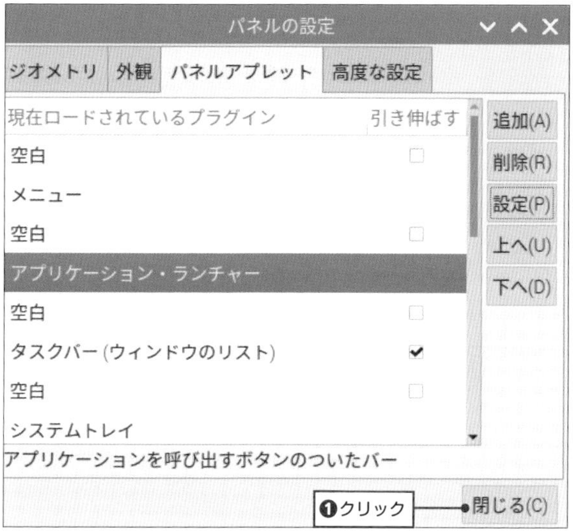

7 パネルのアプリケーション・ランチャーの右端に「Thonny Python IDE」のアイコンが追加されました。クリックして、起動するか確かめてみましょう。

アプリケーション・ランチャーのアイコンを削除する

1 パネルの空いている部分を右クリックします❶。メニューが表示されたら、「パネルのアイテムの追加・削除」をクリックします❷。

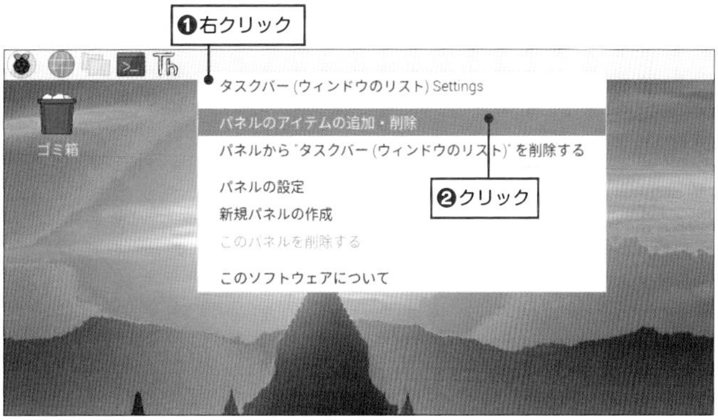

2 「パネルの設定」画面の「パネルアプレット」タブが開きます。一覧から「アプリケーション・ランチャー」をクリックし❶、「設定」をクリックします❷。

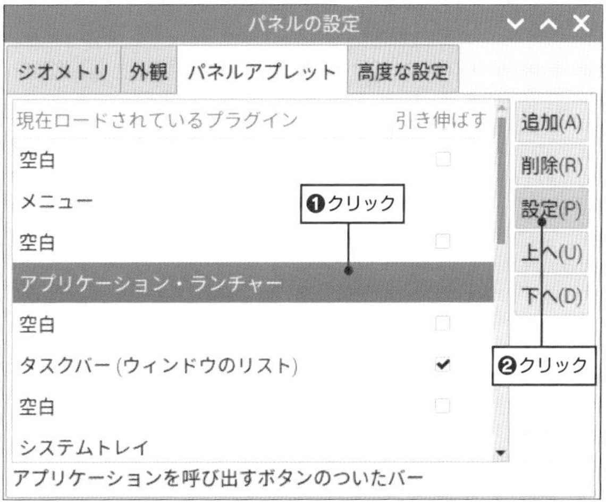

パネルの表示順序を変えてみよう

パネルに並んでいるアプリケーション・ランチャーやタスクバーは、表示の順序を変更できます。右の画面で項目を選択し、「上へ」「下へ」をクリックして変更します。

3 左側の「ランチャ」の一覧から、削除したい項目（ここでは「Thonny Python IDE」）をクリックし❶、「削除」をクリックします❷。項目が削除されるので、「閉じる」をクリックします❸。

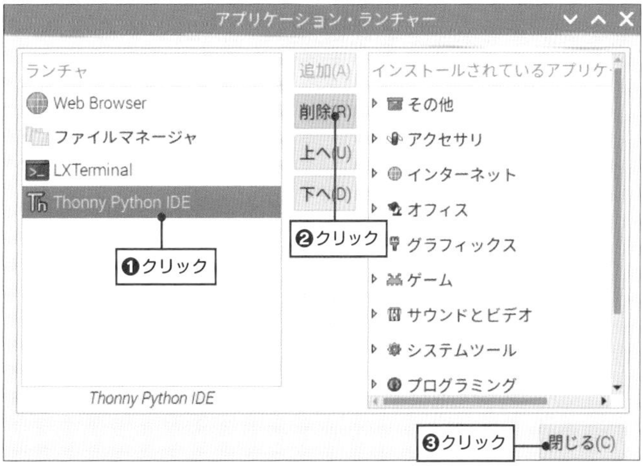

4 「パネルの設定」画面に戻ります。「閉じる」をクリックします❶。

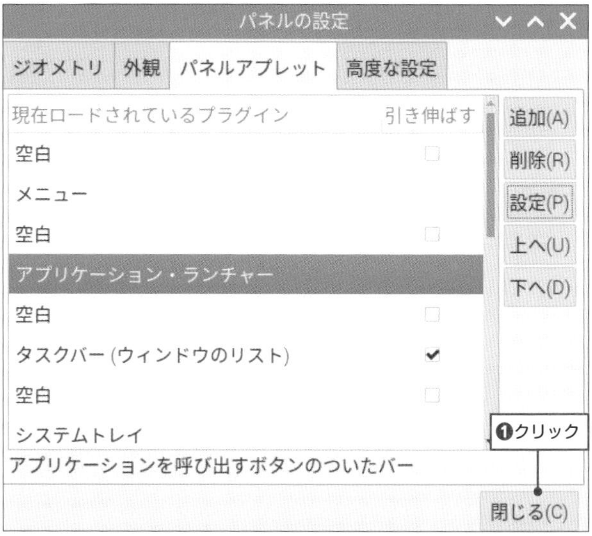

5 パネルからアプリケーションのアイコンが削除されました。

デスクトップの壁紙を変更する

Raspbianをインストールした直後は、デスクトップの壁紙には寺院の写真が表示されています。壁紙はほかの写真に変更できます。自分の好きな写真を壁紙にすると、ラズベリー・パイを使うのがより楽しくなります

1 デスクトップのアイコンがない場所を右クリックします❶。メニューが表示されたら、「デスクトップの設定」をクリックします❷。

2 見た目の設定を変更できる「Appearance Settings」画面が表示されます。「Desktop」タブの「Picture」欄の右にある、「temple.jp」と書かれたボタンをクリックします❶。

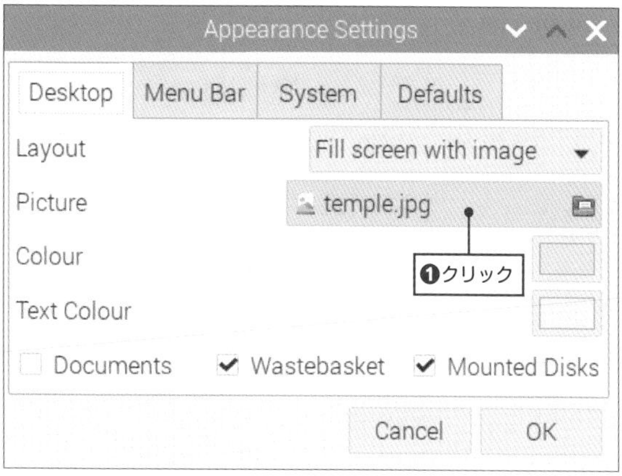

3 「Select a File」画面が表示されます。壁紙の一覧から1つをクリックし❶、「Open」をクリックします❷。

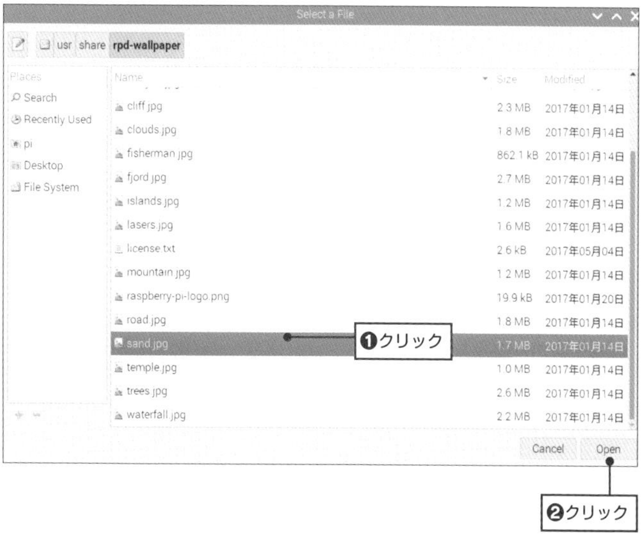

> **デジタルカメラで撮影した写真を壁紙にする**
>
> デジタルカメラなどで撮影した写真を壁紙にするには、USB接続のメモリーカードリーダーなどを利用して、ラズベリー・パイの「Pictures」などのフォルダーにコピーします。右の画面の「Places」の一覧にある「pi」をクリックし、コピー先のフォルダーをクリックすると、コピーした写真が表示されて、壁紙に指定できます。

4 壁紙が変更されました。「OK」をクリックして、「Appearance Settings」画面を閉じます❶。

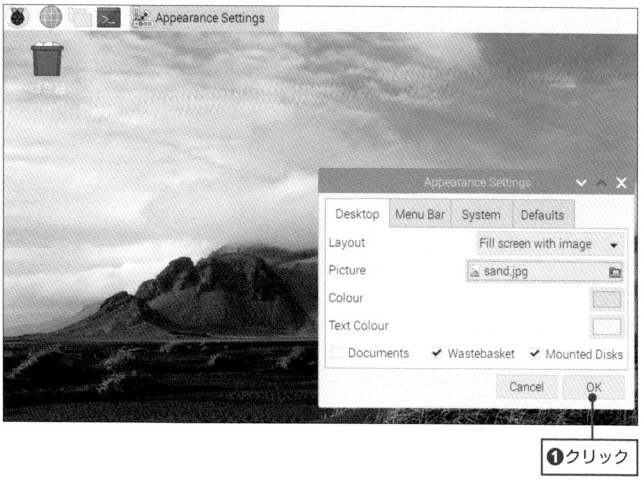

パネルや文字を小さく表示する

解像度の低いモニターでは、画面にあまり多くの情報を表示できません。パネルや文字などを小さく表示させることで、同じ解像度でも画面を広く使えるようになり、画面により多くの情報を表示できます。

1 デスクトップの空いている部分を右クリックして、メニューの「デスクトップの設定」をクリックします。「Appearance Settings」画面が表示されたら「Defaults」タブをクリックし❶、「For small screens」の右にある「Set Defaults」をクリックします❷。

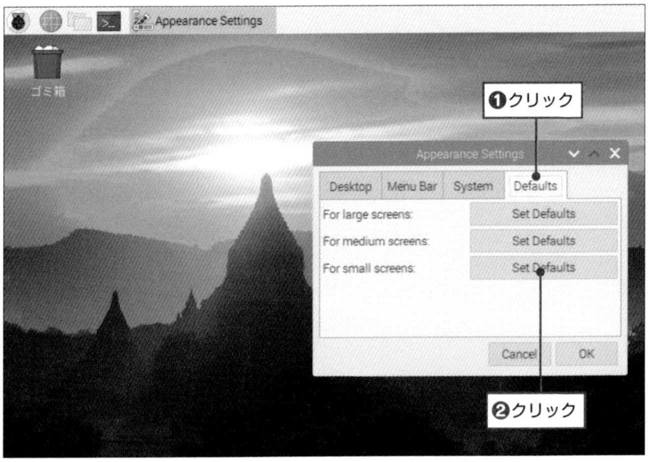

2 パネルや文字が小さくなり、画面が広く使えるようになりました。「OK」をクリックします❶。

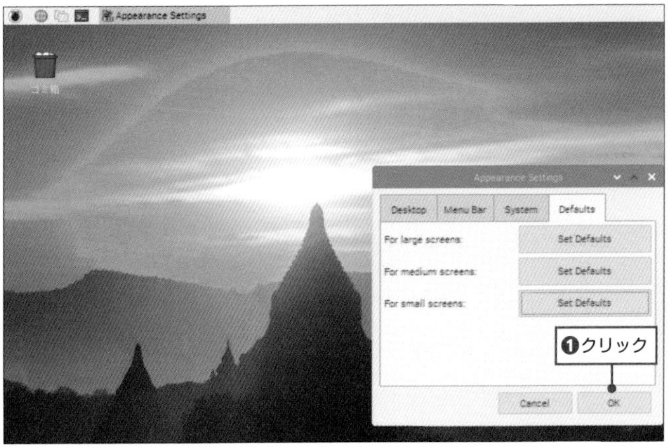

メモ

元のサイズに戻すには?

パネルや文字を元のサイズに戻すには、右の画面で「For medium screens」の右にある「Set Defaults」をクリックします。

テクニック

パネルのサイズだけを小さくする

文字のサイズは変更せず、パネルだけ小さくすることもできます。上記の「Appearance Settings」画面で「Menu Bar」タブをクリックし❶、「Size」欄の右のボタンをクリックして、「Small」を選択します❷。「OK」をクリックするとパネルが小さくなり❸、アプリケーション・ランチャーやタスクバーにより多くのボタンやアイコンを表示できます。

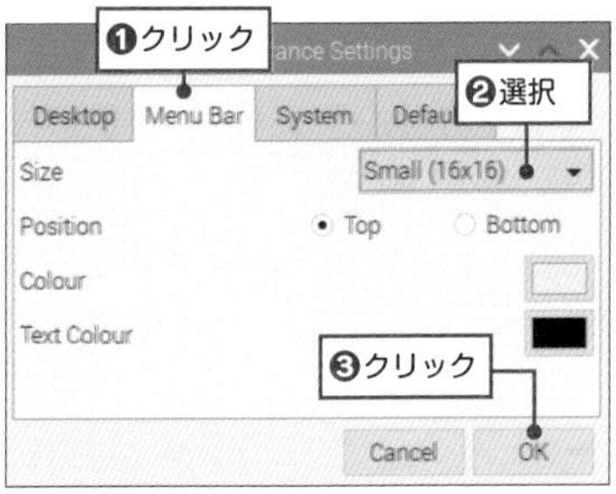

音量を変更する

オーディオケーブルでスピーカーに接続している場合など、音が大きい／小さいと感じるときは音量を変更しましょう。

1 システムトレイの「Volume Control」アイコンをクリックします❶。

2 バーが表示されます。「○」を上下にドラッグして、音量を調節します❶。デスクトップの空いている部分をクリックすると、バーが非表示になります❷。

パネルを画面の下側に表示する

1 パネルの空いている部分を右クリックします❶。メニューが表示されたら、「パネルの設定」をクリックします❷。

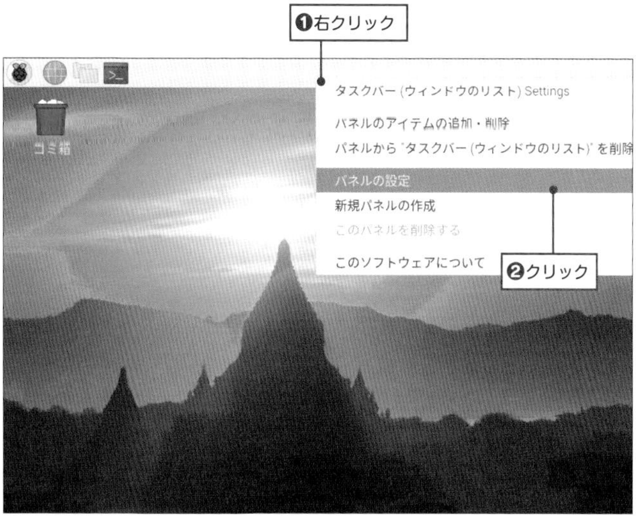

2

「パネルの設定」画面の「ジオメトリ」タブが表示されます。「位置」グループの「端」の項目にある「下」をクリックすると❶、パネルが画面の下側に移動します。「閉じる」をクリックして、画面を閉じます❷。

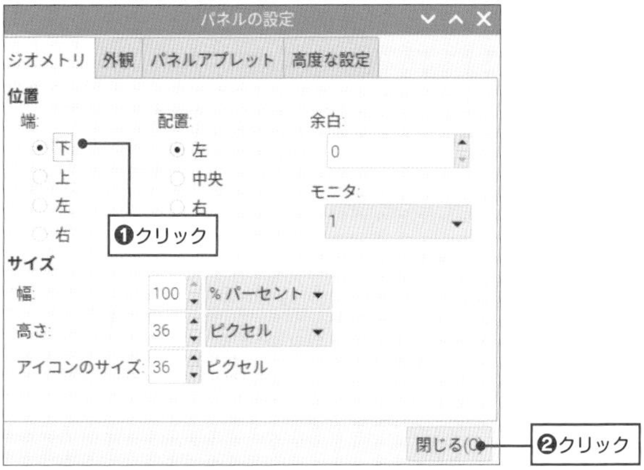

パネルを使わないときに自動的に隠す

パネルは操作するときだけ表示させて、操作しないときは自動的に隠すように設定できます。デスクトップを少しでも広く使いたい場合や、作業に集中したいときなどに便利です。

1

上記の「パネルの設定」画面の「高度な設定」タブをクリックし❶、「使わないときはパネルを最小化する」をクリックしてチェックを入れると❷、パネルが自動的に隠れます。「閉じる」をクリックします❸。

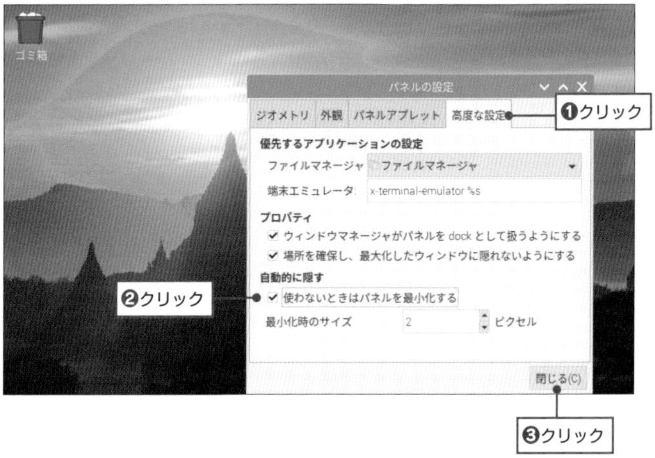

2

マウスポインターを画面の上部に合わせます❶。すると、隠れていたパネルが一時的に表示されて、操作できるようになります。

Chapter
03

ラズベリー・パイでプログラミングをしよう

Section 3-1 プログラミングについて知ろう

Section 3-2 Pythonでかんたんなプログラムを作成しよう

Section

3-1 プログラミングについて知ろう

ラズベリー・パイを使った電子工作のいちばんの醍醐味は、プログラムで電気信号をコントロールできるところにあります。ゲームのような感覚で電気回路をコントロールして、モーターを動かしたり、LEDを光らせたりと、さまざまなことができるのです。そのための基礎を学びましょう。

おすすめのプログラミング言語はPython

RaspbianにはC言語やJavaなど、さまざまなプログラミング言語が使えるツールがインストールされています。なかでも、はじめて電子工作をするにあたって扱いやすいのは、「Scratch（スクラッチ）」と「Python（パイソン）」の2つです。Scratchはパズルのピースを組み合わせるような、視覚的でわかりやすい言語ですが、単純な電気信号の送受信しかできないので、電子工作では物足りません。Pythonは高機能かつ、プログラミングの初心者でもわかりやすい言語なので、ラズベリー・パイでの電子工作に向いています。

Scratchでプログラミングしている画面

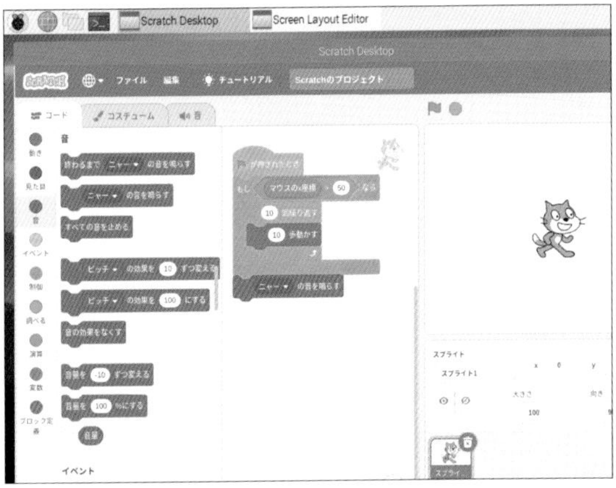
Scratch Desktop
Screen Layout Editor
ファイル
編集
チュートリアル
Scratchのプロジェクト
コスチューム
音

Pythonでプログラミングしている画面

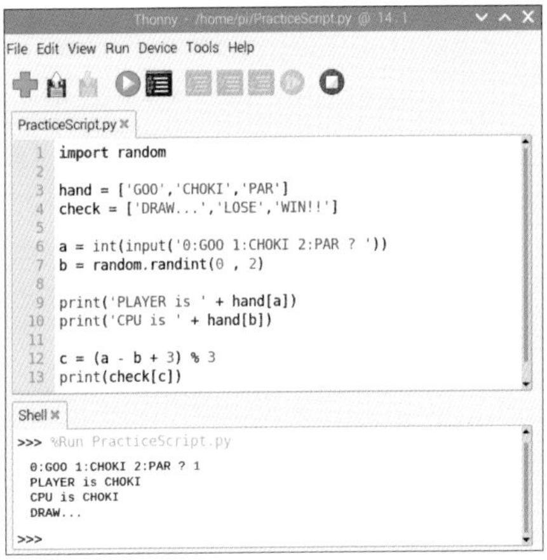
File Edit View Run Device Tools Help
PracticeScript.py
import random
hand = ['GOO','CHOKI','PAR']
check = ['DRAW...','LOSE','WIN!!']
a = int(input('0:GOO 1:CHOKI 2:PAR ? '))
b = random.randint(0 , 2)
print('PLAYER is ' + hand[a])
print('CPU is ' + hand[b])
c = (a - b + 3) % 3
print(check[c])
Shell
>>> %Run PracticeScript.py
0:GOO 1:CHOKI 2:PAR ? 1
PLAYER is CHOKI
CPU is CHOKI
DRAW...
>>>

Thonnyを起動する

Pythonがどのようなものか、実際に試してみましょう。まずは、Pythonプログラムを作るためのアプリケーション「Thonny（トニー）」を開きます。Thonnyはメモ帳のような、シンプルなアプリです。画面が上下に分割されていて、上はプログラムを書くための場所、下は命令を実行したり、実行結果を見たりするための場所です。

1 デスクトップのメニューアイコンをクリックします❶。「プログラミング」にポインターを合わせ❷、「Thonny Python IDE」をクリックします❸。

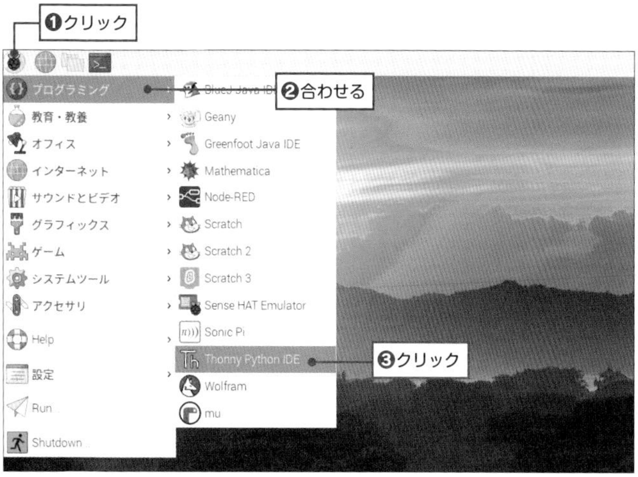

2 しばらくすると、Thonnyが起動します。画面の右側に「Variablesビュー」が表示された状態です。

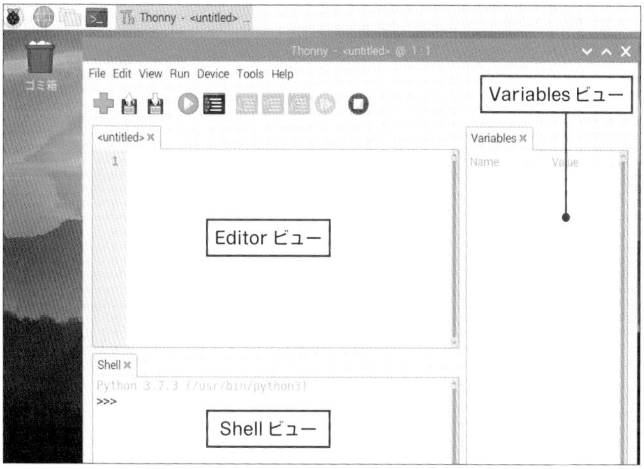

メモ

Variablesビューとは?

Thonnyの画面の右側に表示されるVariablesビューは、プログラムで使用している変数とその値を確認するための画面です。プログラム上の間違い(バグ)を発見する際に便利ですが、非表示にすると、プログラムを表示する部分を広げることができます。

3 Variablesビューを非表示にするには、メニューの「View」❶→「Variabes」❷の順でクリックします。

メモ

メニューを表示させるには?

Thonnyの画面にメニューが表示されていない場合は、右上の「Swetch to regular mode」をクリックし、Thonnyを再起動してRegular Modeに切り替えます。

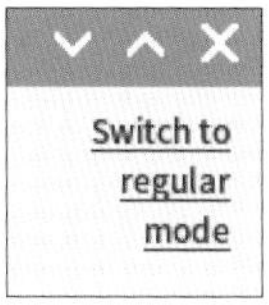

4　右側に表示されていたVariablesビューが非表示になり、プログラムを入力する部分が広がりました。

ラズベリー・パイに命令する

コンピューターは命令されることによって、画面に文字を表示したり、音を鳴らしたりできます。命令しなければ、ただの箱と同じです。人が命令をして、はじめてコンピューターは機能します。

パソコンの電源をオンにするとOSが起動するのは、「電源をオンにしたらOSを起動させる」という命令が設定されているからです。実際には、メモリーに異常がないかチェックする、キーボードやマウスを使う準備をする、設定のとおりに環境を再現するなど、複雑な処理が行われていますが、いまは気にする必要はありません。「コンピューターに命令すると、そのとおりに実行される」ということを覚えておきましょう。

以降では、Pythonを使ってラズベリー・パイに命令してみます。

画面に文字を表示させる

まず、Thonnyの画面の下にあるShellビューにかんたんなメッセージを表示させてみましょう。

1　画面下にあるShellビューの空いている部分をクリックします。半角文字で以下の命令を入力して、「Enter」キーを押します❶。

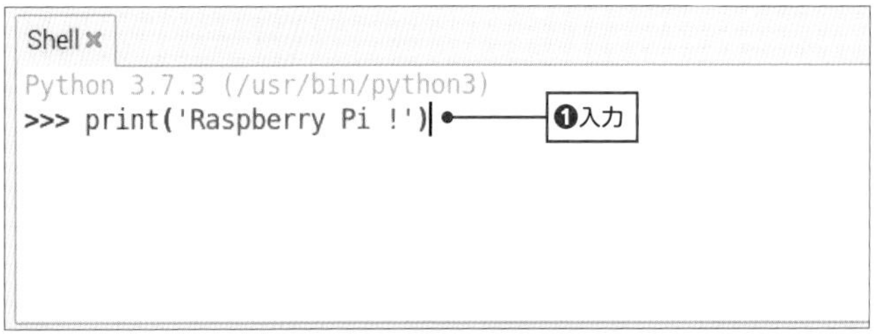


```
print('Raspberry Pi !') Enter
```

2 入力した命令の下の行に「Raspberry Pi !」と表示されます。

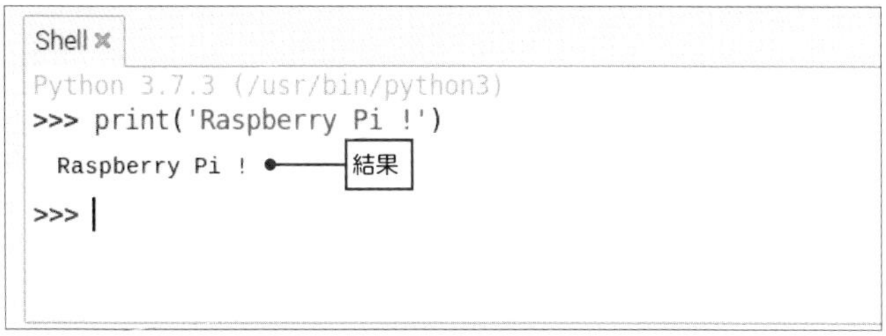
Shell
Python 3.7.3 (/usr/bin/python3)
>>> print('Raspberry Pi !')
Raspberry Pi !
結果
>>>

ここで入力した「print」というのは、右側にあるカッコの内容を表示させるための命令です。ここでは「'Raspberry Pi !'」となっていますが、両端の「'（アポストロフィー）」が表示されていませんね。Pythonでは、「文字」と「数値」を分けて考える必要があります。「'」で囲むと、コンピューターがそれが文字列だと判断してくれます。もし、ここで「'」を付けずに実行すると、エラーが表示されます。これは、カッコ内を文字列ではなく「変数」だと勘違いしてしまうからです。変数については、あとで詳しく解説します。

ラズベリー・パイに計算させる

ラズベリー・パイはコンピューターなので、計算も得意です。みなさんが日常行っているような四則演算であれば、Pythonでもすぐに計算させることができます。Shellビューに以下の命令を入力してみましょう。

```
1+2-5 Enter
```

すると、以下のように結果が表示されるはずです。

Shell
>>> 1+2-5
-2
結果
>>>

Shell ビューに計算式を入力すると、計算結果が表示されました。

Shell ビューには、数式を一気に入力することができます。ここでは足し算と引き算を行いましたが、かけ算や割り算もできます。ところが、キーボードを見渡しても「×」「÷」などの記号は見当たりません。じつは、プログラムにおける計算では、かけ算の「×」の代わりに「*」、割り算の「÷」の代わりに「/」を入力するのです。Shell ビューに以下の数式を入力してみましょう。

```
1+2*3-4/5 Enter
```

すると、以下のように表示されるはずです。ここで注目したいのは、「Python の計算では、四則演算のルール通りに計算が行われる」という点です。一般的な電卓などで前記の数式どおりに数字を入力していくと、違う結果になります。四則演算のルールでは、かけ算やわり算は、足し算や引き算よりも先に行います。Python では、足し算やかけ算の順番を整理せずにそのまま入力しても、学校で習ったルールどおりに計算してくれるのです。

メモ

コンピューターで使う計算記号を覚えよう

ラズベリー・パイに限らず、コンピューターでは計算記号が一般的な表記とは異なっています。プログラミングだけでなく、エクセルなどの表計算ソフトでも使うことができるので、覚えておきましょう。

計算記号	コンピューター
＋	＋
×	*

計算記号	コンピューター
−	−
÷	/

命令を連続して実行させる

Shellビューに入力した命令は、「Enter」キーを押すたびに実行されます。これでは、ラズベリー・パイに何か命令するたびに入力して「Enter」キーを押さなくてはならず、とても面倒ですよね。じつは、Shellビューの上にある「Editorビュー」を使えば、命令をファイルにして保存しておくことができます。さらに、複数の命令を連続して実行することもできます。どういうことか理解するために、まずはEditorビューに下記のリスト（プログラム）を入力してみましょう。

```
print('Hello')
print('Raspberry Pi')
print(1+2*3-4/5)
```

入力が完了したら、実行する前にファイルに保存しておきます。ThonnyのEditorビューに入力したプログラムは、一度保存しないと実行できないのです。

1 Editor ビューに上記のリストを入力し❶、ツールバーの「Save」をクリックします❷。

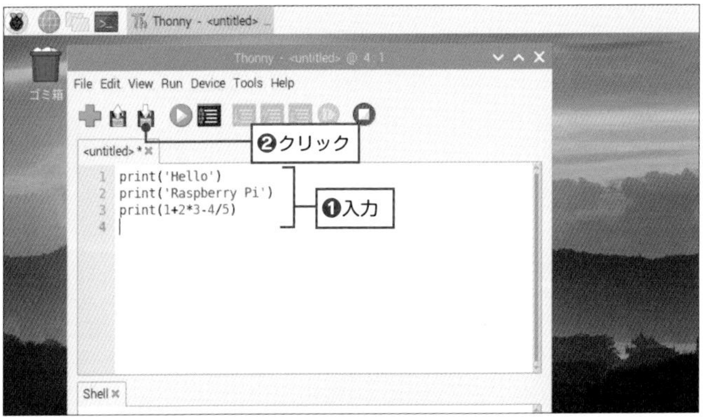

メモ

「Save」をクリックできないときは?

リスト（プログラム）を保存すると、リストに変更を加えるまで「Save」をクリックできない状態になります。

2 「Save As」画面が表示されるので、「名前」欄に好きな名前を入力します❶。ここでは「ScriptTest」と入力しています。入力後、「OK」をクリックします❷。以上で、プログラムのリストが「ScriptTest.py」という名前で保存されます。

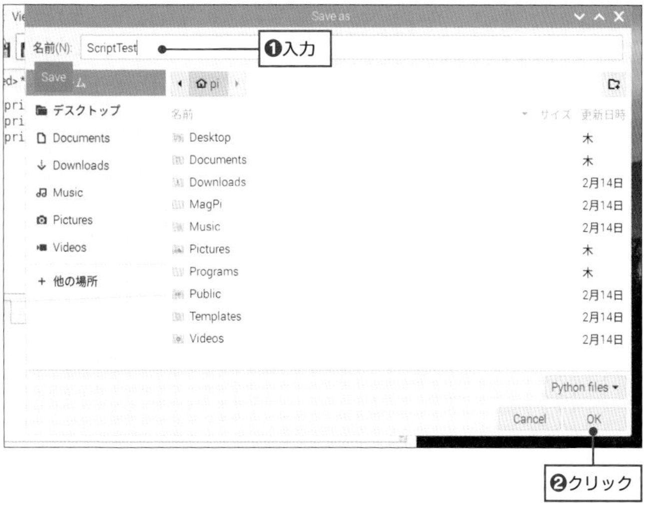

3 プログラムを実行するには、「Run」をクリックします❶。

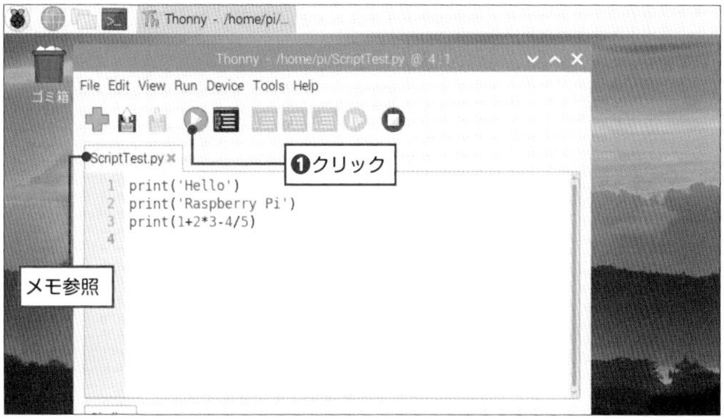

メモ

プログラムを保存すると?

プログラムを保存すると、Editorビューのタブにファイル名が表示されます。末尾の「.py」はPythonのプログラムであることを示す拡張子で、自動的に付けられます。

4 プログラムの実行結果はShellビューに表示されます❶。リストの1行目から、順に3つの「print」命令が実行されていることがわかります。タブの右にある「×」をクリックすると、プログラムのリストを閉じます❷。

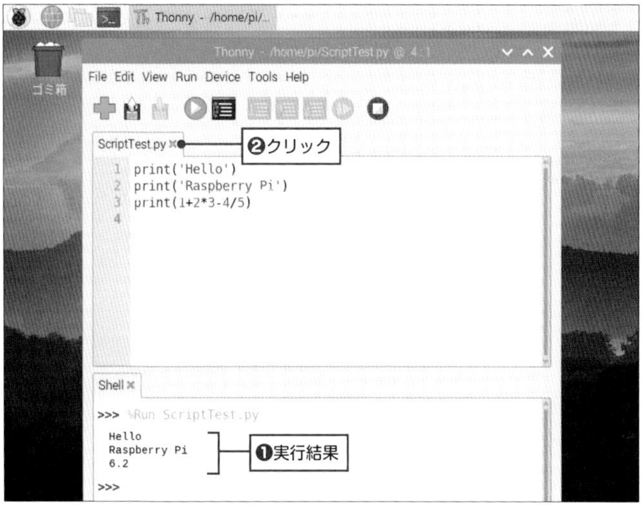

Section

3-2 Pythonでかんたんなプログラムを作成しよう

Pythonになれてきたところで、かんたんなプログラムを作ってみましょう。ここでは、ラズベリー・パイと対戦するじゃんけんゲームを例に、プログラミングの基本を学んでいきます。まずは、プログラムを新規作成しましょう。

プログラムを新規作成する

1 プログラムを新規作成するには、Editor ビューの「New」をクリックします❶。

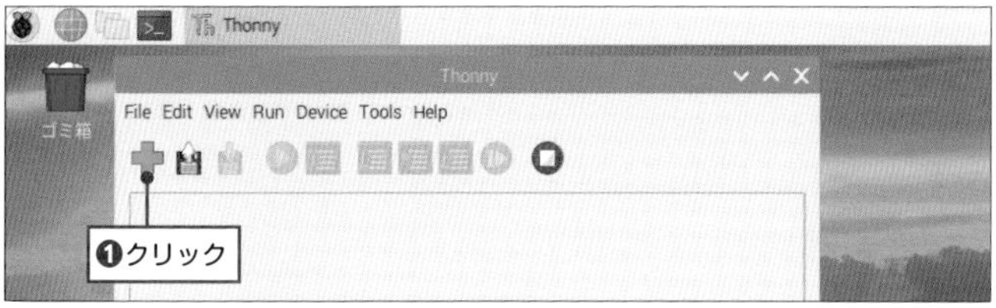

2 新しい入力画面が開き、新しいプログラムを作成できるようになりました。

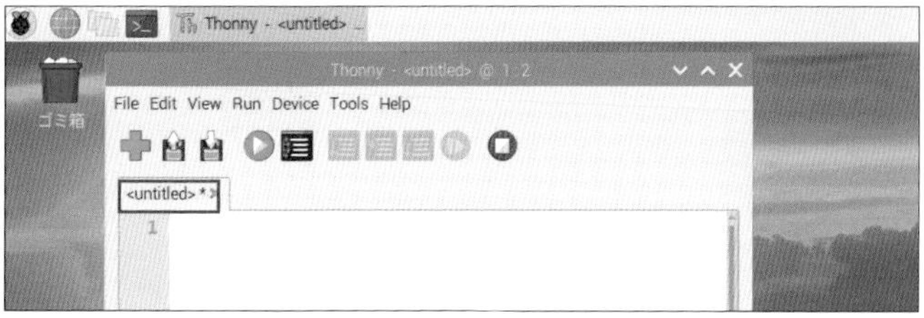

オートコンプリートを利用する

何行もあるプログラムを入力するとき、命令の入力を間違うと、プログラムが正しく動作しません。命令を入力するときにオートコンプリートを利用することで、ミスを減らすことができます。ここでは、「print」という命令を、オートコンプリートを利用して入力してみます。

1 Editor ビューに「p」と入力します❶。「Ctrl」+「Space」キーを押します。

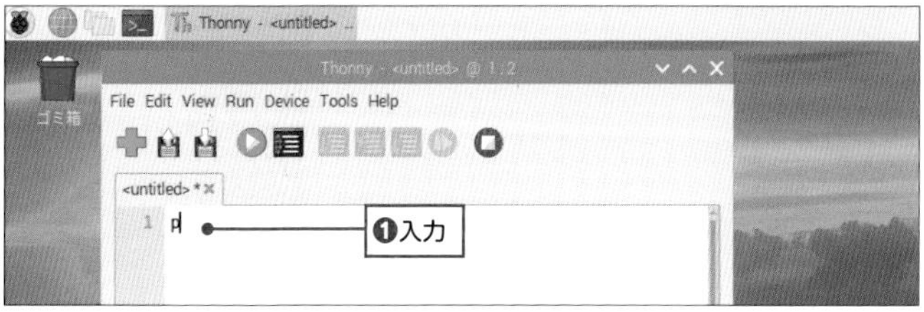

2 「p」で始まる命令や変数のリストが表示されます。「↓」キーを数回押して、「print」を選択します❶。「Enter」キーを押します。

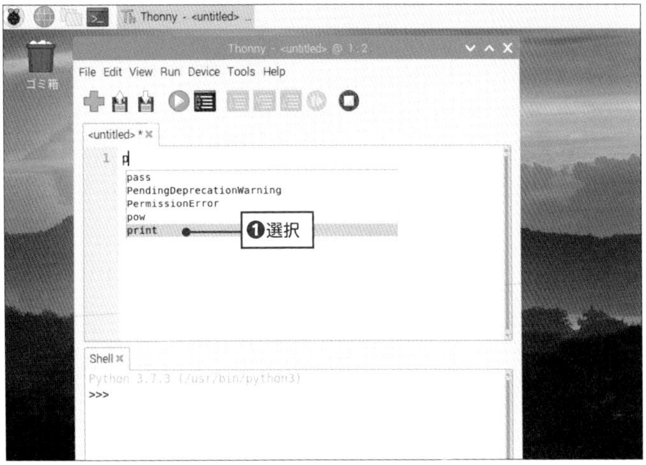

3 Editor ビューに「print」が入力されました。

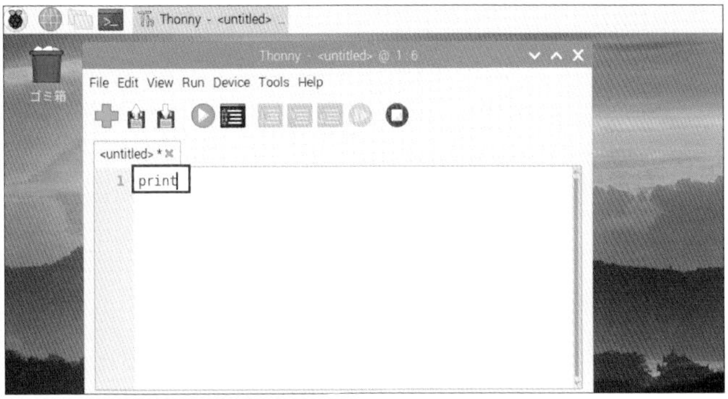

入力した文字を表示するプログラムを作る

プログラムを作成する準備ができたら、さっそく以下のリストをEditorビューに入力してみましょう。ここでは新たに、「変数」と呼ばれる機能と「input」という命令を使っています。

リスト3-2-1 PracticeScript.py (1)

```
1  a = input('Enter a number ? ')
2  print(a)
```

1行目:「Enter a number ?」と表示し、ユーザーが入力した内容を変数「a」に入れる

2行目:変数「a」の内容を表示する

変数とは、プログラム中で“自由に中身を変更できる箱”のようなものです。リスト3-2-1の1行目の先頭にある「a」が変数です。

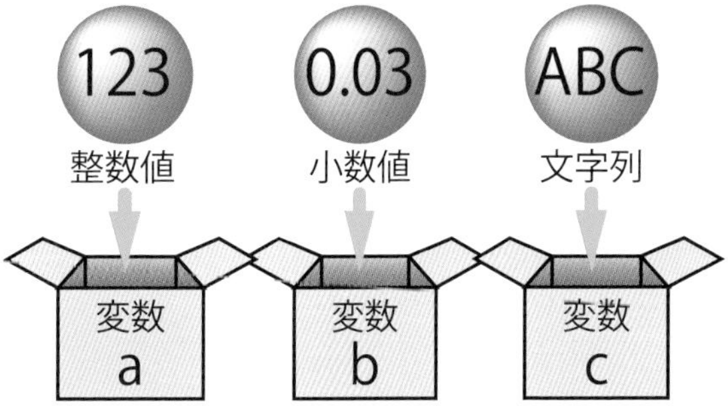

変数にはいろいろな数値や文字列などのデータを入れることができる。変数にデータを入れることを「代入」という。

変数は中身を入れ替えて、さまざまな命令につなげて利用することができます。リスト3-2-1の1行目では、「input」という命令を使って変数「a」に値を入れています。「input」は「ユーザーに数値や文字を入力してもらう」という命令です。「print」と同じように、カッコ内の文字を表示して、ユーザーに何を入力してもらうのかを示すことができます。

2行目では、「print」命令を使って変数「a」の内容を表示しています。

実行する前に、プログラムを保存しておきます。ここでは練習という意味を込めて、「PracticeScript」というファイル名で保存しました。「Run」をクリックして❶、Shellビューに「Enter a number ?」と表示されたら、好きな数字を入力して「Enter」キーを押します❷。入力した数字が下の行に表示されます❸。

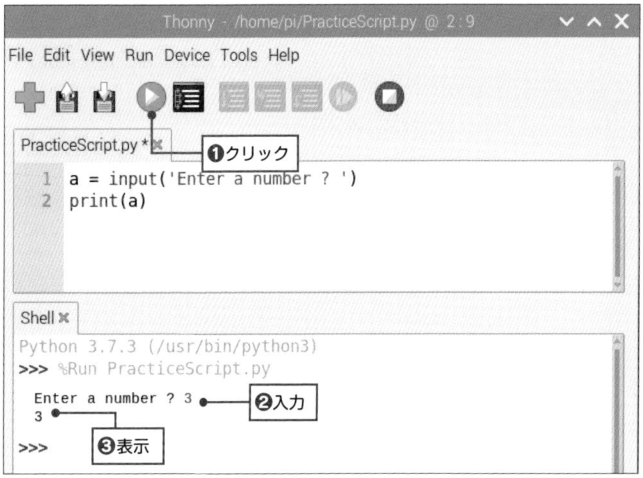

メモ

変数は計算できる

変数の中に数値が入っているときは、変数を使って計算することもできます。3行目の内容を「print(a+1)」などとすれば、ユーザーが入力した数値に1を足した数が表示されるようになります。

注意

エラーが表示されたら?

プログラム中に誤りがある場合、「Run」をクリックすると「エラーメッセージ」が表示されることがあります。エラーメッセージは誤りがある場所を教えてくれます。右の例では、プログラムの1行目に問題があることを示しています。1行目を確認すると、末尾に「)」が2つあることが誤りだとがわかります。

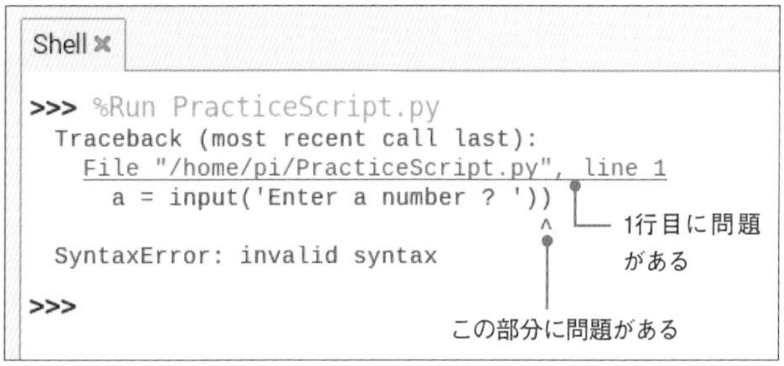

入力した内容に応じて表示を変える

入力した数値が表示されるだけでは、なんとなくつまらないですよね。そこで、入力した数値に応じて、表示する内容を変えてみましょう。ここでは、0、1、2の3つの整数に、それぞれ「GOO（グー）」「CHOKI（チョキ）」「PAR（パー）」を割り当てて表示させてみます。

数値に応じて内容を変化させたいときは、「配列」という変数を使うと便利です。配列を使うことで、1つの変数に複数の内容を分けて入れておくことができます。ここでは「hand」という変数の0番目に「GOO」、1番目に「CHOKI」、2番目に「PAR」を入れています。こうすることで、「ユーザーが0を入力したら、変数「hand」の0番目の内容を表示する」といった処理ができるようになります。たとえば、1番目の「CHOKI」を取り出したいときには「hand[2]」とすればよいのです。

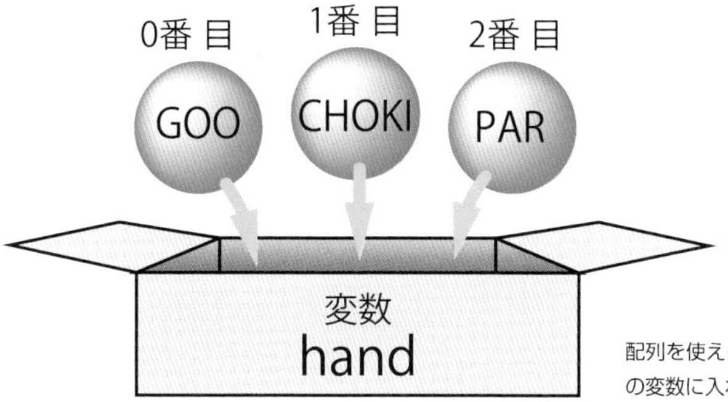

0番目
1番目
2番目
GOO
CHOKI
PAR
変数
hand

配列を使えば、複数の内容を1つの変数に入れられる。

メモ　配列はなぜ0番目からはじまる?

普段の生活では「1」から順に数えますが、コンピューターは「0」も1つの数値として扱います。そのため、0が最初の整数値となり、0、1、2、3……と続くルールなのです。

リスト3-2-1のプログラム「PracticeScript」を以下のように変更します。

リスト3-2-2 PracticeScript.py (2)

```
1  hand = ['GOO','CHOKI','PAR']
2  a = input('0:GOO 1:CHOKI 2:PAR ? ')
3  print('PLAYER is ' + hand[a])
```

1行目：変数「hand」に「GOO」「CHOKI」「PAR」の文字列を入れる

3行目：「PLAYER is」のうしろに、変数「a」の数値に応じた変数「hand」の内容をつなげて表示

入力して保存したら、実行してみましょう。入力を求めるメッセージが表示されたら、0、1、2のいずれかを入力して「Enter」キーを押します❶。すると、エラーが発生します❷。

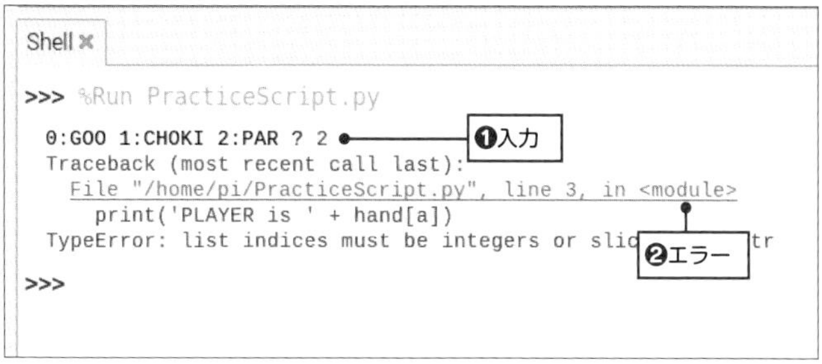

Shell
>>> %Run PracticeScript.py
0:GOO 1:CHOKI 2:PAR ? 2
Traceback (most recent call last):
File "/home/pi/PracticeScript.py", line 3, in <module>
print('PLAYER is ' + hand[a])
TypeError: list indices must be integers or slic tr
>>>
❶入力
❷エラー

テクニック　文字列を足し算する

リスト3-2-2の3行目に「'PLAYER is ' + hand[a]」と、文字列どうしを足し算している部分があります。Pythonでは、「+」記号を使って文字列どうしをつなげることができます。この例では、handが「GOO」のときに、「PLAYER is GOO」とつながって表示されます。

配列を扱うときには、変数「a」の値が数値でなければなりません。ここでは確かに数値を入力したはずなのですが、どういうことでしょう。

じつは、「input」で入力した内容は、数値であっても文字列として扱われるのです。このため、数値の「2」を入力しても、Pythonは文字列だと勘違いしてしまうのです。これを防ぐために、「int」を使います。これは「内容を整数に置き換えなさい」という命令です。「int」を「input」の前に付けて、カッコ「( )」で囲みます。

リスト3-2-3 PracticeScript.py（3）

```
hand = ['GOO','CHOKI','PAR']
a = int(input('0:GOO 1:CHOKI 2:PAR ? '))
print('PLAYER is ' + hand[a])
```

「input」命令で取得した内容を「int」で整数に変換する

このように変更し、実行してみましょう。今度は、入力した数値に応じて内容が変わるはずです。0、1、2のいずれかを入力して「Enter」キーを押すと❶、プレイヤーの手が表示されます❷。

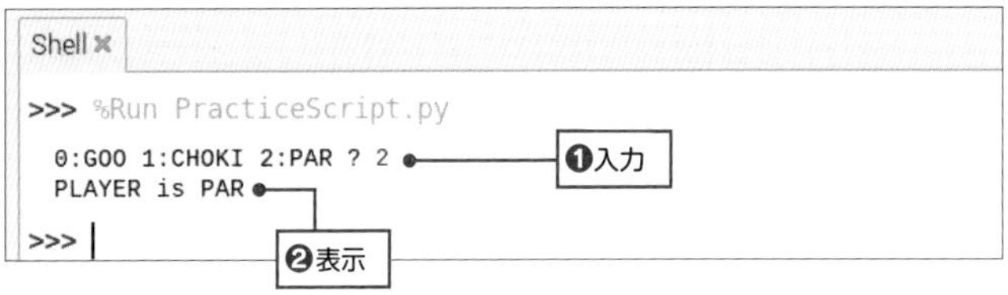
Shell
>>> %Run PracticeScript.py
0:GOO 1:CHOKI 2:PAR ? 2
PLAYER is PAR
>>>
❶入力
❷表示

CPUの手をランダムで表示させる

最初に比べると、少しゲームっぽくなってきましたね。せっかくなので、ラズベリー・パイの「手」も表示させて、本格的なじゃんけんゲームのようにしてみましょう。

じゃんけんでは、相手がどのような手を出すかわかりません。毎回「グー」を出したり、順番に「グー」「チョキ」「パー」と出してしまっては、ゲームの面白みに欠けます。そこで、ラズベリー・パイの手はランダムに表示させてみます。

Pythonでは「random」という命令を使って、無作為に数値を作り出すことができます。ただし、いきなり「random」命令は使えません。事前に、「random」の機能が使えるようにするための手続きをする必要があります。その手続きには「import」という命令を使います。プログラムの最初に「import random」と書くことで、「random」というライブラリーの機能が使えるようになります。

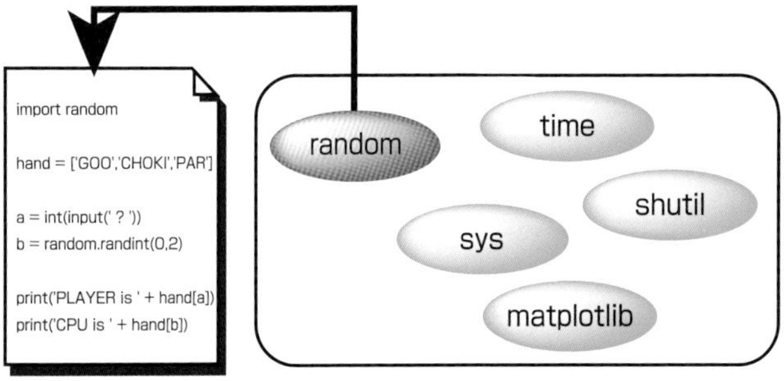
import random
hand = ['GOO','CHOKI','PAR']
a = int(input(' ? '))
b = random.randint(0,2)
print('PLAYER is ' + hand[a])
print('CPU is ' + hand[b])
random
time
shutil
sys
matplotlib

ライブラリーはPythonに機能を追加するためのプログラムの集合。

プログラム　追加機能（ライブラリー）

「random」には、少数を呼び出したり、整数を呼び出したりなど、無作為にいろいろな数値を呼び出す機能があります。ここでは、整数を呼び出すために、「random」命令のうしろに「randint」という関数（キーワード参照）を加えます。こうすることで、無作為な整数値だけを呼び出すことができるようになります。

また、ラズベリー・パイの手を表示させるために、新しい変数を用意する必要があります。これまでは、プレイヤーの手に「a」という変数を使ってきたので、ラズベリー・パイ用に「b」という変数を用意します。それでは、リスト3-2-3を以下のように変更してみましょう。

リスト3-2-4 PracticeScript.py（4）

```
import random

hand = ['GOO','CHOKI','PAR']

a = int(input('0:GOO 1:CHOKI 2:PAR ? '))
b = random.randint(0 , 2)

print('PLAYER is ' + hand[a])
print('CPU is ' + hand[b])
```

変数「b」に0～2の範囲のランダムな整数を入れる（6行目）

CPU（ラズベリー・パイ）の手を表示する（9行目）

プログラムの変更後、保存して「Run」をクリックします❶。0、1、2のいずれかを入力して「Enter」キーを押すと❷、プレイヤーとCPUの手が表示されます❸。

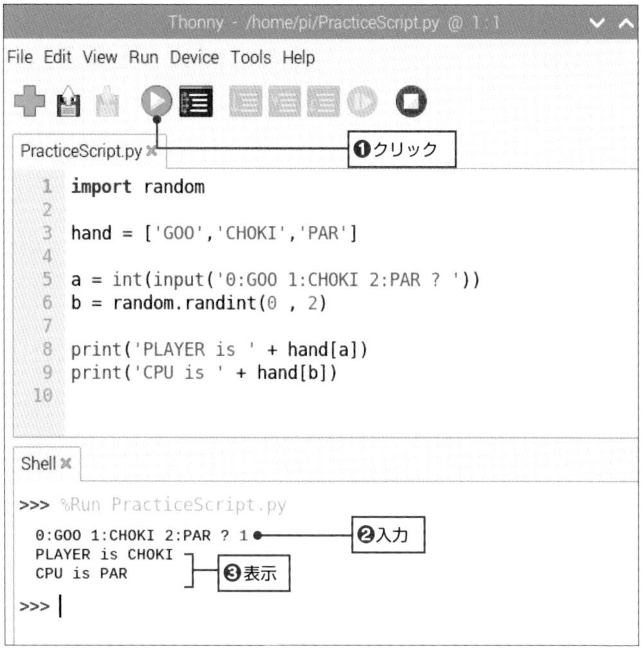
Thonny - /home/pi/PracticeScript.py @ 1:1
File Edit View Run Device Tools Help
PracticeScript.py
❶クリック
import random
hand = ['GOO','CHOKI','PAR']
a = int(input('0:GOO 1:CHOKI 2:PAR ? '))
b = random.randint(0 , 2)
print('PLAYER is ' + hand[a])
print('CPU is ' + hand[b])
Shell
>>> %Run PracticeScript.py
0:GOO 1:CHOKI 2:PAR ? 1
❷入力
PLAYER is CHOKI
CPU is PAR
❸表示
>>>

キーワード
関数

関数とは、ある特定の処理を1つにまとめて、プログラム中で利用できるようにする仕組みのことです。Pythonではあらかじめ用意された関数のほか、自分で作成（定義）した関数を利用することもできます。

勝敗を判定するアルゴリズムを作る

いよいよ大詰めです。せっかくCPUの手も表示されるようになったので、勝敗を判定して勝ったときは「WIN」、負けたときは「LOSE」と表示されるようにプログラムを改造してみます。

じつは、じゃんけんの勝敗は計算式で求めることができます。グー、チョキ、パーをそれぞれ0、1、2の数値で表すとき、以下のような式を考えてみます。

(プレイヤーの手 − CPU の手 + 3) ÷ 3

この式の「余りの値」を求めると、勝ち負けを判定できます。下記の表にまとめてみました。

		CPU		
		グー	チョキ	パー
プレイヤー	グー	0	2	1
	チョキ	1	0	2
	パー	2	1	0

この表を見ると、引き分けのときは「0」、プレイヤーが負けたら「1」、勝ったら「2」となります。そこで、勝敗を判定する変数を「c」とし、それに応じた勝敗の文字を表示するための文字変数「check」を新たに作ります。

メモ

アルゴリズムを作るとできること

このように、数式で勝ち負けの判定を行ったり、状態を把握したりする計算方法のことを「アルゴリズム」といいます。アルゴリズムを作ることで、温度が高いときに扇風機を回す、車が壁に近づいたら前進を止める、といった処理ができるようになるため、電子工作の幅がグンと広がります。

リスト3-2-5 PracticeScript.py (5)

```
import random

hand = ['GOO','CHOKI','PAR']
check = ['DRAW...','LOSE','WIN!!']

a = int(input('0:GOO 1:CHOKI 2:PAR ? '))
b = random.randint(0 , 2)

print('PLAYER is ' + hand[a])
```

勝敗を表示するための変数のリストを作成

0、1、2のいずれかを変数「b」に入れる

```
10  print('CPU is ' + hand[b])
11
12  c = (a - b + 3) % 3
13  print(check[c])
```

変数「C」に勝ち負けを判定する数式を入力

勝敗を表示する

リスト3-2-5の12行目で「%」という計算記号を使っています。これは、割り算を行い、その「余りの値」を求めるためのものです。プログラムの変更後、保存して「Run」をクリックします❶。0、1、2のいずれかを入力して「Enter」キーを押すと❷、プレイヤーとCPUの手、および勝敗が表示されます❸。

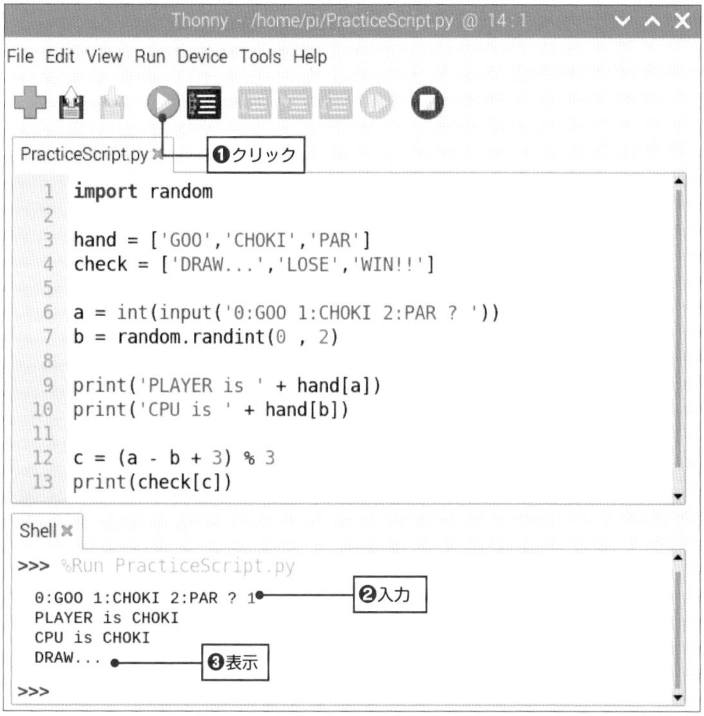

Thonny - /home/pi/PracticeScript.py @ 14 : 1
File Edit View Run Device Tools Help
PracticeScript.py
❶クリック
1 import random
2
3 hand = ['GOO','CHOKI','PAR']
4 check = ['DRAW...','LOSE','WIN!!']
5
6 a = int(input('0:GOO 1:CHOKI 2:PAR ? '))
7 b = random.randint(0 , 2)
8
9 print('PLAYER is ' + hand[a])
10 print('CPU is ' + hand[b])
11
12 c = (a - b + 3) % 3
13 print(check[c])
Shell
>>> %Run PracticeScript.py
0:GOO 1:CHOKI 2:PAR ? 1
❷入力
PLAYER is CHOKI
CPU is CHOKI
DRAW...
❸表示
>>>

引き分けのときには再戦できるようにする

それでは、最後の仕上げです。ここでは、電子工作のプログラムには不可欠な、「繰り返し」の処理を学びます。「ある条件を満たすまで処理を繰り返す」ことができれば、たとえば「3分経ったらメッセージを表示する」「90度までモーターを動かしたら別の動作を始める」といったコントロールが可能になるのです。ここでは「引き分けの場合は、決着が付くまでじゃんけんを繰り返す」という処理を加えてみます。

ある条件を満たすまで処理を繰り返したいときは「while」文を使います。「while」の後に等式を書くと、等式が成り立つ場合は処理を繰り返し、成り立たない場合は次の処理に移ることができるようになります。

このとき、繰り返したい部分をPythonのシステムにはっきりと示すために、「インデント」を行います。インデントは、各行の先頭に4文字の半角スペースを入力します。

それでは、プログラムを以下のように変更してみましょう。

リスト3-2-6 PracticeScript.py (6)

```
1   import random
2
3   hand = ['GOO','CHOKI','PAR']
4   check = ['DRAW...','LOSE','WIN!!']
5   c = 0
6
7   while c == 0:
8
9       a = int(input('0:GOO 1:CHOKI 2:PAR ? '))
10      b = random.randint(0 , 2)
11
12      print('PLAYER is ' + hand[a])
13      print('CPU is ' + hand[b])
14
15      c = (a - b + 3) % 3
16      print(check[c])
```

（7行目）変数「c」が「0」なら下記の処理を繰り返す

（9行目）以下の行にインデントを設定した

リスト3-2-6の5行目に、勝敗をチェックするための変数「c」を作り「0」を代入します。9～16行目にはインデントを設定しています。Thonnyでは7行目のwhile文など、インデントが必要な命令が入力されると、次の行は自動的にスペースが挿入されるようになっています。もし、プログラムをコピー＆ペーストなどをしたときにインデントが入らなかった場合は、以下のようにすると、複数の行に対して一度にインデントを設定できます。

1 インデントしたい行をドラッグして、まとめて選択します❶。「Tab」キーを押します❷。

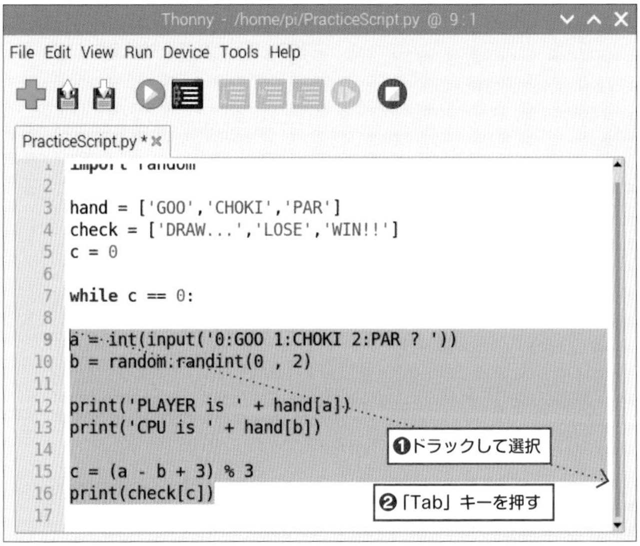

Thonny - /home/pi/PracticeScript.py @ 9 : 1
File Edit View Run Device Tools Help
PracticeScript.py *
hand = ['GOO','CHOKI','PAR']
check = ['DRAW...','LOSE','WIN!!']
c = 0
while c == 0:
a = int(input('0:GOO 1:CHOKI 2:PAR ? '))
b = random.randint(0 , 2)
print('PLAYER is ' + hand[a])
print('CPU is ' + hand[b])
c = (a - b + 3) % 3
print(check[c])
❶ドラックして選択
❷「Tab」キーを押す

> **メモ**
>
> ### インデントについて
>
> CやJavaなどのプログラミング言語と違い、Pythonでは必要な場所に正確なインデントを入れないとエラーになります。

2 選択したすべての行の先頭に4つの半角スペースが入力されて、インデントが設定されました。

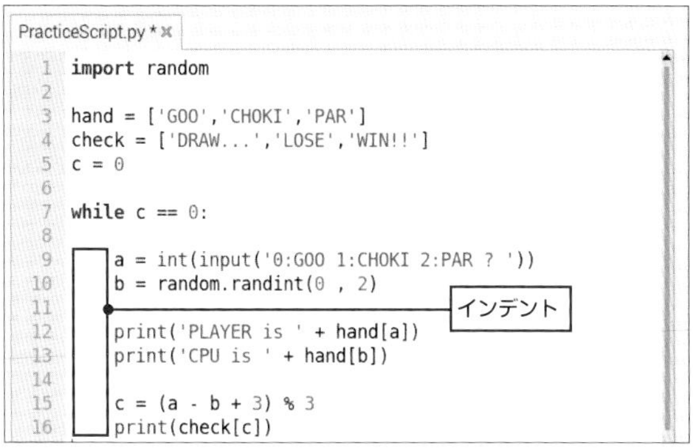
PracticeScript.py *
1 import random
2
3 hand = ['GOO','CHOKI','PAR']
4 check = ['DRAW...','LOSE','WIN!!']
5 c = 0
6
7 while c == 0:
8
9   a = int(input('0:GOO 1:CHOKI 2:PAR ? '))
10   b = random.randint(0 , 2)
11
12   print('PLAYER is ' + hand[a])
13   print('CPU is ' + hand[b])
14
15   c = (a - b + 3) % 3
16   print(check[c])
インデント

> メモ
> **インデントを終えるには**
>
> 次の行を入力する際、インデントが不要なら「BackSpace」キーを押すことでインデントを削除することができます。以降の行は、自動でインデントが入力されなくなります。

リスト3-2-6の7行目で「while」という命令があります。これは、「条件を満たすまで、以下の処理を繰り返しなさい」という命令ですが、どこからどこまでの行を繰り返すのかを示す必要があります。Pythonでは、行の先頭に空白を入れてインデントをしていれば、その行を繰り返します。

また、繰り返しの命令を使うときには、行末に「:(コロン)」を入れます。「:」があることで、Pythonのシステムは次の行から繰り返しの処理が始まることを認識します。

リスト3-2-6では、最後の行までインデントされています。変数「c」の値が「0」、つまり引き分けの場合は以下の行の命令を繰り返すようになります。もし変数「c」が「1」または「2」の場合、つまり勝敗が決まったら、インデントされている行の次に処理が移ります。この場合は次の行がないため、プログラムが終了します。

「Run」をクリックして、実行してみましょう❶。0、1、2のいずれかを入力して引き分けの場合、処理を繰り返すことが確認できます❷。

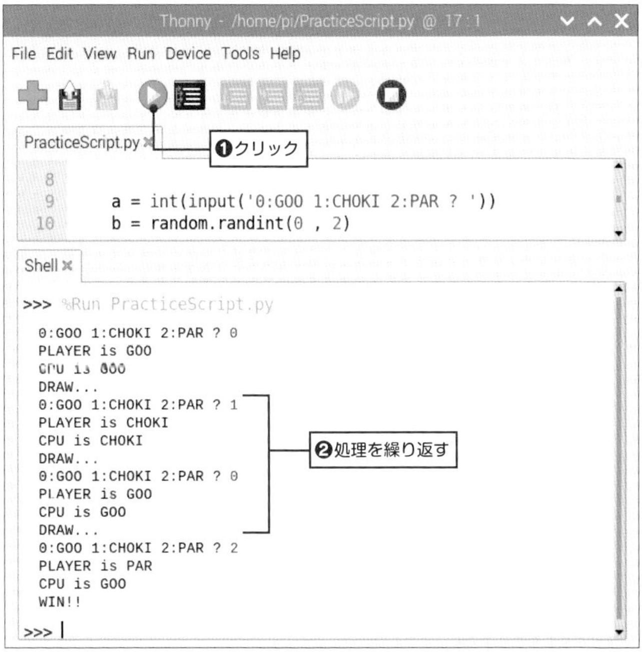
Thonny - /home/pi/PracticeScript.py @ 17 : 1
File Edit View Run Device Tools Help
PracticeScript.py
❶クリック
8
9   a = int(input('0:GOO 1:CHOKI 2:PAR ? '))
10   b = random.randint(0 , 2)
Shell
>>> %Run PracticeScript.py
0:GOO 1:CHOKI 2:PAR ? 0
PLAYER is GOO
CPU is GOO
DRAW...
0:GOO 1:CHOKI 2:PAR ? 1
PLAYER is CHOKI
CPU is CHOKI
DRAW...
0:GOO 1:CHOKI 2:PAR ? 0
PLAYER is GOO
CPU is GOO
DRAW...
0:GOO 1:CHOKI 2:PAR ? 2
PLAYER is PAR
CPU is GOO
WIN!!
>>>
❷処理を繰り返す

> メモ
> **while文とは?**
>
> プログラム中で、「while」により処理が繰り返される部分を「while」文と呼びます。

以上で、Pythonのプログラミングの基礎は理解できたのではないでしょうか？　Pythonにはまだまだたくさんの機能がありますが、あとは実際に電子工作を体験しながら学んでいきましょう。

メモ

インデントに慣れよう

「while」を使った繰り返し処理は、プログラムで頻繁に使います。whileを使う上で重要なポイントがインデントです。インデントをうまく使うと、繰り返しの中に、さらなる繰り返し処理を作ることもできます。下記のプログラムを新たに作成して、どのような結果になるかを試してみましょう。

リスト3-2-7 whiletest.py

```
a = b = 0

while a < 10:
    a += 1
    print(a)

    while b < 20:
        b += 1
        print(b)

print('end')
```

実行すると、最初に変数「a」の内容を表示したあと、変数「b」の内容を1から20になるまで順に表示します。その後、再び変数「a」が10になるまで表示されました。このように、インデントの中に別のインデントを入れることによって、複雑な順番の処理ができるようになります。

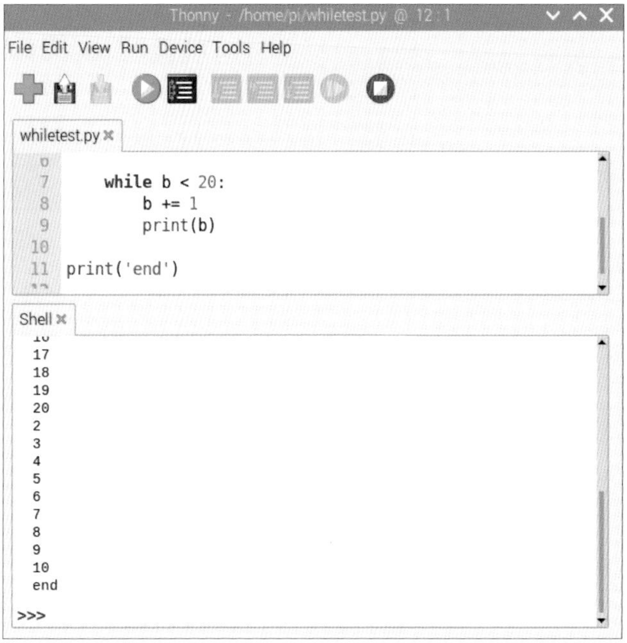
Thonny - /home/pi/whiletest.py @ 12 : 1
File Edit View Run Device Tools Help
whiletest.py
7 while b < 20:
8 b += 1
9 print(b)
10
11 print('end')
Shell
17
18
19
20
2
3
4
5
6
7
8
9
10
end
>>>
Shellビューにプログラムの実行結果が表示された。

Chapter 04

ラズベリー・パイで電子工作をはじめよう

Section 4-1 ラズベリー・パイの電子工作について知ろう

Section 4-2 LEDを接続して光らせよう

Section 4-3 プログラムでLEDを光らせよう

Section

4-1 ラズベリー・パイの電子工作について知ろう

この章から、いよいよ電子工作を開始します。一般的な電子工作と、ラズベリー・パイによる電子工作の違いは、コンピューターを使うところです。電子パーツとコンピューターがどのように連携することができるのかを見ていきましょう。

ラズベリー・パイのGPIOピンについて

ラズベリー・パイの基板には、たくさんのピンが並ぶ部分があります。これは「GPIOピン」と呼ばれるものです。GPIOは General Purpose Input/Outputの略で、CPUが計算した結果に応じて信号を出力したり、逆に信号を受け取ってCPUに渡したりする機能があります。

パソコンにはUSBやHDMI、DisplayPortなどの端子があります。各端子にはそれぞれの規格があり、規格に適合した機器（デバイス）のみ接続できます。

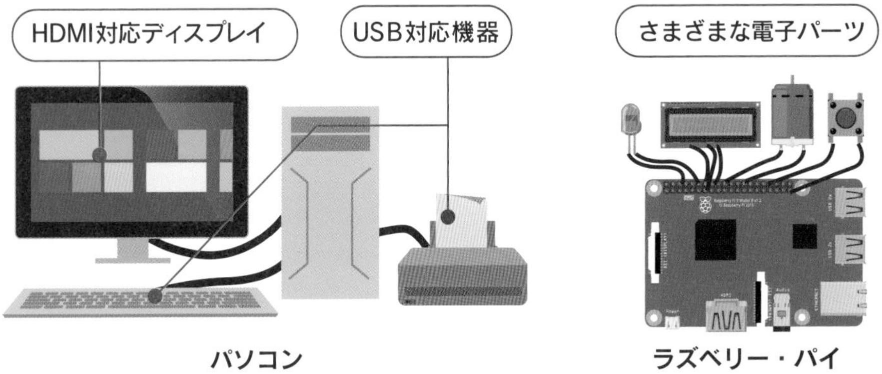

パソコンの外部接続端子は決まった機器しか接続できない。ラズベリー・パイのGPIOピンにはさまざまな電子回路をつなげることができる。

GPIOピンに市販の機器を接続することはできません。しかし、GPIOピンはモーターを動かしたり、温湿度計から情報を受け取ったりできます。このGPIOピンを使った電子工作は、ラズベリー・パイのいちばん面白いところです。

ラズベリー・パイのGPIOピン。

初期のモデルを除き、ラズベリー・パイには40本のGPIOピンが搭載されています。各ピンには番号が振られていて、それぞれのピンには役割があります。ラズベリー・パイの電源がオンのときは常に電力を供給する「5V」や「3.3V」のピンや、電子回路におけるマイナスの役割を持つ「GND（グランド）」、どのような電気信号を流すのかをRaspbianから指定できるピンなどさまざまです。

以下は、GPIOの各ピンの名前とかんたんな役割をまとめたものです。Raspberry Pi 1 Model A/Bを除き、これはすべてのラズベリー・パイで共通です。

ラズベリー・パイのGPIOピン。ピン番号とGPIOの番号は違うことに注意。

	ピン	機能
	3.3V	3.3V の電圧を常時出力する
	5V	5V の電圧を常時出力する
	GND	電子回路におけるマイナスの役割を持つ
	GPIO	電子パーツに信号を送ったり、信号を受信したりできる
	抵抗付き GPIO	電流制限抵抗の付いた GPIO ピン
	I2C EEPROM	一時的に情報を記録する EEPROM へ起動時にアクセスできる

GPIOピンと電子パーツをつなぐには

ラズベリー・パイのGPIOピンは、直接電子パーツをつなげることもできます。しかし、回路を修正したり、新たに作り直したりするには、「ブレッドボード」を使うと作業が楽です。

ブレッドボードはプラスチック製の実験用の基板で、表面に空いているたくさんの穴に電子パーツやジャンパーワイヤーを差し込めるようになっています。そのため、半田づけをせずに電子回路を作ることができ、配線を間違えた場合でもかんたんに修正できます。

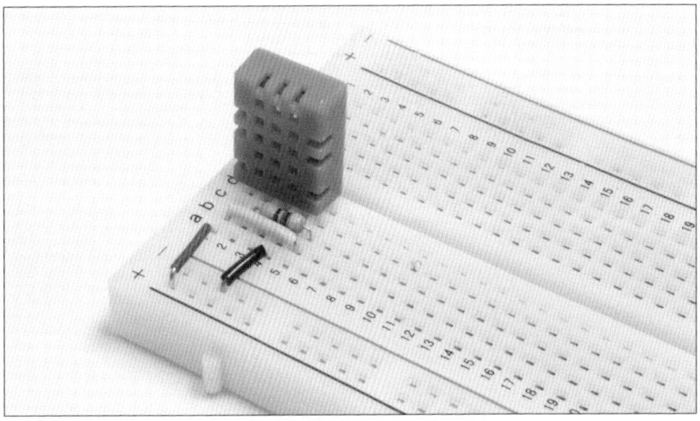

ブレッドボードを使えば、半田付けをせずに電子回路を作成できる。

また、ブレッドボードの穴は下図のように、内部で電気的につながっています。このため、パーツどうしをつなげたり、分岐させたりすることもできます。

ブレッドボードとラズベリー・パイを接続するには、ジャンパーワイヤーを使います。このとき、ラズベリー・パイのGPIOピンは「オス」、ブレッドボードは「メス」となっている点に注意です。ジャンパーワイヤーは片端がメス、もう片端がオスのものを使えば、ブレッドボードにラズベリー・パイを接続できるようになります。

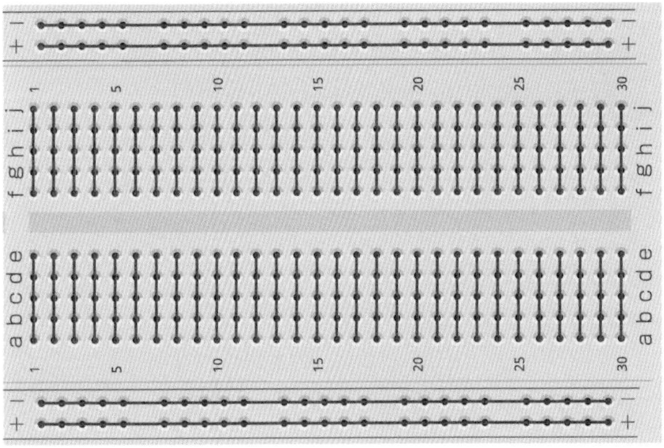

ブレッドボードの内部は、赤線で示したようにつながっている。

注意

本書で使用するブレッドボード

本書では、左図のような配列のブレッドボードを使用します。ブレッドボードの種類によってはまれに文字の並びが異なっていたり、文字が書かれていない場合があります。

注意

電源がオンのときは抜き差しをしない

電子回路を作成するとき、ラズベリー・パイにつないだブレッドボードにジャンパーワイヤーや電子パーツを挿入します。その際、ラズベリー・パイの電源がオフであることを確認するよう心掛けましょう。電源がオンのとき(通電中)にパーツなどを抜き差しすると、過度な電流が流れて、ラズベリー・パイやパーツが破損する可能性があります。

Section 4-2

LEDを接続して光らせよう

それでは、ラズベリー・パイを利用した電子工作を開始しましょう。まずは、電子工作の流れを確認することを兼ねて、ラズベリー・パイにつないだLEDを光らせてみましょう。

必要なパーツを準備する

ラズベリー・パイで LED を光らせるために必要な電子パーツは、多くはありません。ブレッドボードやジャンパーワイヤーは他の工作でも使います。ジャンパーワイヤーは、ラズベリー・パイからブレッドボードに接続するためのオス -- メス形状のタイプを 2 本使います。加えて、LED と抵抗器のみです。

必要なパーツ

①ブレッドボード(以降の工作でも使う)

②ジャンパーワイヤー(オスーメス)×2

③抵抗器 100Ω

④LED

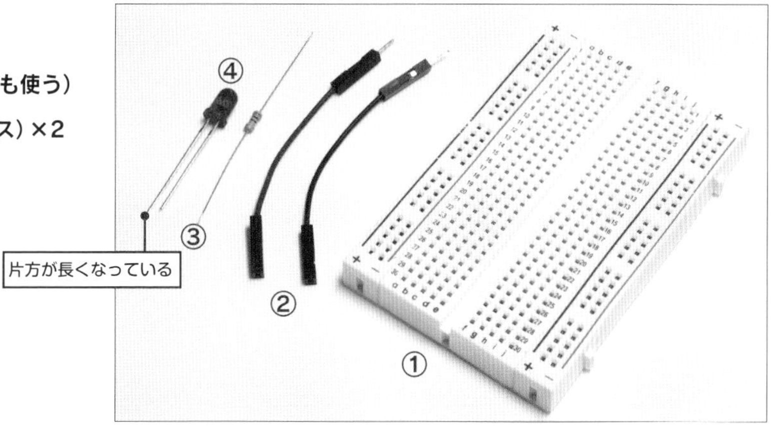

GPIOピンに回路をつないでLEDを光らせる

ラズベリー・パイのGPIOピンの中には、電力を出力できるものがあります。まずは、ここにLEDをつないで光らせてみます。GPIOピンには5V(ボルト)と3.3Vの2種類の出力があります。LEDは電圧の最大定格値が3～5Vとなっていますが、5Vでは余裕がなく、過度の電流が流れると壊れてしまいます。そのため、電圧の低い3.3VのGPIOピンにつなぎます。

また、LEDは無造作につないでも光りません。LEDから伸びる2つの線は、プラス側につなぐ線とマイナス側につなぐ線に分かれています。長い方の線をプラス側につなげば、LEDを光らせることができます。

1

100 Ωの抵抗器の両端を図のように折り曲げます。足を左右1cmずつ残し、カットしておきます。

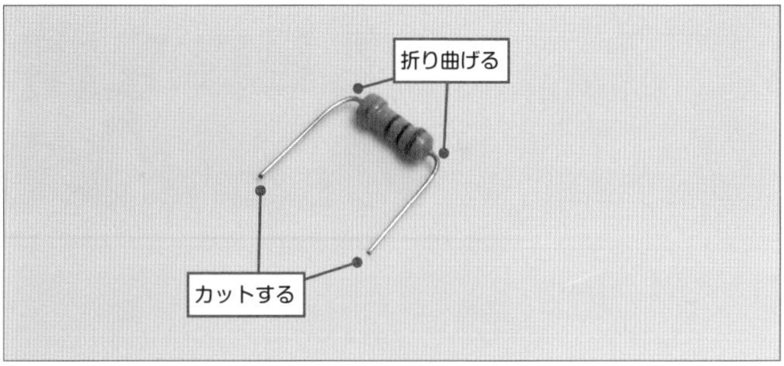

2

ブレッドボードの「d2」「d6」に抵抗器の左右の足を差し込みます。

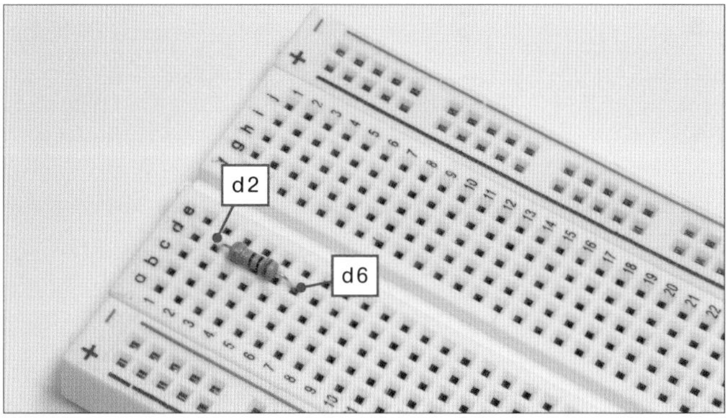

メモ

抵抗器の方向はどちらでもよい

抵抗器はどちらの端子にもプラス／マイナスの極をつなぐことができます。そのため、ブレッドボードにつなぐときは、方向を気にせず取り付けられます。

3

LEDのプラス側の足を確認しておきます。長い方をプラス側に、短い方をマイナス側につなぐと、LEDは光ります。

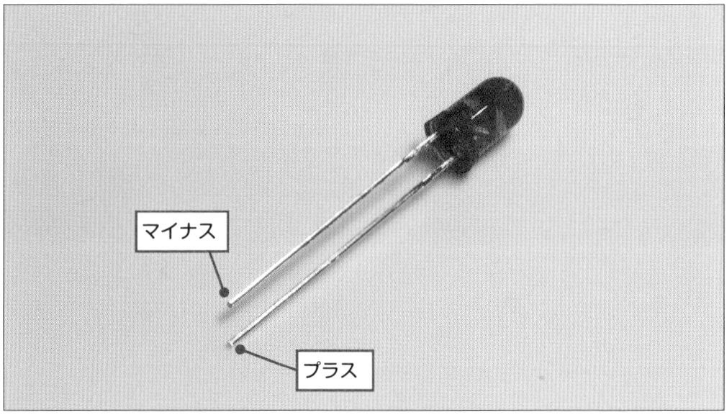

4

ブレッドボードに挿すときにちょうどよい長さに、LEDの足をカットしておきます。このとき、あとから極性の見分けが付くよう、プラス側の足を折り曲げておきます。

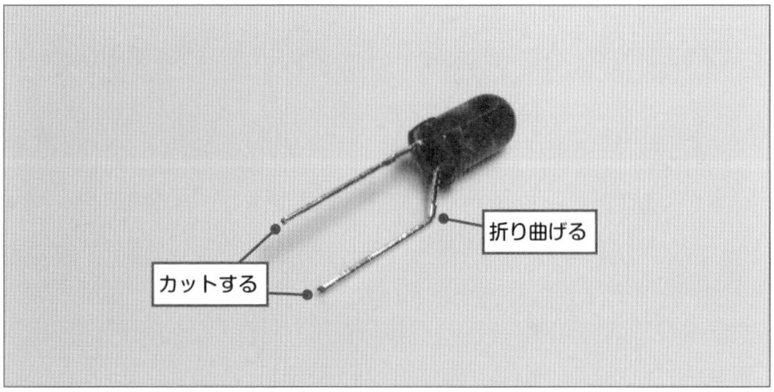

5 LEDの短い足を「e6」に、長い足を「e9」に差し込みます。

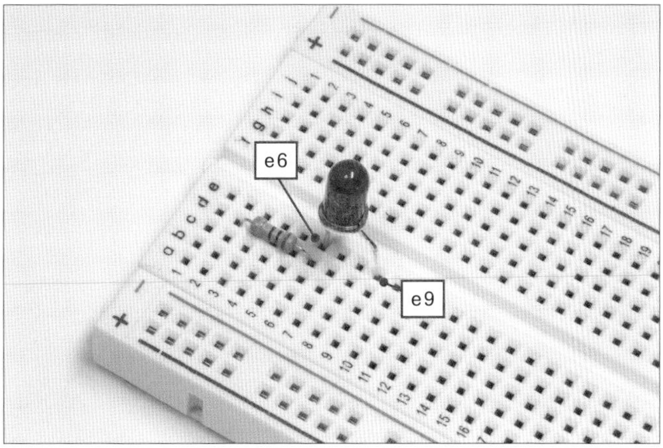

6 黒いジャンパーワイヤーのオス端子をブレッドボードの「a2」へ、メス端子をラズベリー・パイのGND（ピン番号6）へ差し込みます。赤いジャンパーワイヤーのオス端子をブレッドボードの「a9」へ、メス端子をラズベリー・パイの3.3V（ピン番号1）に差し込みます。

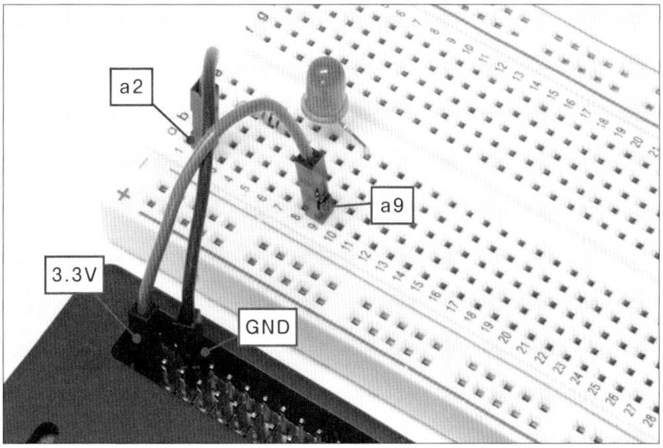

メモ

抵抗器にはさまざまな種類がある

電子回路で使う抵抗器には、抵抗値の異なるさまざまな種類の製品があります。一見、どれも同じように見えますが、抵抗器に書かれている色の帯の組み合わせを見ることで、抵抗値の違いを判別できるようになっています（P.126参照）。のちほど詳しく解説しますが、ここで使う100Ωの抵抗器は色の帯が「茶」「黒」「茶」「金」の順番で並んでいます。

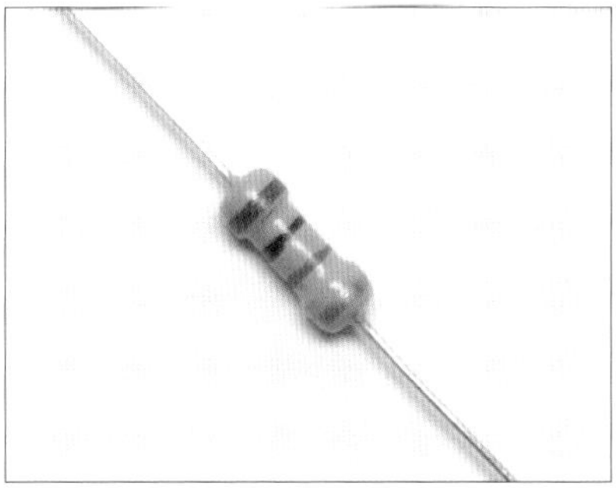

7 ラズベリー・パイにMicro USBケーブルを接続して電源をオンにすると、LEDが点灯します。

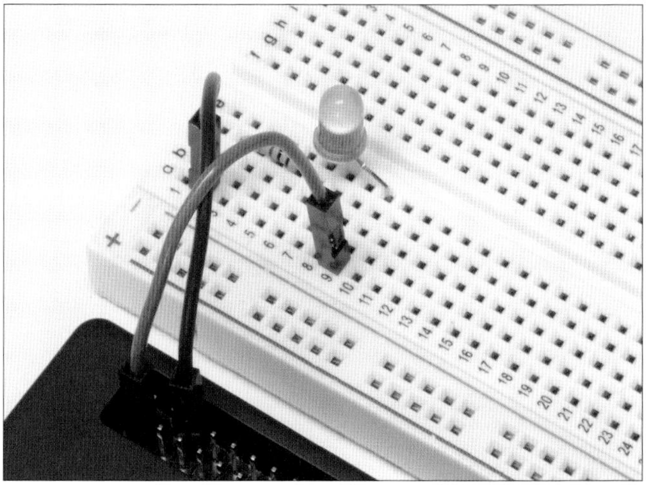

メモ

抵抗器を挟む理由

ララズベリー・パイでは、GPIOピンの「3.3V」がプラス側、「GND」がマイナス側となります。手順5では抵抗器を使わず、右図のようにつなげばいいように思えますが、この状態で電源を入れてはいけません。
抵抗器を介さずにLEDを電源に直結させると、過度の電流が流れてLEDが壊れてしまいます。これを防ぐため、手順5では100Ωの抵抗器を挟んで、電流を抑えています。

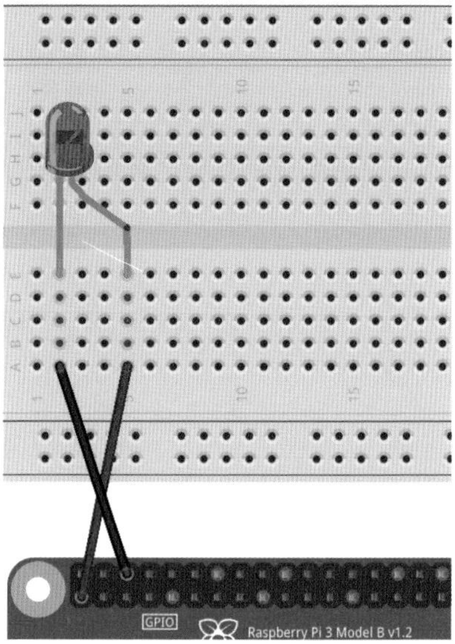

メモ

ジャンパーワイヤーやGPIOピンの「オス」「メス」の違い

ジャンパーワイヤーの両端にある端子には、「オス」「メス」の2種類があります。「オス」は、凸状に金属の部分が突起しています。「メス」は、凸状のピンを差し込むことができる構造になっています。基板上の端子類にも、オスとメスが存在します。ラズベリー・パイのGPIOピンは、金属が突起しているため「オス」となります。

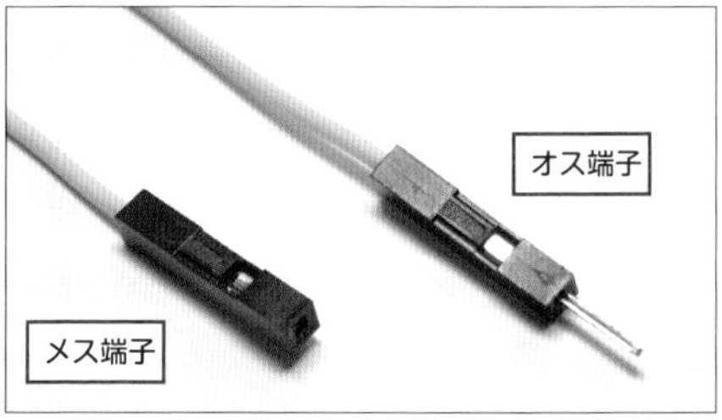

Section

4-3

プログラムでLEDを光らせよう

ここでは、ラズベリー・パイを使ってLEDの光をコントロールしてみます。プログラムを作成することで、単純な点灯や消灯だけでなく、規則的に点滅させるなどコンピューターっぽく光らせることができるようになります。

プログラムでLEDを光らせる

前節では、LEDを光らせることができました。しかし、このままではラズベリー・パイの電源をオン・オフすることでしかLEDの点灯／消灯をコントロールできません。ここでは、プログラムでLEDを光らせるように回路を変更します。まず、Raspbianを終了して、ラズベリー・パイの電源を切ります。続いて、GPIOの3.3V（ピン番号1）のピンから赤いジャンパーワイヤーを外し、GPIO 18（ピン番号12）のピンに差し込みます。

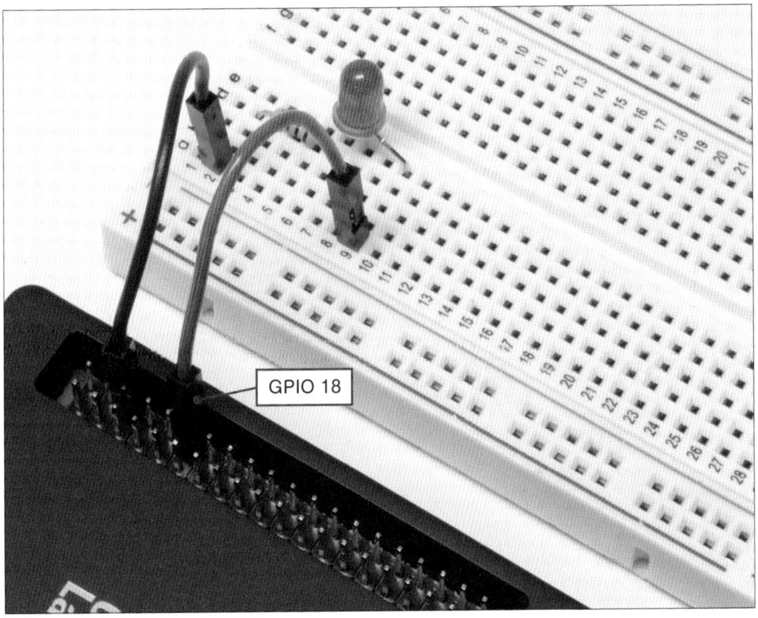

GPIOの3.3Vのピンに挿していた赤いジャンパーワイヤーを外し、GPIO 18（ピン番号12）のピンに差し込む。

変更後、ラズベリー・パイの電源をオンにしてもLEDは光りません。この状態でLEDを光らせるには、プログラムでGPIO 18に信号を流す必要があります。詳細は後述しますので、Thonnyを起動して以下のプログラムを入力し、実行してみましょう。

4-3-1 LED.py（1）

```
1  import RPi.GPIO as GPIO
2
3  LedGpio = 18
4
5  GPIO.setmode(GPIO.BCM)
6  GPIO.setup(LedGpio, GPIO.OUT)
7
8  GPIO.output(LedGpio, True)
```

- 1：「GPIO」用のモジュールをインポート
- 3：変数「LedGpio」に18を代入
- 5：GPIOのモードを「GPIO.BCM」に指定
- 6：「LedGpio」の値のGPIOを出力モードにする
- 8：「LedGpio」の値のGPIOに信号を送る

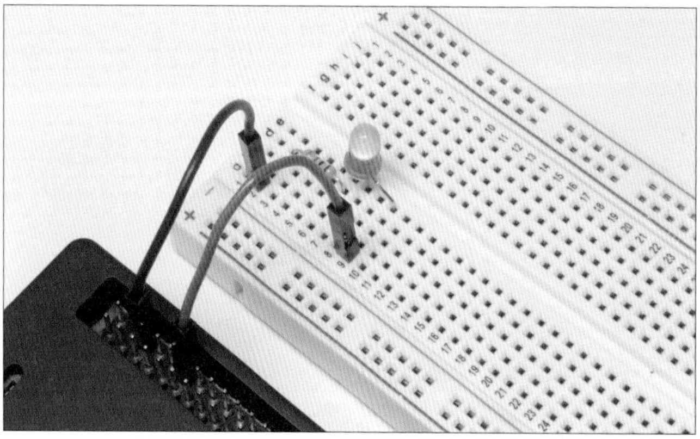

プログラムを実行するとLEDが点灯し、プログラムは終了する。

> メモ
> **プログラムに空行を入れる理由**
>
> リスト4-3-1の2行目、4行目、7行目は、処理のまとまりを見やすくするために入れた空行です。空行はプログラムの実行時に無視されて、エラーは発生しません。

リスト4-3-1のプログラムで、どのような仕組みでLEDが光っているのかを見ていきます。

1行目の「import」は、外部のモジュールを読み込んでいます。ここでは、ラズベリー・パイのGPIOをコントロールする命令を読み込むために、「RPi.GPIO as GPIO」というモジュールをインポートしています。

3行目は、変数「LedGpio」を作成し、値「18」を入れて（代入して）います。こうしておくと、プログラムをあとから変更して異なるGPIOピンを使うときに、書き換えがラクになります。

5行目は、GPIOの番号を指定するときのモードを指定しています。モードには「GPIO.BOARD」と「GPIO.BCM」の2種類があります。「GPIO.BOARD」はプログラムを物理的なピン番号で指定します。「GPIO.BCM」はGPIO番号で指定します。違いは右の図を参考にしてください。

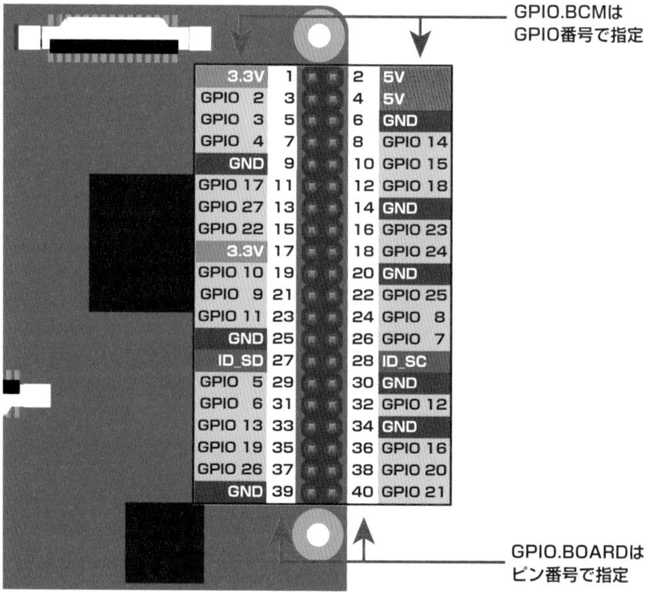

GPIO.BOARD（下）とGPIO.BCM（上）では、GPIOの番号を指定する方法が異なる。

　6行目では、変数「LedGpio」に代入されている番号のGPIOのモードを指定しています。ここでは、LEDに電気信号を送りたいので、「GPIO.OUT」としています。逆に、スイッチなどから信号を受け取りたいときは、「GPIO.IN」とすることもできます。
　最後の8行目では、変数「LedGpio」で指定した番号のGPIOに信号を送っています。ここで注目したいのが、「True」を指定すると、プログラムが終了しても信号が送り続けられることです。GPIOに信号を伝えるとき、基本的にはオンかオフの指定しかできません。一度だけ信号を送ってすぐに止めるときは、「GPIO.output(LedGpio, True)」を実行して信号を送ったすぐあとに、「GPIO.output(LedGpio, False)」を実行する必要があります。
　以下のように、信号を止める命令をプログラムの末尾に追加して、実行してみましょう。

4-3-2 LED.py (2)

```
1  import RPi.GPIO as GPIO
2
3  LedGpio = 18
4
5  GPIO.setmode(GPIO.BCM)
6  GPIO.setup(LedGpio, GPIO.OUT)
7
8  GPIO.output(LedGpio, True)
9  GPIO.output(LedGpio, False)
```

（9行目）変数「LedGpio」の番号のGPIOへ送っていた信号を止める

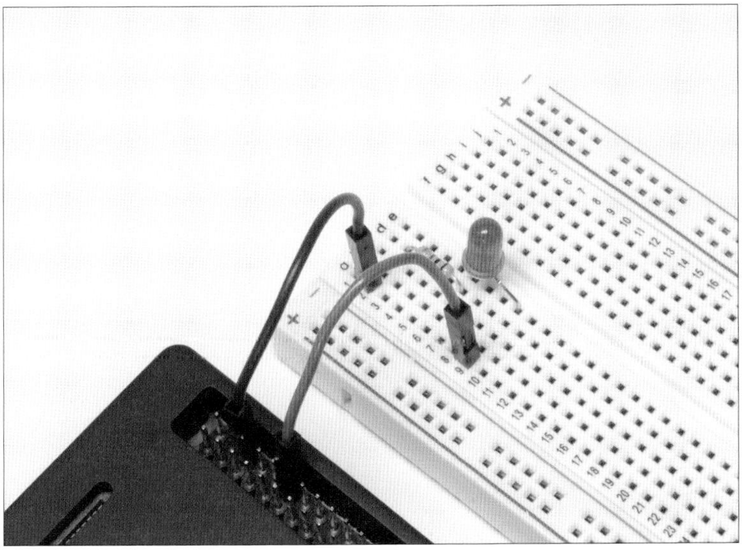

プログラムを実行しても、LEDは点灯しない。

　プログラムを実行しても、何も変化がありません。じつは、8行目によって一瞬だけLEDが光っているのですが、9行目の命令が実行されるまでの時間が短すぎて、光っていないように見えるのです。人間の目にもとまらぬ速さでコンピューターの処理が行われているため、こうなってしまうのです。
　そこで、LEDを光らせたあと、少し待ってから消灯するようにプログラムを改造してみましょう。ここでは「time」というモジュールを使って、待ち時間を入れてみます。

4-3-3 LED.py（3）

```
1  import RPi.GPIO as GPIO
2  import time        時間制御に関する「time」というモジュールをインポートする
3
4  LedGpio = 18
5  WaitTime = 1        変数「WaitTime」を作成し、値「1」を入れる
6
7  GPIO.setwarnings(False)
8  GPIO.setmode(GPIO.BCM)
9  GPIO.setup(LedGpio, GPIO.OUT)
10
11 GPIO.output(LedGpio, True)
12 time.sleep(WaitTime)        変数「WaitTime」に入っている値の秒数だけ、何も処理をせずに待つ
13 GPIO.output(LedGpio, False)
14
15 GPIO.cleanup()        GPIOを初期化する
```

リスト4-3-3では、7行目と15行目に新たな命令を加えています。これは、プログラムが終了したときにGPIOが使われていると、エラーが発生することがあるためです。GPIOを使うプログラムでは、後片付けとしてこの命令を入れておくと、別のプログラムの実行のジャマになりません。

入力後、プログラムを保存して、実行してみましょう。1秒間だけLEDが光り、その後消灯して、プログラムが終了するようになったはずです。

LEDを点滅させる

LEDの点灯と消灯をプログラムでコントロールできるようになりました。次は、もう少し高度な光らせ方にチャレンジしてみましょう。プログラムを少し変更して、一定間隔でLEDを点滅させてみます。

点滅させるといっても、要はLEDの点灯と消灯を繰り返すだけです。同じ処理を繰り返すには、前章のリスト3-2-6では「while」文を利用しました。ここでは「for」文と「range」関数を利用して（P.150参照）、LEDが20回点滅するようにします。以下のように、プログラムを変更してみましょう。

4-3-4 LED.py（4）

```
import RPi.GPIO as GPIO
import time

LedGpio = 18
WaitTime = 0.5        変数「WaitTime」の値を「0.5」に変更

```

```
GPIO.setwarnings(False)
GPIO.setmode(GPIO.BCM)
GPIO.setup(LedGpio, GPIO.OUT)

for i in range(20):   ← 以下の処理を20回繰り返す
    GPIO.output(LedGpio, True)
    time.sleep(WaitTime)
    GPIO.output(LedGpio, False)
    time.sleep(WaitTime)   ← 変数「WaitTime」に入っている値の秒数だけ、何も処理をせずに待つ

GPIO.cleanup()
```

入力後、保存して実行すると、0.5秒間隔でLEDが点灯と消灯を繰り返します。

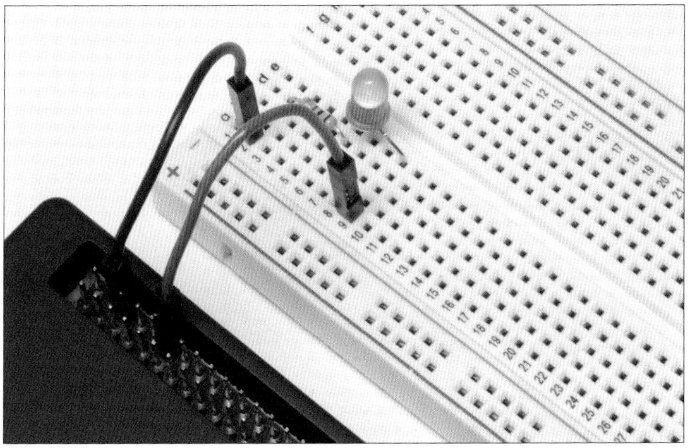

プログラムを実行すると、LEDが点灯と消灯を繰り返す。

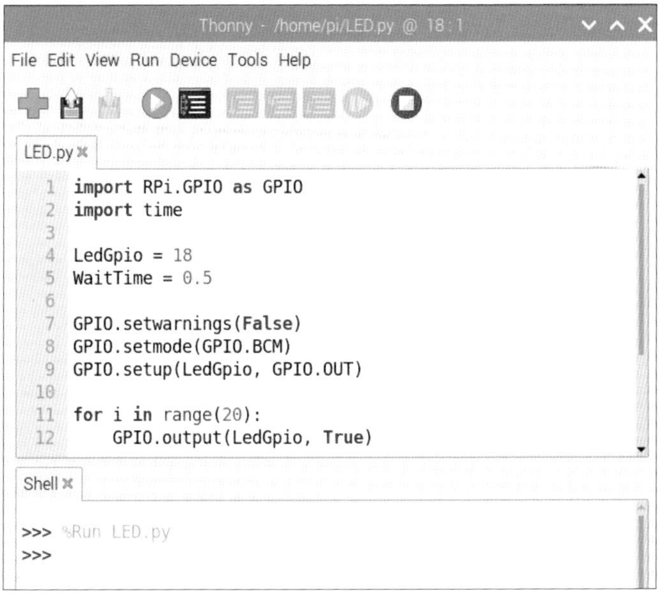

Thonny - /home/pi/LED.py @ 18 : 1
File Edit View Run Device Tools Help
LED.py
1 import RPi.GPIO as GPIO
2 import time
3
4 LedGpio = 18
5 WaitTime = 0.5
6
7 GPIO.setwarnings(False)
8 GPIO.setmode(GPIO.BCM)
9 GPIO.setup(LedGpio, GPIO.OUT)
10
11 for i in range(20):
12 GPIO.output(LedGpio, True)
Shell
>>> %Run LED.py
>>>

LEDが20回点滅を繰り返すとプログラムは終了する。

抵抗値の読み取り方

抵抗器には、さまざまな抵抗値を持つ製品が存在します。基板やブレッドボードの上に配置されている抵抗器は、テスターを使う以外に、カラーコードを使って抵抗値を調べることができるようになっています。

抵抗器の中央には、カラーコードと呼ばれる色の付いた線が書かれています。この線の色にはひとつずつ意味があり、表に照らし合わせることで抵抗値を把握できます。抵抗器によって、カラーコードが4本あるタイプと、5本あるタイプがあります。カラーコードが4本のタイプは、下記の表にある「第3数字」を使いません。

抵抗値の算出方法

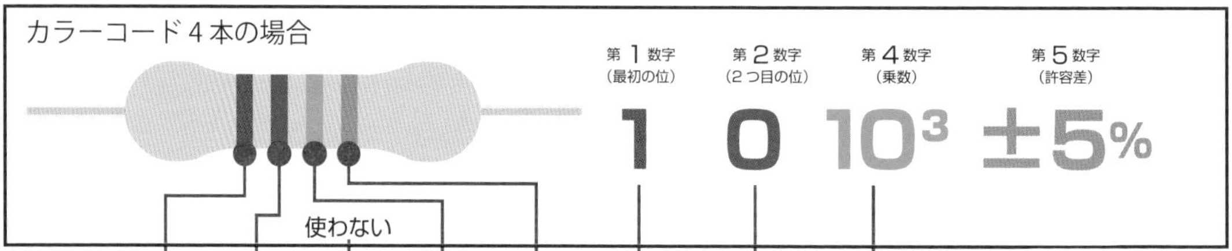

色	第1数字	第2数字	第3数字	第4数字	第5数字
黒	0	0	0	1	−
茶	1	1	1	10	±1%
赤	2	2	2	10^2	±2%
橙	3	3	3	10^3	±3%
黄	4	4	4	10^4	±4%
緑	5	5	5	10^5	±0.5%
青	6	6	6	10^6	±0.25%
紫	7	7	7	10^7	±0.1%
灰	8	8	8	10^8	−
白	9	9	9	10^9	−
金	−	−	−	0.1	±5%
銀	−	−	−	0.01	±10%
色	第1数字	第2数字	第3数字	第4数字	第5数字

10×1000 Ω

=

10kΩ 許容差 ±5%

=

100×100 Ω

Chapter

05

モーターをつないで扇風機を作ろう

Section 5-1 本章で作成する扇風機について知ろう

Section 5-2 扇風機を組み立てよう

Section 5-3 扇風機のプログラムを作成しよう

Section 5-4 スイッチで扇風機を回そう

Section 5-5 スイッチで風力を調整できるようにしよう

Section

5-1 本章で作成する扇風機について知ろう

この章では、ラズベリー・パイにDCモーターをつないで扇風機を作ります。ラズベリー・パイでモーターを制御するには、LEDを点灯させるのに比べて、より多くのジャンパーワイヤーやチップなどのパーツを必要とします。扇風機がどのように動くのか、その仕組みを見ていきましょう。

扇風機の外観

ペットボトルの上に、羽を取り付けたDCモーターが固定されています。ブレッドボードの上にはタクトスイッチがあり、これを押すことで風量を変えられるようになっています。

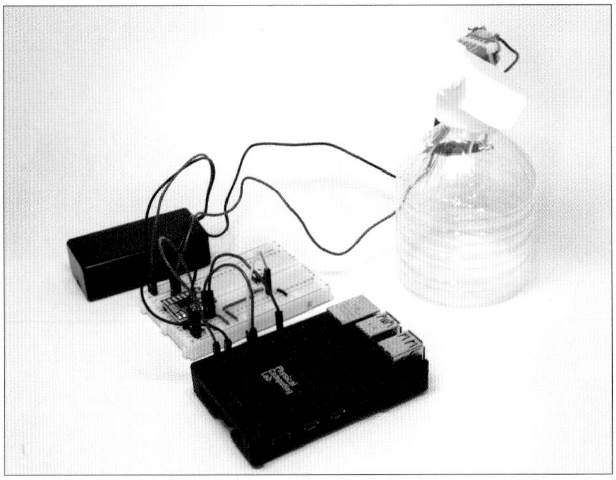

扇風機の作成に必要なもの

扇風機を作成するのに必要な電子パーツは、以下のとおりです。

①TB6612FNGブレイクアウト基板（モータードライバー）
②抵抗器 10kΩ
③タクトスイッチ　④FA-130RA(DCモニター)
⑤ジャンパーワイヤー オス-オス×9本、オス-メス×5本　⑥ワニクリップ×2本
⑦単三電池ボックス
⑧500mlのペットボトル　⑨ケーブルタイ
⑩ブレッドボード

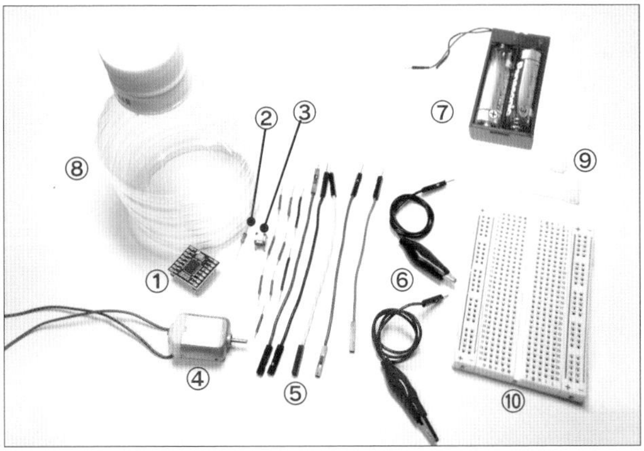

各パーツの役割

扇風機の作成で使用する、各電子パーツの働きを確認しておきましょう。

DCモーターの役割

扇風機の主役となる電子パーツです。ここでは、マブチモーター(株)から発売されている「FA-130RA」というモーターを使います。このモーターは、プラモデルやおもちゃなどでよく使われていて、乾電池で動かすことができます。これをラズベリー・パイにつないで動かします。

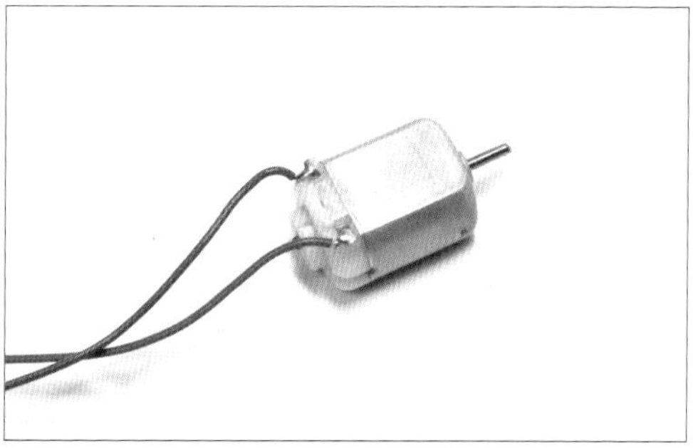

DCモーターの種類によって、使用可能な電圧が決まっています。「FA-130RA」で使用可能な電圧は1.5〜3.0Vです。このようなスペックはDCモーターの外箱に書かれているので、購入時に確認しましょう。

電池ボックスの役割

ラズベリー・パイのGPIOピンから取り出せる電圧は、5.0Vまたは3.3Vです。いずれも電流値はわずかで、LEDを光らせるには十分ですが、DCモーターを動作させるには足りません。そこで、モーターを動作させるための外部電源を用意します。ここでは、単3電池2本が直列でつながる電池ボックスを用意しています。

モータードライバーの役割

ラズベリー・パイのGPIOから出力される信号に応じて、電池ボックスからモーターへ電気を流す役目を持つ電子パーツです。全国で手に入りやすく、価格の安い「TB6612FNG」のブレイクアウト基板を利用します。スイッチサイエンスで、「TB6612FNG搭載デュアルモータードライバ」という名称で販売されています。(https://www.switch-science.com/catalog/3586/)。Amazonなどで同様の製品がありますが、低価格なものは正しく動作しないことがあるので、本書ではスイッチサイエンス版のブレイクアウト基板の利用を推奨します。

タクトスイッチと抵抗器の役割

風量などを調整するために、タクトスイッチを使います。押すとオン、離すとオフになる単純なパーツですが、プログラムによって、押す回数に応じて風量を変えるといった高度な操作ができるようになります。抵抗器は、タクトスイッチを正しく動作させるために利用します。

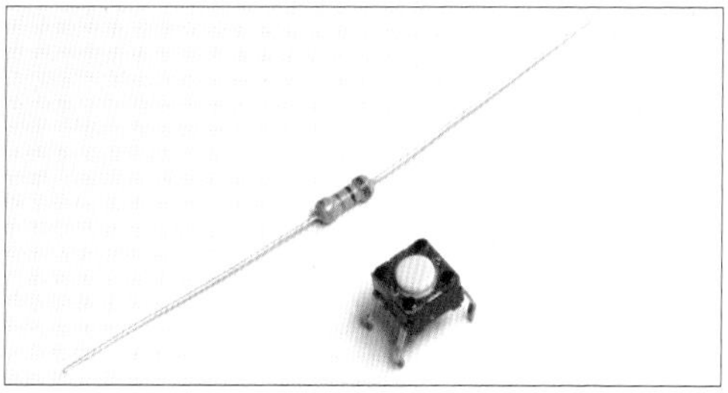

Section

5-2 扇風機を組み立てよう

扇風機のモーターを動かすための、モータードライバーや電池ボックスをブレッドボードに取り付けていきます。前章よりも少し複雑な回路となるので、パーツを取り付ける場所や向きに間違いがないか、よく確認しながら作業しましょう。

ブレッドボードに電子パーツを取り付ける

まずは、ブレッドボードに「TB6612」のブレイクアウト基板を取り付けます。TB6612は集積回路（IC回路）なので、丁寧に扱います。金属の端子部分に触れると、静電気による破損や、指の脂分による誤動作の原因になるので、黒い部分を持って取り付けましょう。

1 ブレッドボードの「c1」～「c8」、「g1」～「g8」の位置に、モータードライバーを差し込みます。

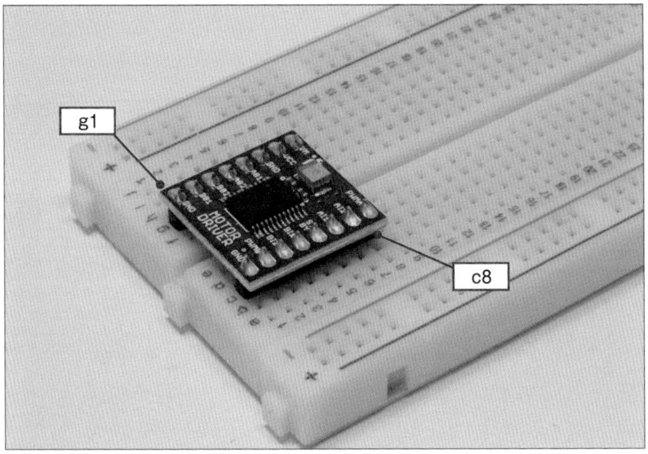

キーワード　ブレイクアウト基板

もともとTB6612は、基板の表面に実装するタイプの小さなICチップです。この状態では、細かなはんだ付けが必要で、電子工作の初心者が扱うのは困難です。そのため、ICを基板に実装し、ピンを付けて電子工作で扱いやすくするために加工した基板をブレイクアウト基板と呼んでいます。

2 ブレッドボード上にある異なる穴をつなぐときは、図のような固いジャンパーワイヤーを使います。ブレッドボード用のジャンパーワイヤーとして販売されていますが、電子工作に慣れた人は単芯ケーブルの両端を図のように剥き、曲げて作ることもできます。

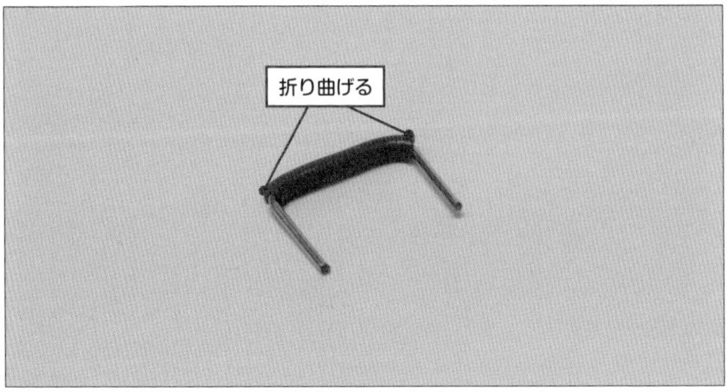

3 ブレッドボードの「a2」の位置と「+」をつなぐように、ジャンパーワイヤーを差し込みます。「+」はどの位置でもかまいません。あとで、ラズベリー・パイの「5V」につなげます。

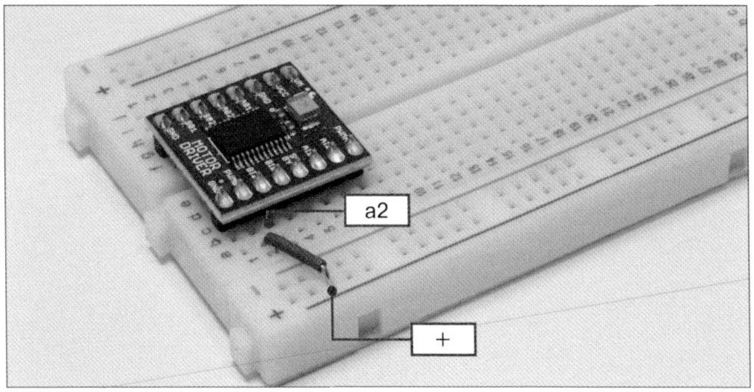

4 ブレッドボードの「a5」の位置と「+」をつなぐように、ジャンパーワイヤーを差し込みます。

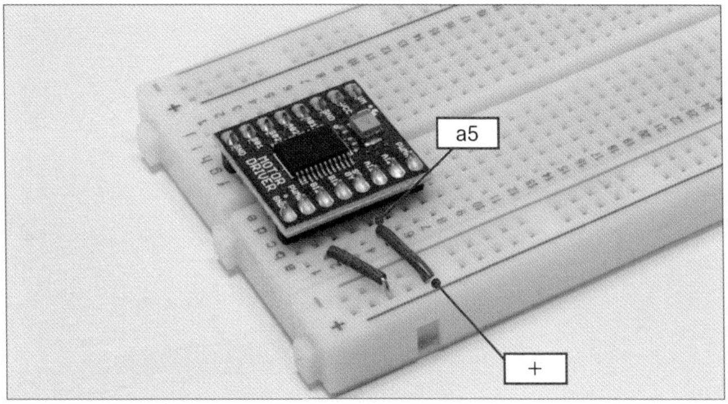

5 ブレッドボードの「a8」の位置と「+」をつなぐように、ジャンパーワイヤーを差し込みます。

6 ブレッドボードの「a10」の位置と「+」をつなぐように、ジャンパーワイヤーを差し込みます。

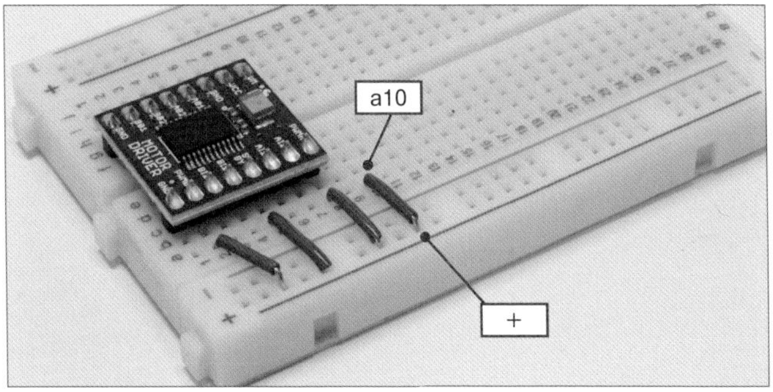

7

ブレッドボードの「e10」の位置と「f10」をつなぐように、ジャンパーワイヤーを差し込みます。これは、次の手順でラズベリー・パイの「5V」と、モータードライバーの「VCC」をつなげるための役割を持ちます。

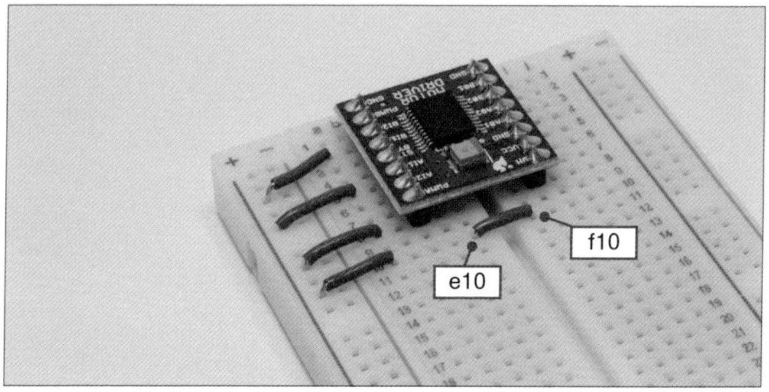

8

ブレッドボードの「i10」の位置と「i7」をつなぐように、ジャンパーワイヤーを差し込みます。これで、ブレッドボードのa側の「+」と、モータードライバーのVCCがつながりました。

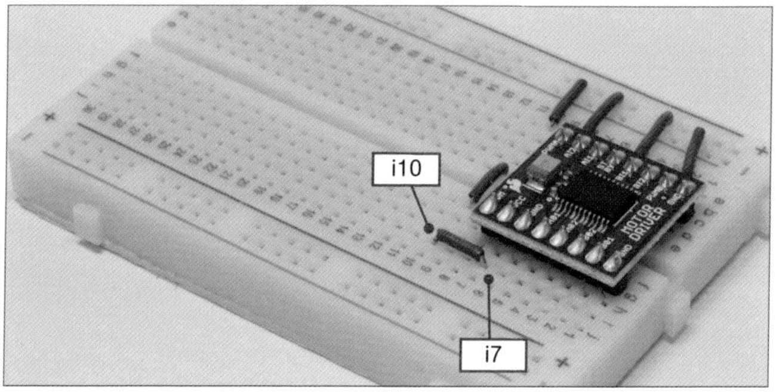

9

ブレッドボードの「j8」の位置とj側の「+」をつなぐように、ジャンパーワイヤーを差し込みます。j側の「+」は、あとで電池ボックスの「+」につなぎます。

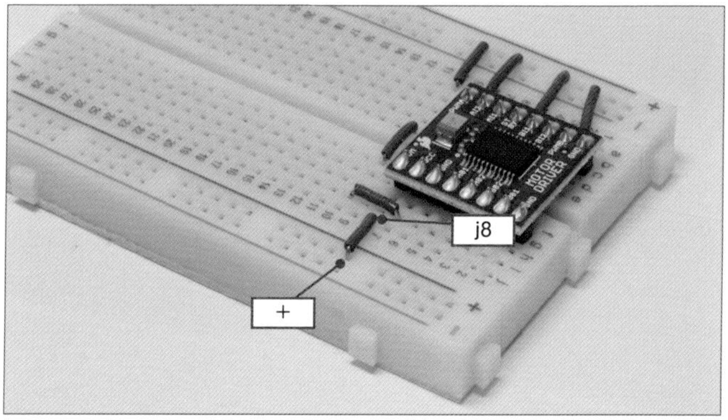

10

ブレッドボードの「j6」の位置とj側の「−」をつなぐように、ジャンパーワイヤーを差し込みます。j側の「−」は、あとで電池ボックスの「−」につなぎます。

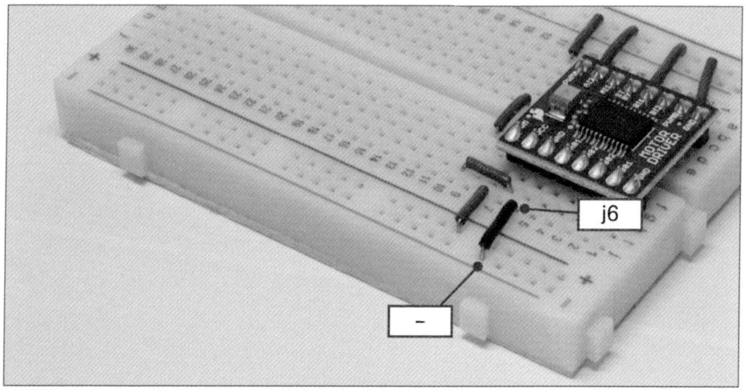

11 ブレッドボードの「a1」の位置とａ側の「−」をつなぐように、ジャンパーワイヤーを差し込みます。ａ側の「−」はあとでラズベリー・パイの「GND」とつなぎます。このとき、図のように左側をひとつ空けておくと、きれいに配線できます。

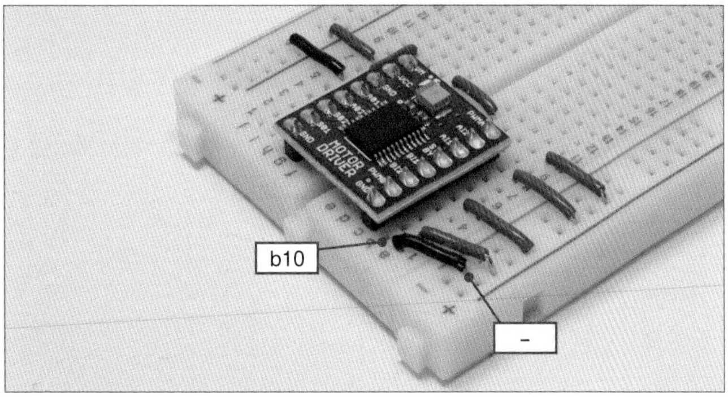

12 「b10」から「b17」につながるよう、ジャンパーワイヤーを差し込みます。このワイヤーは、ラズベリー・パイからの電力をモータードライバーとタクトスイッチに分配する役割があります。

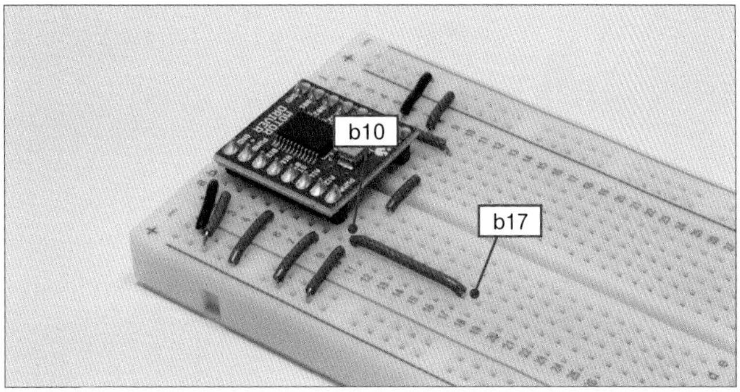

13 10k Ωの抵抗器（カラーコード＝茶黒橙金）を図のように折り曲げて片側 1cm ずつを残してカットしておきます。

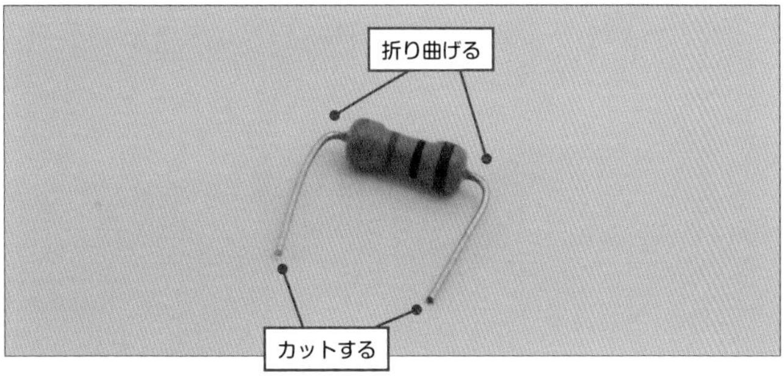

14 「c17」から「c20」につながるように、10k Ωの抵抗器を差し込みます。この抵抗器は、タクトスイッチを正しく動作させる役割があります。

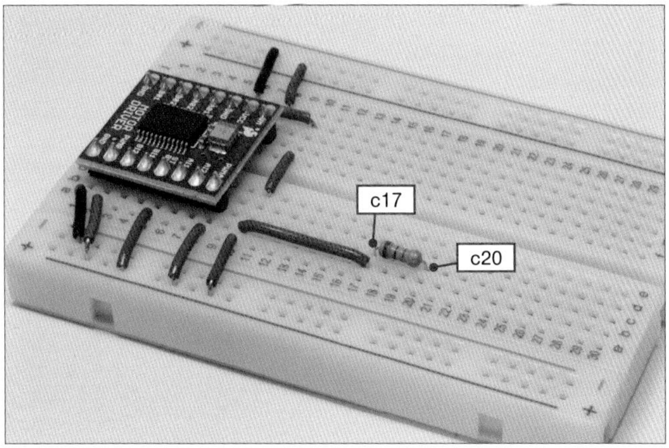

メモ

抵抗器の方向はどちらでもよい

抵抗器はどちらの端子にもプラス／マイナスの極をつなぐことができます。そのため、ブレッドボードにつなぐときは、方向を気にせず取り付けられます。

15 続いて、タクトスイッチを取り付けます。タクトスイッチには方向があるので、事前に確認しておきます。中央の丸いボタンを押すと内部で短絡（ショート）し、信号を流すことができるようになります（下記のメモ参照）。

16 ブレッドボードの「e20」と「e22」から、「f20」と「f22」をまたぐように、タクトスイッチを取り付けます。これにより、タクトスイッチのボタンを押すと、「e20」と「e22」がつながるようになります。

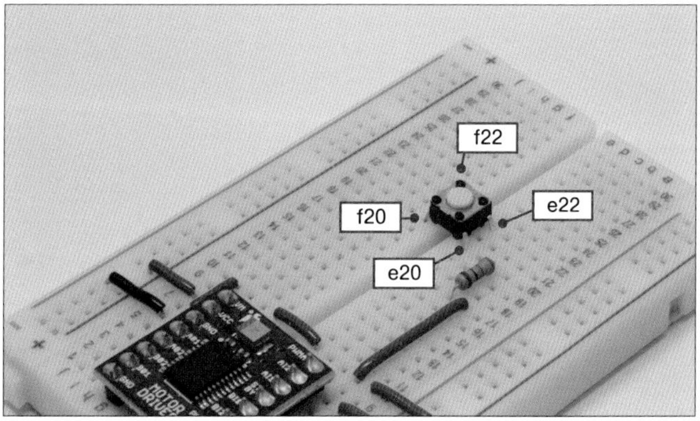

17 「a22」と「−」をジャンパーワイヤーでつなぎます。

以上で、ブレッドボードへの電子パーツの配置は完了です。次はラズベリー・パイに接続していきます。

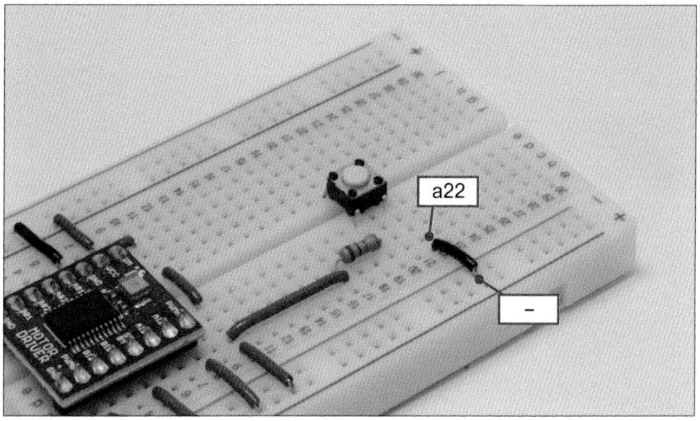

メモ

タクトスイッチの方向

タクトスイッチを裏返すと、4つのピンがあります。Aの方向に並んだピンは、内部でつながっています。Bの方向に並んだピンは、ボタンを押したときだけつながります。

キーワード

短絡

電子工作をしていると「短絡」という言葉を使うことがあります。これは「ショート」のことで、抵抗などの負荷がない状態で電気が流れることを示します。

ブレッドボードとラズベリー・パイを接続する

電子パーツを取り付けたブレッドボードと、ラズベリー・パイのGPIOピンをジャンパーワイヤーで接続します。ここでは、片側がオス、もう片側がメスのジャンパーワイヤーを使います。

1 ラズベリー・パイの GPIO 23（ピン番号 16）に、黄のジャンパーワイヤーのメス端子を差し込みます。

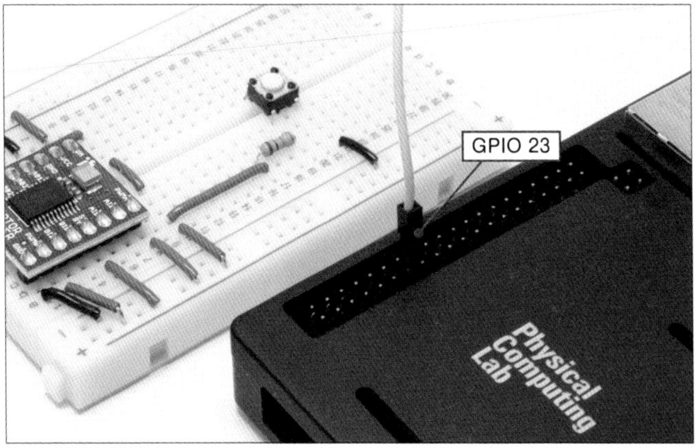

2 ブレッドボードの「a20」の位置に、黄のジャンパーワイヤーのオス端子を差し込みます。これで、ラズベリー・パイの GPIO 23 とタクトスイッチがつながりました。

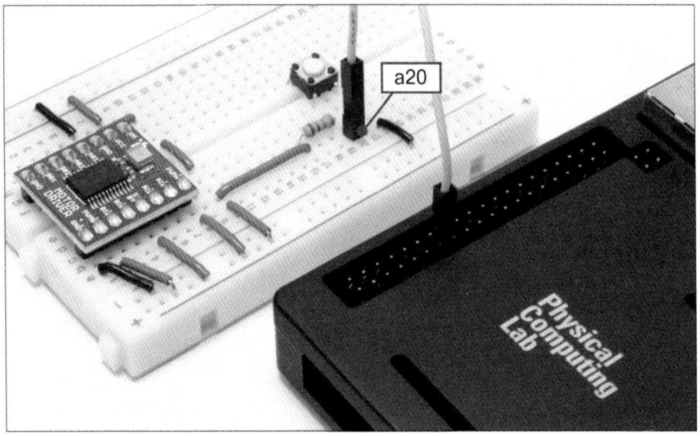

3 ラズベリー・パイの GPIO 24（ピン番号 18）に緑のジャンパーワイヤーのメス端子を差し込みます。

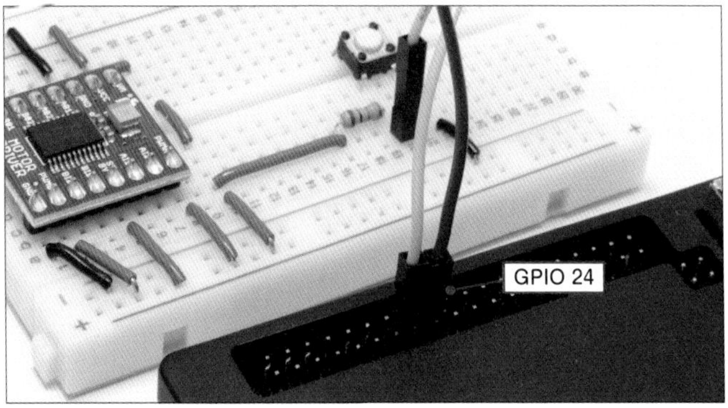

4 ブレッドボードの「a6」の位置に緑のジャンパーワイヤーのオス端子を差し込みます。

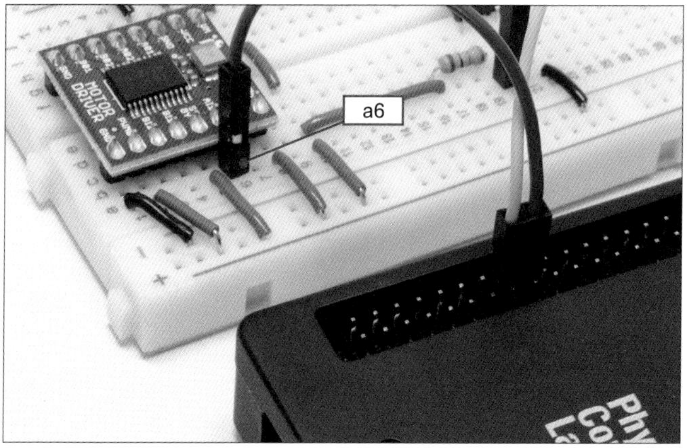

5 ラズベリー・パイのGPIO 25（ピン番号22）に紫のジャンパーワイヤーのメス端子を差し込みます。

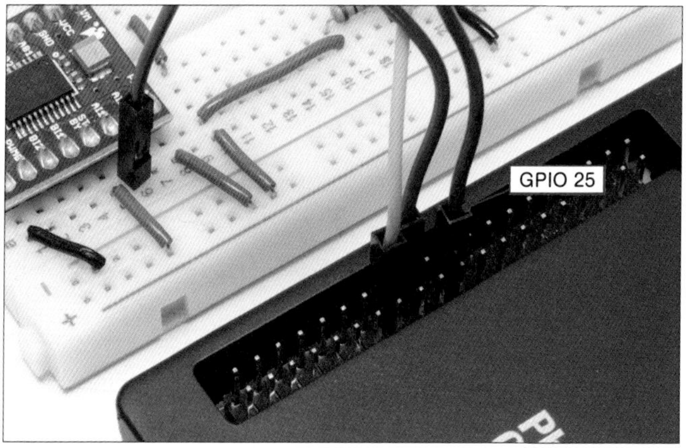

6 ブレッドボードの「a7」の位置に紫のジャンパーワイヤーのオス端子を差し込みます。これで、ラズベリー・パイのGPIO 24とGPIO 25がモータードライバーにつながりました。

7 ラズベリー・パイの GND（ピン番号 6）に黒いジャンパーワイヤーのメス端子を差し込みます。

8 ブレッドボードの a 側の「−」に黒いジャンパーワイヤーのオス端子を差し込みます。これで、モータードライバーとタクトスイッチにラズベリー・パイの GND がつながりました。

9 ラズベリー・パイの 5V（ピン番号 2）に赤いジャンパーワイヤーのメス端子を差し込みます。

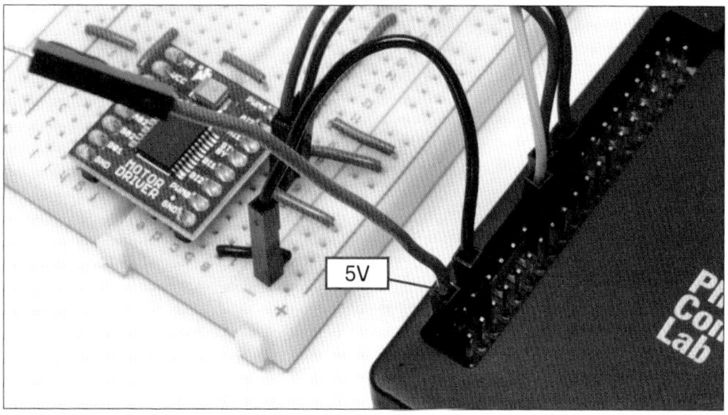

10 ブレッドボードの a 側の「+」の位置に赤いジャンパーワイヤーのオス端子を差し込みます。これで、モータードライバーとタクトスイッチがラズベリー・パイの 5V につながりました。

羽とモーターを取り付ける

扇風機の羽を作り、モーターに取り付けます。また、モーターを机などの上に置いたままでは羽がうまく回転しないので、モーターを載せる台をペットボトルで作ります。

1 厚紙などで図のような羽を作ります。中央部に両面テープを付けて、キリなどで穴を空けます。

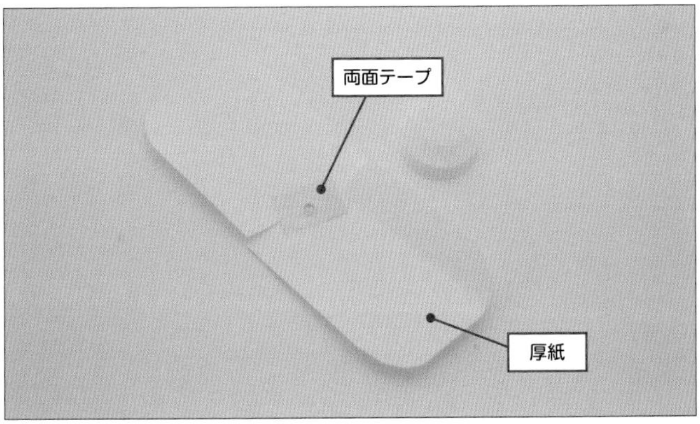

2 モーターに付属している「ブーリー」を、羽の穴に合わせるようにして接着します。

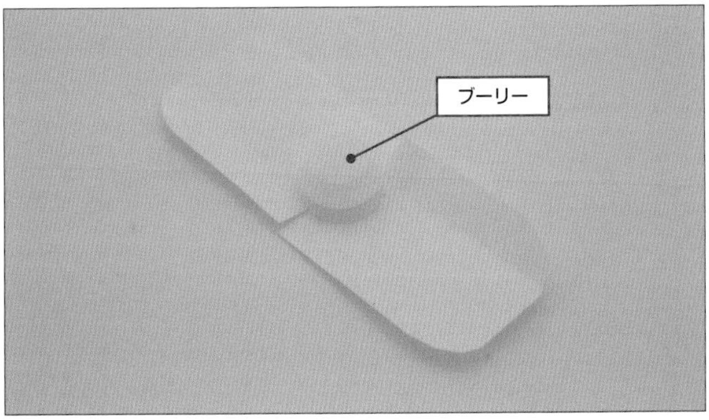

メモ

プーリーの役割

プーリーとは、モーターの動力を別の部品に伝える円盤状のパーツです。モーターにプーリーが付属しない場合は、消しゴムをカットするなどして代用してください。

3 ペットボトルのくびれの部分に、キリなどを使って穴を空けます。反対側にも同じように穴を空けておきます。

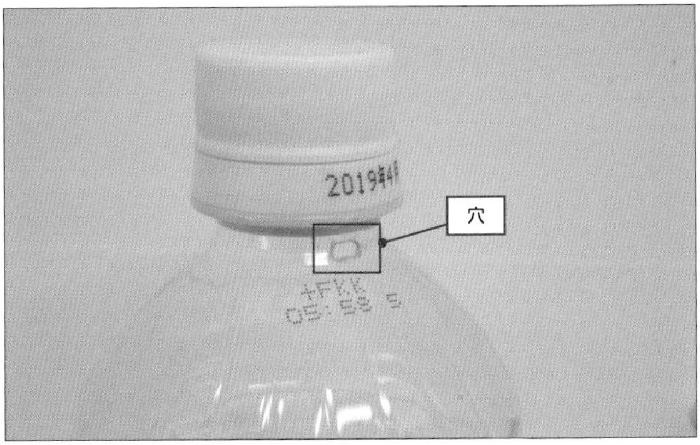

4 ケーブルタイをペットボトルの穴に通します。

> メモ
> **ケーブルタイの役割**
>
> 本来、ケーブルタイはケーブルを束ねるための配線素材で、「結束バンド」とも呼ばれます。バンドの先端を「口」に通して輪を作り、締め上げることで固定されます。一度締め上げたバンドは外れないので、解除する場合はカッターなどで切断します。

5 ペットボトルの上にモーターを載せて、ケーブルタイを締めてしっかりと固定します。先ほど作った羽をモーターに取り付けます。

モーターや電池ボックスを接続する

いよいよ扇風機の仕上げです。モーターとブレットボードを接続し、電池ボックスを取り付けます。

1 ブレッドボードの「i5」の位置に、赤いワニクリップ（ワニ口クリップ）付きのジャンパーピンのオス端子を差し込みます。

2 ブレッドボードの「i4」の位置に、黒いワニクリップ付きのジャンパーピンのオス端子を差し込みます。

3 赤のワニクリップをモーターの赤（+）、黒のワニクリップをモーターの青（−）につなぎます。

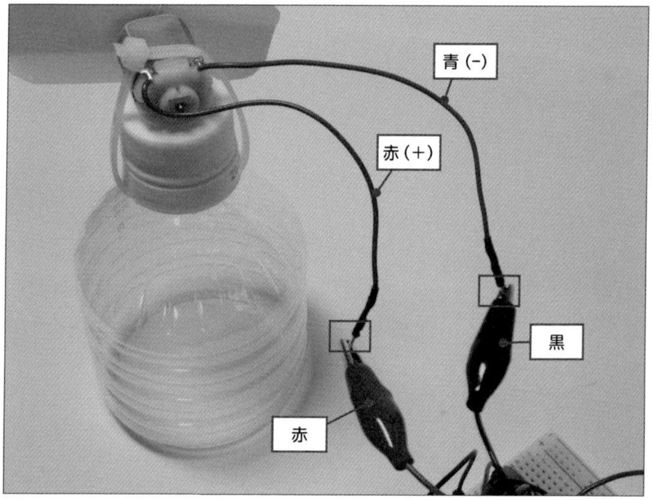

メモ　モーターのリード線の極性

モーター「FA-130RA」には赤と青のリード線（コード）が付いています。赤のリード線は「+」、青のリード線は「−」です。青のリード線の代わりに、黒いリード線が付いているモーターもあります。

テクニック　ワニクリップ付きのジャンパーワイヤーを作る

片側がワニクリップ、もう片側がジャンパーピンのジャンパーワイヤーは、電子パーツショップなどでの取り扱いが少なく、手に入らない場合があります。その場合は、両端がオス端子のジャンパーワイヤーを切断して、ワニクリップをワイヤーに取り付けて作りましょう。

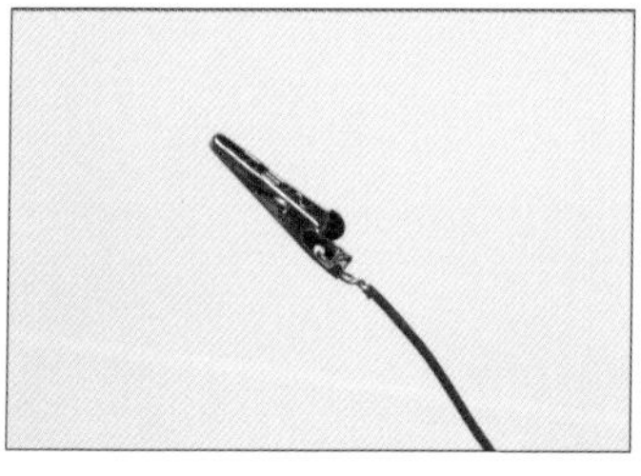

オスーオスのジャンパーワイヤーを切断し、リード線を剥いてワニクリップを取り付ける。

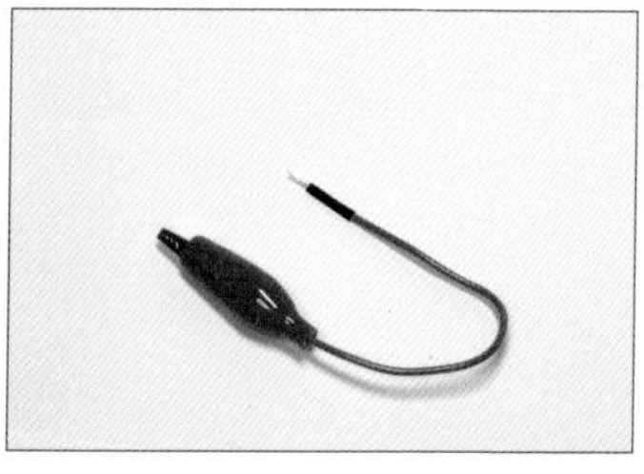

ワニクリップにカバーを取り付けて完成。

4 電池ボックスの黒いケーブルをブレッドボードの「j」側の「−」に差し込みます。

リード線をブレッドボードにつなぐには?

電池ボックスのリード線はブレッドボードに差し込みにくいので、リード線の芯線をオスーオスのジャンパーワイヤーの端子にまき付けてビニールテープで保護し、もう一方の端子をブレッドボードに差し込みます。または、ワニクリップ付きのジャンパーワイヤーを使いましょう。

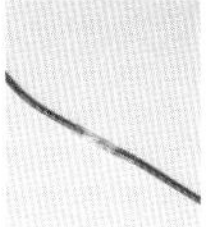

5 電池ボックスの赤いケーブルをブレッドボードの「j」側の「+」の位置に差し込みます。

6 電池ボックスのスイッチをオンにします。スイッチは電池ボックスの裏側にある場合もあります。

7 以上で、扇風機が完成しました。配線に誤りがないか確認しましょう。

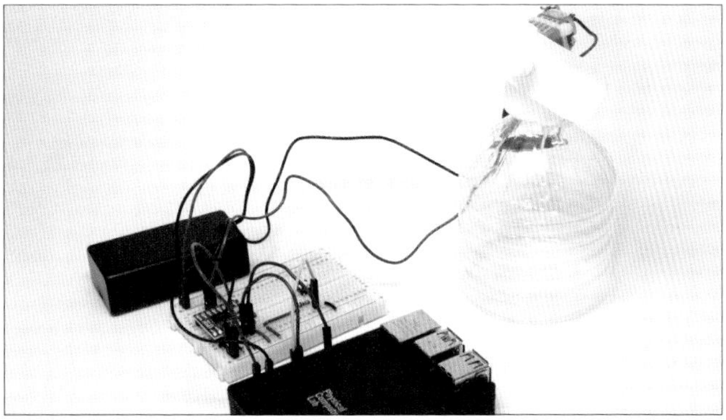

まだ扇風機は動かない

扇風機は完成しましたが、この段階ではまだ動きません。扇風機を動かすには、次ページ以降で作成するプログラムで電流を流す必要があります。

Section

5-3 扇風機のプログラムを作成しよう

扇風機の組み立てが完了したら、モーターを動かすためのプログラムを作成します。基本は4章で作成したLEDを光らせるプログラムと同じですが、羽が回転する方向を変えるなど、より高度な動きができるようにします。

プログラムでモーターを動かす

ラズベリー・パイからモーターを動かすのは、それほど難しくありません。モータードライバーにつないだ2本のGPIOピンのうち、1つを選択して信号を流すだけで、モーターが回転します。まずは、GPIO 24につないだジャンパーワイヤーに信号を流してみます。Thonnyを起動して、リスト5-3-1のプログラムを入力します。

1 メニューアイコンをクリックし❶、「プログラミング」にポインターを合わせ❷、「Thonny Python IDE」をクリックします❸。

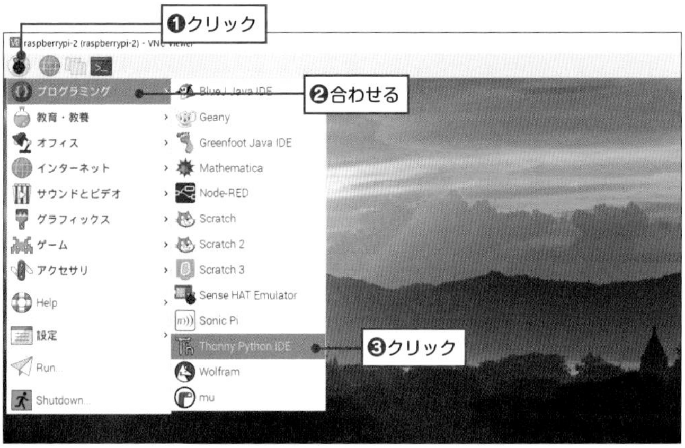

2 Thonnyの画面でEditorビューをクリックして❶、以下のプログラムを入力します。

リスト5-3-1　motor.py（1）

```
import RPi.GPIO as GPIO

motorGpio = 24

GPIO.setmode(GPIO.BCM)
GPIO.setup(motorGpio, GPIO.OUT)

GPIO.output(motorGpio, True)
```

- import RPi.GPIO as GPIO：GPIOのライブラリーをインポートする
- motorGpio = 24：信号を流すGPIOピンの番号を変数「motorGpio」に入れる
- GPIO.setmode(GPIO.BCM)：GPIO番号の指定方法を「BCM」に変更
- GPIO.setup(motorGpio, GPIO.OUT)：変数「motorGpio」に入っている番号のピンを出力モードに設定
- GPIO.output(motorGpio, True)：変数「motorGpio」に入っている番号のピンに信号を流す

3 入力したプログラムを実行するために、一度保存します。「Save」をクリックします❶。

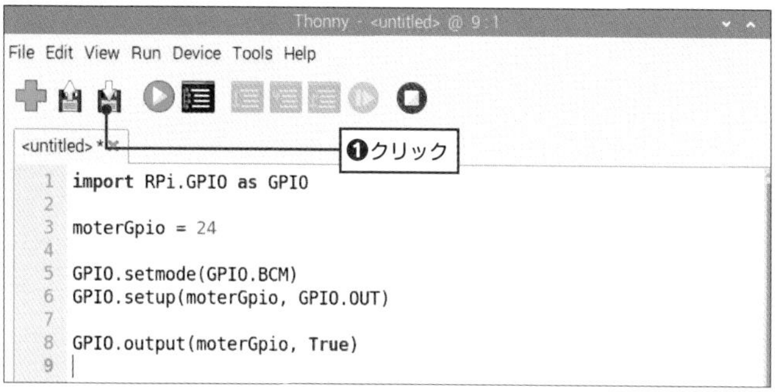

4 「Save As」画面の「名前」欄に「motor.py」と入力て❶、「OK」をクリックします❷。

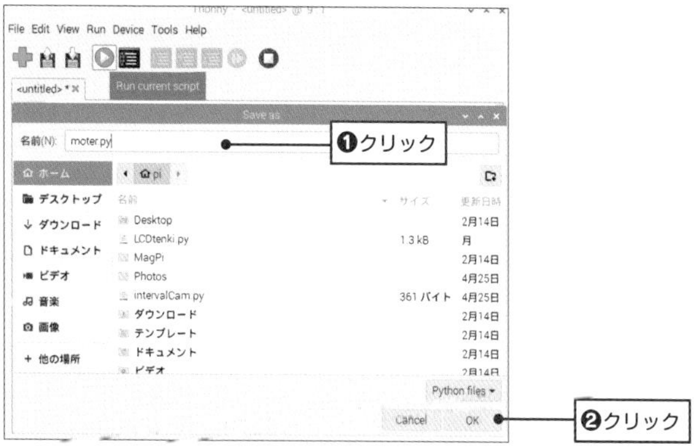

5 「Run」をクリックして❶、プログラムを実行します。

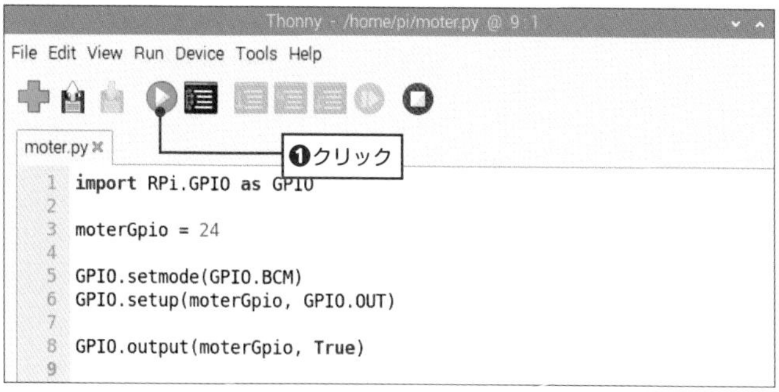

6 モーターが回転します。確認後、電池ボックスのスイッチをオフにしてモーターを止め、Thonny の「STOP/Restart backend」をクリックしてプログラムを停止させます。

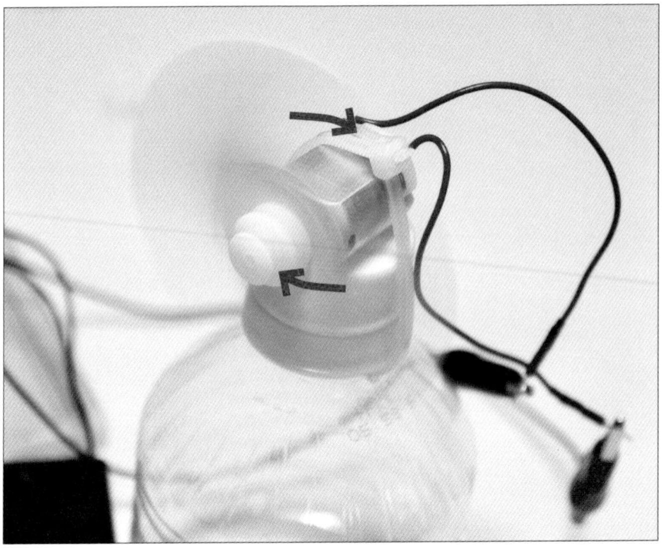

注意

羽に触れないこと！

モーター「FA-130RA」は1分間に6500回転もの速度で回ります。羽に柔らかい素材を使っていても、回転中に触れると怪我をする可能性があります。回転中はモーターや羽に触れないようにしましょう。

モーターの回転を止める

リスト5-3-1ののプログラムを実行してモーターを回転させると、プログラムが終了しても回転したままになってしまいます。このままプログラムを作る作業を続けると、モーターに大きな負荷がかかるだけでなく、電池もなくなってしまいます。

電池ボックスのスイッチをオフにすればモーターは止まりますが、せっかくなので、プログラムで回転を止めてみましょう。プログラムを以下のように変更します。

リスト5-3-2　motor.py（2）

```
import RPi.GPIO as GPIO
import time

motorGpio = 24

GPIO.setmode(GPIO.BCM)
GPIO.setup(motorGpio, GPIO.OUT)

GPIO.output(motorGpio, True)
time.sleep(1)
GPIO.output(motorGpio, False)

GPIO.cleanup()
```

- import time：時間の経過でモーターを動かしたり止めたりしたいので、時間をコントロールできるライブラリー「time」をインポートする
- time.sleep(1)：1秒間だけ待って次の行の処理に移る
- GPIO.output(motorGpio, False)：変数「motorGpio」に入っている番号のピンの信号を止める
- GPIO.cleanup()：使っていたGPIOの信号をすべて止めて、次のプログラム実行のために片付ける

上記のようにプログラムを変更したら、保存して実行してみましょう。

1 「Run」をクリックします❶。

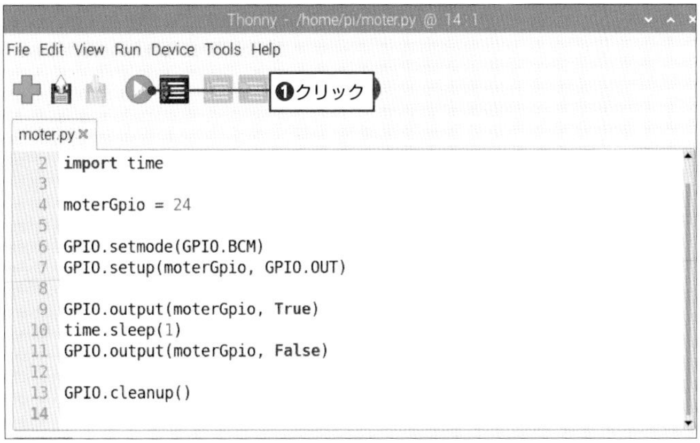
Thonny - /home/pi/moter.py @ 14 : 1
File Edit View Run Device Tools Help
❶クリック
moter.py
2 import time
3
4 moterGpio = 24
5
6 GPIO.setmode(GPIO.BCM)
7 GPIO.setup(moterGpio, GPIO.OUT)
8
9 GPIO.output(moterGpio, True)
10 time.sleep(1)
11 GPIO.output(moterGpio, False)
12
13 GPIO.cleanup()
14

2 1秒間モーターが回ったあと、停止しました。

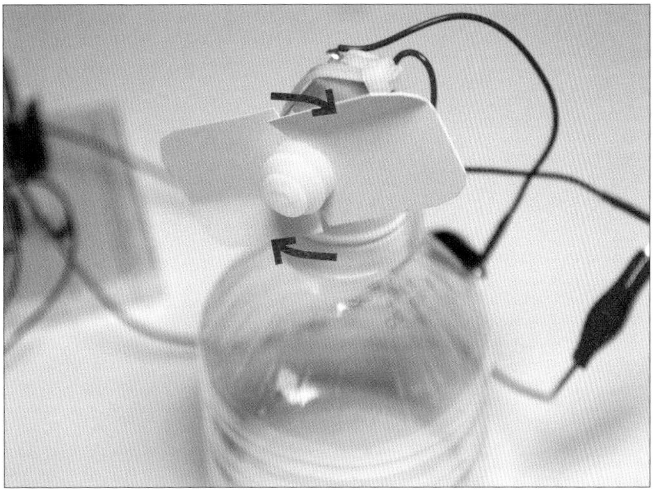

リスト5-3-2では、モーターを1秒間だけ回して止めるように、プログラムを変更しています。時間に関する命令を使えるようにするために、2行目で「time」ライブラリーをインポートし、10行目で1秒間待ちます。11行目でGPIOに「False」の命令を出して信号を止め、モーターが静止します。

また、4章のリスト4-3-3などのプログラムと同様に、13行目で「GPIO.cleanup()」を実行しています。これによって、プログラムが使用していたGPIOピンをすべて初期状態に戻し、別のプログラムを実行する際にエラーが発生しないようにしています。

メモ

モーターがうまく回転しないときは

この回路では、モーターに供給する電圧が1.7V以下になるとうまく動作しなくなります。プログラムを実行しても、すぐにモーターの回転が止まったり、徐々に回転が遅くなってしまうなどうまく動作しないときは、電池を新しいものに交換しましょう。

モーターを逆回転させる

モータードライバー「TB6612FNG」には、信号を反転させて送信する機能があります。この機能を利用して、モーターを逆方向に回転させることができます。

リスト5-3-3のように、モータードライバーにつないだもう1つのGPIOピン=GPIO 25のに信号を流してみましょう。

リスト5-3-3　motor.py (3)

```
import RPi.GPIO as GPIO
import time

motorGpio = 25

GPIO.setmode(GPIO.BCM)
GPIO.setup(motorGpio, GPIO.OUT)

GPIO.output(motorGpio, True)
time.sleep(1)
GPIO.output(motorGpio, False)

GPIO.cleanup()
```

変数「motorGpio」に入れる値を「25」に変更

このようにリストの一部の値を変えるだけで、これまでGPIO 24を使って動いていたプログラムが、GPIO 25を使うように変更できます。実行すると、今度はモーターが逆の方向に回転します。

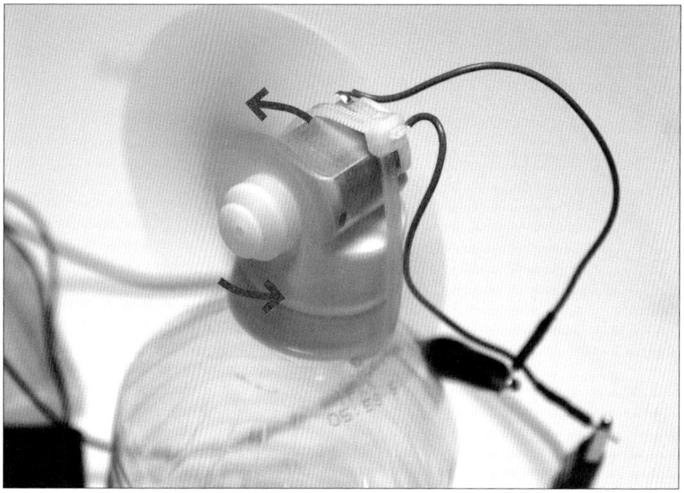

リスト5-3-3のプログラムを実行すると、扇風機のモーターはリスト5-3-2とは逆方向に回転する。

モーターを逆に回転させたい場合、本来はモーターにつながったリード線の「+」と「−」を入れ替える必要があります。それでは、リスト5-3-3ではどのような仕組みでモーターが逆方向に回転するのでしょうか。わかりやすくするために、モーターとモータードライバーの回路を図にしてみましょう。

以下のように回路がつながっている場合、ブレイクアウト基板のAI1ピンとAI2ピンの両方に信号が流れていないときは、モーターは回転しません。

ここでブレイクアウト基板のAI1ピン(GPIO 24に接続)に信号が流れると①、A01ピンは「+」②、A02ピンは「−」になり③、モーターに電流が流れて回転します。

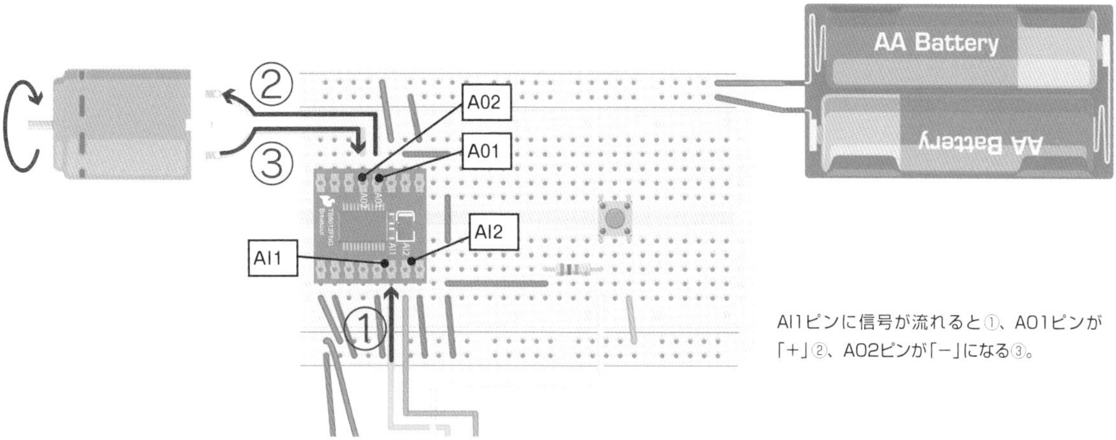

AI1ピンに信号が流れると①、A01ピンが「+」②、A02ピンが「−」になる③。

しかし、AI2ピン(GPIO 25に接続)に信号が流れると①、今度はA01ピンは「−」②、A02ピンは「+」になり③、先ほどと逆に電気が流れます。このため、モーターは逆方向に回転するのです。

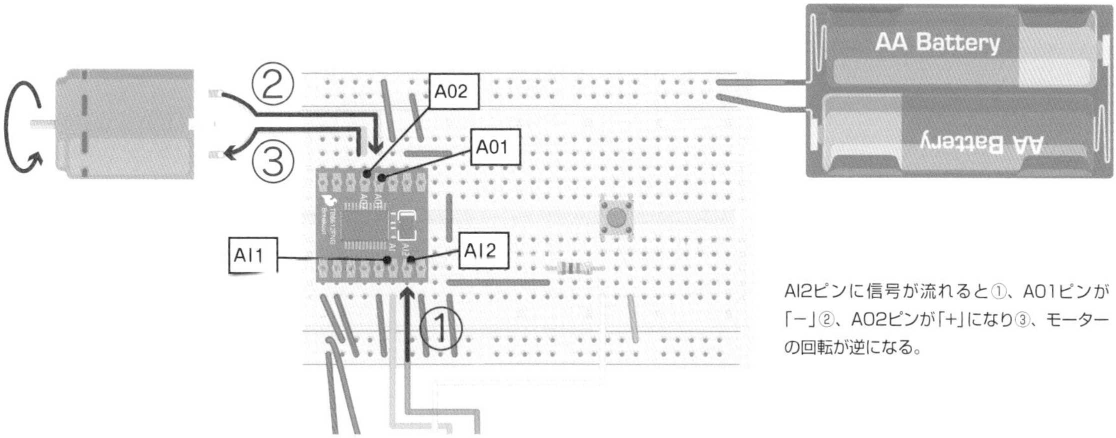

AI2ピンに信号が流れると①、A01ピンが「−」②、A02ピンが「+」になり③、モーターの回転が逆になる。

このように、モータードライバーはモーターと電池をつなぐだけではなく、電気の流れる方向を変える役割を持っているのです。

プログラムで「自然の風」機能を実現する

家電メーカー製の扇風機には、一定間隔で羽を回したり止めたりする、「自然の風」の機能を持つ製品があります。このような機能を電気回路だけで作ろうとすると、とても大変です。しかし、ラズベリー・パイを使えば、これまでに作成したプログラムを少し改造するだけで、「自然の風」機能を実現できます。

下記のように、プログラムを修正してみましょう。

リスト5-3-4　motor.py（4）

```
1   import RPi.GPIO as GPIO
2   import time
3
4   motorGpio = 24
5   waitTime = 1
6
7   GPIO.setmode(GPIO.BCM)
8   GPIO.setup(motorGpio, GPIO.OUT)
9
10  while True:
11      GPIO.output(motorGpio, True)
12      time.sleep(waitTime)
13      GPIO.output(motorGpio, False)
14      time.sleep(waitTime)
15
16  GPIO.cleanup()
```

- 5行目：変数「waitTime」を作り「1」を代入する
- 10行目：以後の処理をループする
- 11～14行目：行頭に半角スペースを4つ挿入する
- 12行目：変数「waitTime」に入っている値の秒数だけ処理をスリープ（一時停止）する
- 14行目：モーターを止めた後、変数「waitTime」に入っている値の秒数だけ処理をスリープする

プログラムを書き換えて保存したら、「Run」をクリックして実行します。1秒間隔でモーターが回転したり、止まったりするはずです。プログラムの仕組みは単純で、GPIOへの信号を出力したり、止めたりする処理を繰り返しています。

プログラムを実行して停止したあと、再度プログラムを実行すると、Shellビューに「RuntimeWarning: This channel is already in use, continuing anyway. ～ 」といったメッセージが表示されることがあります。これは、16行目の「GPIO.cleanup()」が実行されずに、再度「GPIO.setup」で割り当てを行おうとするときに、すでに割り当て済みであることを知らせているのです。これはエラーではなく、プログラムの動作には影響がないので、そのまま実行してかまいません。

メモ

モーターの回転を止めるには?

リスト5-3-4～5-3-6のプログラムで回転したモーターを停止させるには、Thonnyの画面で「Stop/Restart backend」をクリックしてプログラムを停止させます。このとき、モーターの回転中にクリックすると、プログラムは停止してもモーターの回転は止まりません。その場合は再度「Run」をクリックしてプログラムを実行し、モーターが停止したタイミングで「Stop/Restart backend」をクリックします。なお、次節で作成するプログラムでは、タクトスイッチでモーターの回転をコントロールするため、この仕様は改善されます。

さらに、回転する方向をかんたんに指定できるようにしてみます。

リスト5-3-5　motor.py (5)

```
1  import RPi.GPIO as GPIO
2  import time
3
4  motorGpio = [24,25]
5  directRot = 0
6  waitTime = 1
7
8  GPIO.setmode(GPIO.BCM)
9  for setBcm in motorGpio:
10     GPIO.setup(setBcm, GPIO.OUT)
11
12 while True:
13     GPIO.output(motorGpio[directRot], True)
14     time.sleep(waitTime)
15     GPIO.output(motorGpio[directRot], False)
16     time.sleep(waitTime)
17
18 GPIO.cleanup()
```

（4行目）変数「motorGpio」を配列にしてGPIO24、25を入れる

（5行目）回転方向を指定するための変数「directRot」を作成し、「0」を入れる

（9〜10行目）変数「motorGpio」に入っている値のGPIOを「GPIO.OUT」モードにする

（13〜15行目）「motorGpio」のあとに「[directRot]」を入れて、リスト「motorGpio」の中身を指定する

実行すると、リスト5-3-4と同じように動くはずです。動作は同じですが、数値で回転方向を指定できるようになったので、さらにプログラムを発展させることが可能になります。

正しく動くかどうかを確認するために、5行目にある変数「directRot」の値を「1」に変更してみましょう。

リスト5-3-6　motor.py (6)

```
1  import RPi.GPIO as GPIO
2  import time
3
4  motorGpio = [24,25]
5  directRot = 1
6  waitTime = 1
7
8  GPIO.setmode(GPIO.BCM)
9  for setBcm in motorGpio:
10     GPIO.setup(setBcm, GPIO.OUT)
11
12 while True:
13     GPIO.output(motorGpio[directRot], True)
14     time.sleep(waitTime)
15     GPIO.output(motorGpio[directRot], False)
```

（5行目）「0」から「1」に変更する

```
    time.sleep(waitTime)

GPIO.cleanup()
```

プログラムを書き換えて保存し、実行してみましょう。モーターが逆方向に回転すれば成功です。

それでは、モーターの動きをコントロールしてみましょう。ここでは、正方向と逆方向の回転を交互に繰り返す、実際にはありえない扇風機のプログラムを作ってみます。

リスト5-3-7　motor.py（7）

```
1  import RPi.GPIO as GPIO
2  import time
3  
4  motorGpio = [24,25]
5  directRot = 1
6  waitTime = 1
7  
8  GPIO.setmode(GPIO.BCM)
9  for setBcm in motorGpio:
10     GPIO.setup(setBcm, GPIO.OUT)
11 
12 while True:
13     for directRot in range(len(motorGpio)):
14         GPIO.output(motorGpio[directRot], True)
15         time.sleep(waitTime)
16         GPIO.output(motorGpio[directRot], False)
17         time.sleep(waitTime)
18 
19 GPIO.cleanup()
```

リスト「motorGpio」に入っている項目の数だけ繰り返し、順番を「directRot」に入れる

行頭に半角スペースを8つ挿入する

プログラムを書き換えて保存したら、実行してみましょう。モーターが回転するたびに、前にも後ろにも風を送る、ヘンな扇風機ができたはずです。

プログラムのキモは、13行目の「for」文です。後半に「range」「len」という2つのキーワードがありますが、「len」は項目の数を出力し、「range」は範囲を指定しています。項目の数だけわかればよいので、「len」だけでもよさそうに思えます。しかし、「for」文で配列の特別な値を取り出すときは、かならず「range」を付けるという決まりがあるので、覚えておきましょう。

Section **5-4**

スイッチで扇風機を回そう

これまでの作業で、扇風機のプログラムの基本的な部分ができました。しかし、現在のプログラムを実行すると、モーターが回転したままになってしまいます。ここでは、モーターのオン／オフをタクトスイッチでコントロールするプログラムを作成します。

タクトスイッチの入力を受け取る

これまで、電子パーツに信号を送るプログラムを作成してきましたが、ここでは「信号を受け取るためにはどうすればよいか」を解説します。本章の回路で使っているタクトスイッチのように、回路の外側の変化を読み取るパーツを「入力装置」といいます。入力装置には、以下のようなスイッチ類のほか、温度や明るさ、傾きなどを検知する「センサー」があります。

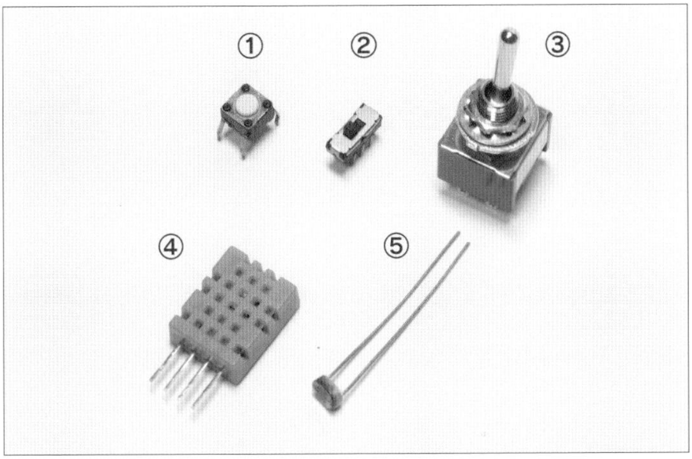

さまざまな入力装置。左上から①タクトスイッチ、②スライドスイッチ、③レバースイッチ。左下から④温湿度センサー、⑤光センサー。

まずは、オンとオフを切り替えられる単純な仕組みを持つ「タクトスイッチ」を使ってみます。Thonnyで新しいファイルを開いて、動作をチェックするためのかんたんなプログラムを作成します。

1

新しくプログラムを作成するために、Thonnyの画面で「New」をクリックします❶。

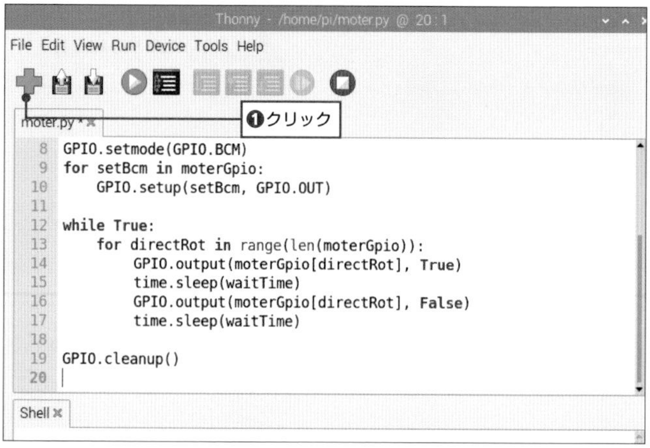
Thonny - /home/pi/moter.py @ 20 : 1
File Edit View Run Device Tools Help
❶クリック
moter.py *
8 GPIO.setmode(GPIO.BCM)
9 for setBcm in moterGpio:
10 GPIO.setup(setBcm, GPIO.OUT)
12 while True:
13 for directRot in range(len(moterGpio)):
14 GPIO.output(moterGpio[directRot], True)
15 time.sleep(waitTime)
16 GPIO.output(moterGpio[directRot], False)
17 time.sleep(waitTime)
19 GPIO.cleanup()
Shell

2

「Editor」ビューをクリックして❶、以下のプログラムを入力します。

Thonny - <untitled> @ 1 : 1
File Edit View Run Device Tools Help
moter.py
<untitled>
❶クリック
Shell

リスト5-4-1 button.py（1）

```
import RPi.GPIO as GPIO

btnGpio = 23        ←ボタンにつながったGPIOの番号を変数「btnGpio」に入れる

GPIO.setmode(GPIO.BCM)
GPIO.setup(btnGpio, GPIO.IN)        ←変数「btnGpio」の値のGPIOピンを入力モードに設定する

print(GPIO.input(btnGpio))        ←現在のボタンの入力状態をShellビューに表示する

GPIO.cleanup()
```

3

プログラムを入力したら、実行する前に一度保存します。「Save」をクリックします❶。

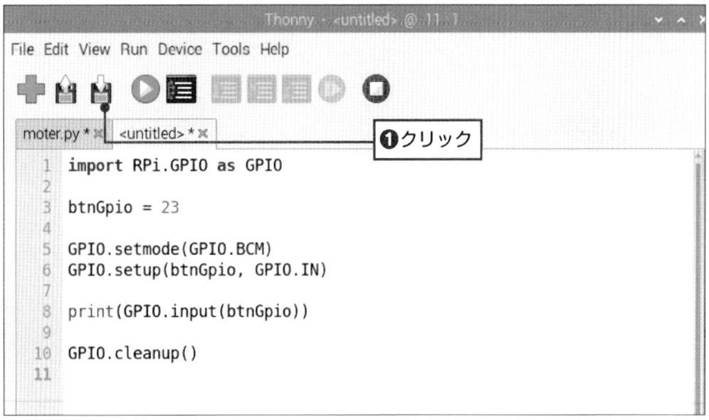

4

「Save AS」画面の「名前」欄に「button.py」と入力して❶、「OK」をクリックします❷。

5

「Run」をクリックして❶、プログラムを実行します。Shellビューに「1」と表示されて❷、プログラムが終了します。

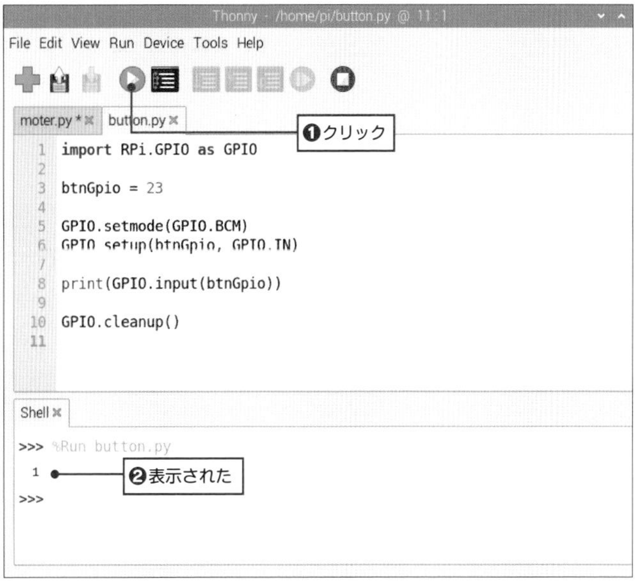

リスト5-4-1の8行目にある「GPIO.input(btnGpio)」で、変数「btnGpio」の番号のGPIOピンの入力を受け取っています。このまま実行すると「1」が表示されましたが、続いてタクトスイッチを押してみます。

1 ブレッドボードに取り付けたタクトスイッチを押したままにします。

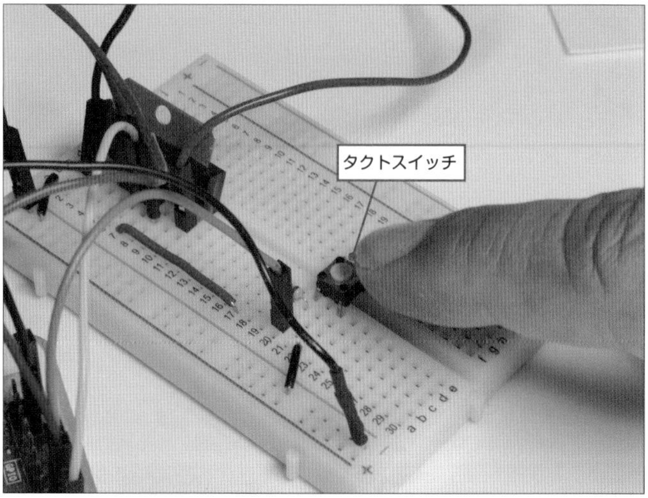
タクトスイッチ

2 タクトスイッチを押したまま、「Run」をクリックします❶。Shell ビューに「0」と表示されて、プログラムが終了します❷。

Thonny - /home/pi/button.py @ 11 : 1
File Edit View Run Device Tools Help
moter.py *
button.py
❶クリック
1 import RPi.GPIO as GPIO
2
3 btnGpio = 23
4
5 GPIO.setmode(GPIO.BCM)
6 GPIO.setup(btnGpio, GPIO.IN)
7
8 print(GPIO.input(btnGpio))
9
10 GPIO.cleanup()
11
Shell
>>> %Run button.py
1
>>> %Run button.py
0
❷表示された
>>>

今度はShellビューに「0」が表示されました。以上のことから、タクトスイッチを押すと「0」、離すと「1」という情報をラズベリー・パイが受け取ったことがわかります。通常、このような回路ではスイッチが押された状態のときにオンを示す「1」を、離した状態ではオフを示す「0」を受け取ります。しかし、この回路では逆になってしまいます。なぜでしょうか？

プルアップ抵抗でボタンから正確に情報を読み取る

ここで、いちど扇風機の回路を確認してみます。5-2節で組み立てたとおり、ボタンのすぐとなりに10kΩの抵抗器が付いていて、その先は配線を経由してラズベリー・パイの5V出力のGPIOピンにつながっています。

タクトスイッチは、ボタンを押さない状態では回路が切断されていて、電気を流しません。しかし、この回路ではボタンを離すと10kΩの抵抗器を経由してGPIO23Vへ5Vの電気が流れて（上図）、ボタンを押すとGNDにつながります（下図）。

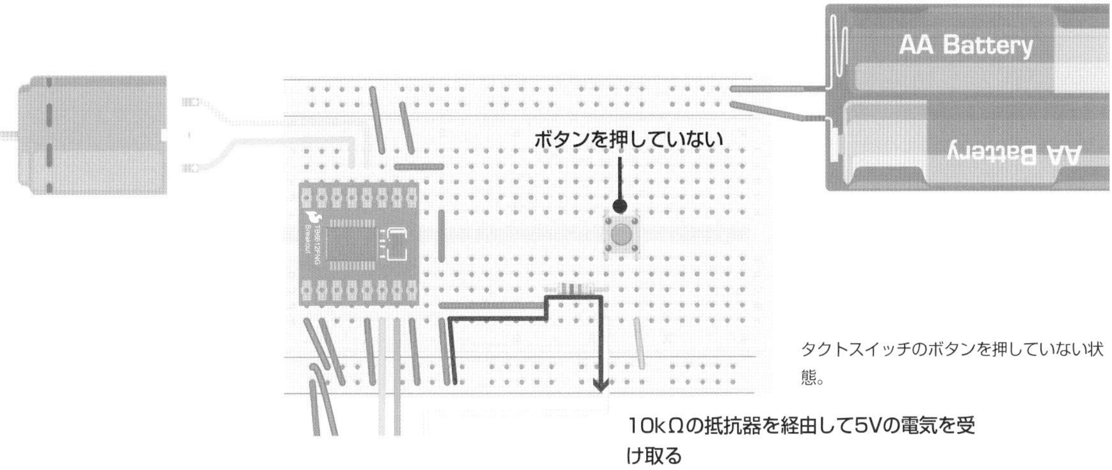

タクトスイッチのボタンを押していない状態。

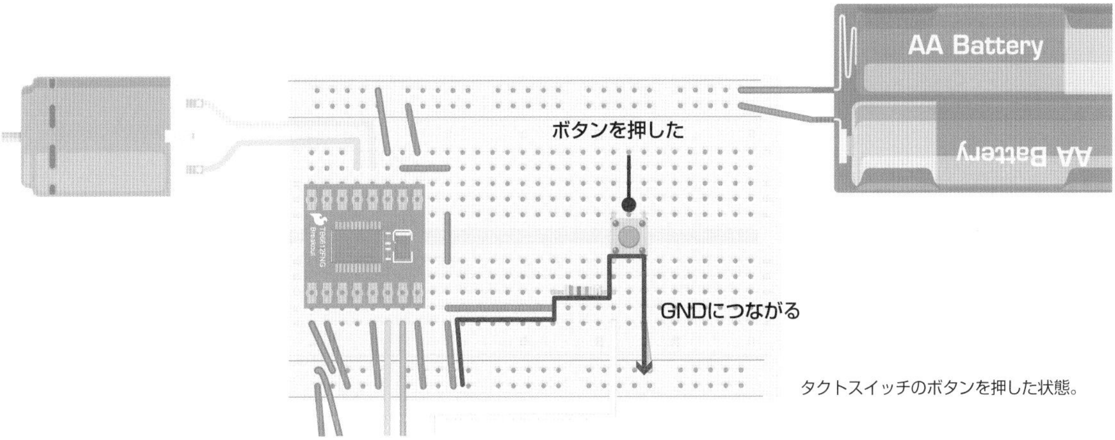

タクトスイッチのボタンを押した状態。

つまり、ボタンを押した状態でも、離した状態でも回路がつながっているのです。じつは、回路を切断した状態でGPIOを入力モードにすると、ラズベリー・パイの基盤から発生した微量のノイズ（不要な信号）を受け取ってしまい、スイッチを離しているのに押していると見なされることがあります。この現象を防止するために、抵抗器を挟んで微量の電気を流しています。この目的で使用する抵抗器を「プルアップ抵抗」といいます。この回路では、10kΩの抵抗がプルアップ抵抗の役割を果たしています。

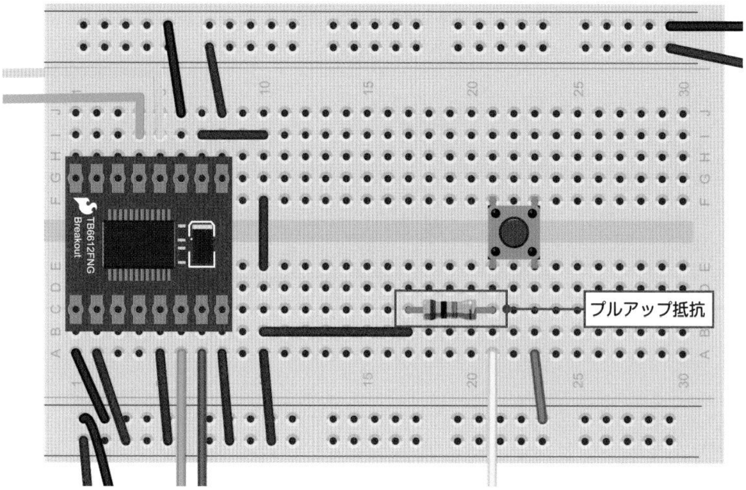

中央の抵抗器がプルアップ抵抗の役割を持っている。

プルアップ抵抗を回路に挟むと、ボタンを離したときに微量の電気が「＋」極としてGPIOピンに流れ、プログラムは「1」を受け取ります。ボタンを押したときにはGNDとGPIOピンがつながりますが、GNDは「－」極なので、プログラムは「0」を受け取るというわけです。

この回路では、プルアップ抵抗の役割を知るために10kΩの抵抗を使いました。回路を簡略化したいときは、抵抗器を挟まずにラズベリー・パイの内部抵抗を使うこともできます。その場合は、リスト5-4-1の6行目を「GPIO.setup(btnGpio, GPIO.IN, pull_up_down=GPIO.PUD_UP)」にします。

タクトスイッチからの信号を反転させる

プルアップ抵抗を使うと、信号が反転してしまいます。押したときにオフになり、離したときにオンになると、プログラムがややこしくなります。タクトスイッチを押したときに「1」（オン）、離したときに「0」（オフ）にするには、「ブール演算子」を使います。

ブール演算子とは、条件を分岐させるために使うキーワードで、「and」「or」「not」の3種類があります。「and」は複数の条件が正しいことを判別するときに、「or」は複数の条件のどちらか片方が正しいことを判別するときに使います。「not」は条件が誤っているときに使いますが、変数に代入する際に利用すると、以下のように「1」と「0」を反転する機能があります。

a = not(1) ……… 変数「a」は「0」になる

b = not(0) ……… 変数「b」は「1」になる

このnot演算子を使って、タクトスイッチの信号を反転させてみましょう。リスト5-4-2のようにプログラムを変更します。

リスト5-4-2　button.py（2）

```
import RPi.GPIO as GPIO

btnGpio = 23

GPIO.setmode(GPIO.BCM)
GPIO.setup(btnGpio, GPIO.IN)

btnStatus = not(GPIO.input(btnGpio))
print(btnStatus)

GPIO.cleanup()
```

btnStatus = not(GPIO.input(btnGpio)) ― 変数「btnStatus」を作り、GPIOからの入力を反転して入れる

print(btnStatus) ― 変数「btnStatus」の内容を画面に表示する

先ほどと同じようにして、タクトスイッチを離してプログラムを実行した場合と、タクトスイッチを押したままにしてプログラムを実行した場合を比べてみましょう。今度は離したときは「False」、押したときは「True」が表示されるようになったはずです。数値ではありませんが、ラズベリー・パイの内部では「False」は「0」、「True」は「1」と同じものとして扱われるようになっています。

「False」 ……… 数値の「0」と同じ

「True」 ……… 数値の「1」と同じ

タクトスイッチでモーターの動きを切り替える

ここまでできれば、あとはかんたんにモーターを動かすことができます。タクトスイッチからの信号が「0」のときにモーターを正転、「1」のときには逆回転させてみます。まずは、タクトスイッチから受け取った信号を少し加工します。リスト5-4-2のプログラムを以下のように変更しましょう。

リスト5-4-3　button.py（3）

```
import RPi.GPIO as GPIO

btnGpio = 23

GPIO.setmode(GPIO.BCM)
GPIO.setup(btnGpio, GPIO.IN)

btnStatus = not(GPIO.input(btnGpio))
print(btnStatus + 24)

GPIO.cleanup()
```

print(btnStatus + 24) ― 変数「btnStatus」に数値「24」を足して表示する

プログラムを変更したら、保存して「Run」をクリックします❶。タクトスイッチを離したときはShellビューに「24」、押したときは「25」が表示されます❷。

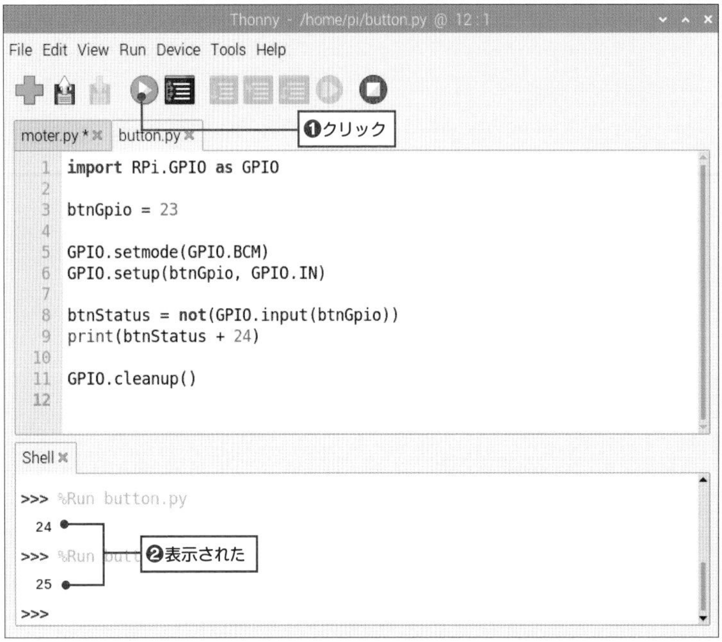
Thonny - /home/pi/button.py @ 12 : 1
File Edit View Run Device Tools Help
moter.py *
button.py
❶クリック
import RPi.GPIO as GPIO
btnGpio = 23
GPIO.setmode(GPIO.BCM)
GPIO.setup(btnGpio, GPIO.IN)
btnStatus = not(GPIO.input(btnGpio))
print(btnStatus + 24)
GPIO.cleanup()
Shell
>>> %Run button.py
24
>>> %Run
25
>>>
❷表示された

GPIO 23から受け取った「btnStatus」は、整数値（int）として扱われます。整数値はそのまま計算に使うことができます。上記の例では、「btnStatus」に「24」を足して、ボタンを離した状態では「24」、押したままの状態では「25」と表示されるようになりました。この数値を使えば、GPIOのピンを直接指定することもできそうです。試しに、5-3節で作成したリスト5-3-7「motor.py」をリスト5-4-4のように変更してみましょう。

リスト5-4-4　motor.py（8）

```
import RPi.GPIO as GPIO
import time

btnGpio = 23
motorGpio = [24,25]
waitTime = 1

GPIO.setmode(GPIO.BCM)
GPIO.setup(btnGpio, GPIO.IN)
for setBcm in motorGpio:
    GPIO.setup(setBcm, GPIO.OUT)

while True:
    setBcm = not(GPIO.input(btnGpio))
```

btnGpio = 23：変数「btnGpio」に「23」を入れる。下の行にあった「directRot = 1」は削除

GPIO.setup(btnGpio, GPIO.IN)：「btnGpio」のピンを入力モードに設定

setBcm = not(GPIO.input(btnGpio))：以前あった「for～」は削除し、代わりに変数「setBcm」を作成。GPIOから入力された信号を反転して入れる

```
15      GPIO.output(setBcm + 24, True)
16      time.sleep(waitTime)
17      GPIO.output(setBcm + 24, False)
18      time.sleep(waitTime)
19
20  GPIO.cleanup()
```

行頭のスペース削除して14行目に合わせる

以前あった「motorGpio[directRot]」の部分を「setBcm + 24」に変更する

プログラムを保存して実行すると、ボタンを離しているときは正転、ボタンを押しているときは逆回転するようになったはずです。

ボタンを押したとき

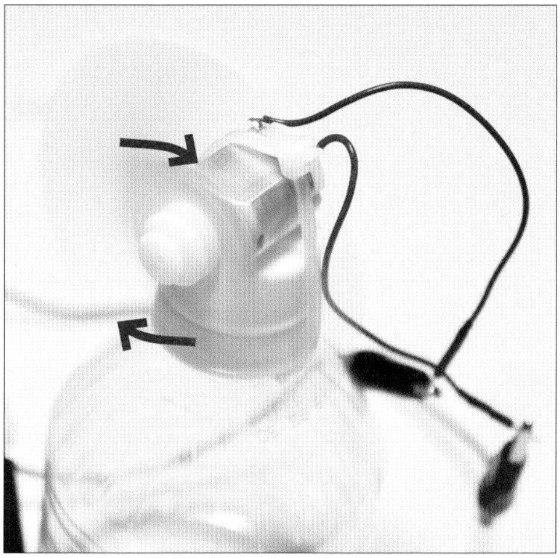

ボタンを離したとき

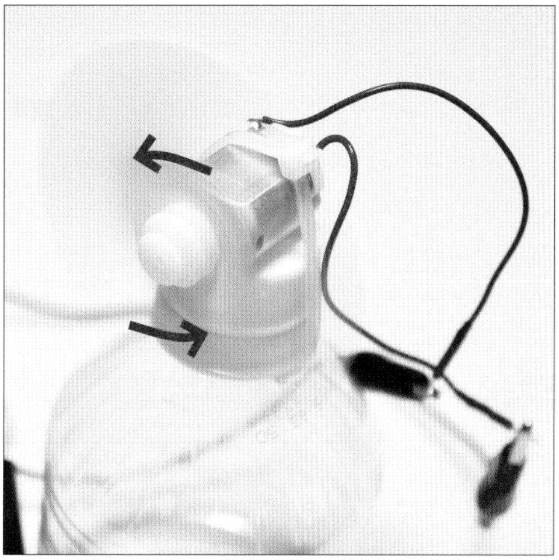

ボタンを押したときだけモーターを動かす

続いて、ボタン操作でモーターのオンとオフを切り替えてみます。これまでは、ボタンの状態にかかわらず、常にモーターを動かす処理を実行していました。しかし、オンとオフを切り替える場合にはそうもいきません。ボタンの状態に応じて、「オンなら動かす処理を実行し、オフなら処理を実行しない」という条件分岐が必要になります。Pythonプログラムで条件を分岐させるもっともポピュラーな「if」文を使って、モーターのオン／オフを切り替えてみましょう。

「if」文は、日本語で「もしも」という意味です。「もしも条件が合うなら処理を実行するが、条件とは異なるなら実行しない」といった処理ができるようになります。

「if」文を理解すると、より高度な処理をするプログラムが作れるようになります。世の中のアプリケーションの多くは、こうした条件分岐によって成り立っています。ゲームアプリなども、アイテムを取ったらパワーアップしたり、ボスを倒したらステージをクリアしたりと、大量の条件分岐によって作られているのです。

ひとまず、「if」文の使い方と動きを確認するために、リスト5-4-4-のプログラムを以下のようにを変更しましょう。

リスト5-4-5　motor.py（9）

```
1  import RPi.GPIO as GPIO
2  import time
3
4  btnGpio = 23
5  motorGpio = [24,25]
6  waitTime = 1
7
8  GPIO.setmode(GPIO.BCM)
9  GPIO.setup(btnGpio, GPIO.IN)
10 for setBcm in motorGpio:
11     GPIO.setup(setBcm, GPIO.OUT)
12
13 while True:
14     setBcm = not(GPIO.input(btnGpio))
15     if setBcm == 1:
16         GPIO.output(motorGpio[0], True)
17         time.sleep(waitTime)
18         GPIO.output(motorGpio[0], False)
19         time.sleep(waitTime)
20
21 GPIO.cleanup()
```

もし、変数「setBcm」の中身が「1」なら、以下の処理を行う

行頭のスペース削除して14行目に合わせる

以前「setBcm + 24」だった部分を「motorGpio[0]」に書き換える

このように変更してプログラムを実行すると、モーターは止まったままです。タクトスイッチを押すと、モーターが回転します。タクトスイッチを離すと、モーターの回転が止まります。どのような仕組みになっているかを詳しく見ていきましょう。

まず、15行目で「if」文が使われています。ここでは、変数「setBcm」の内容が「1」なら以下の処理を行う、という処理が書かれていますが、途中で「==」とイコールが2回続いていることに注目してください。「==」と書くと、「その両端にある内容が等しいならば」という条件にすることができます。

「if」で指定された条件が正しいときに実行したい処理は、16～19目行です。そのため、「if」文を使った次の行から、行頭にさらにスペースを入れて明示しています。

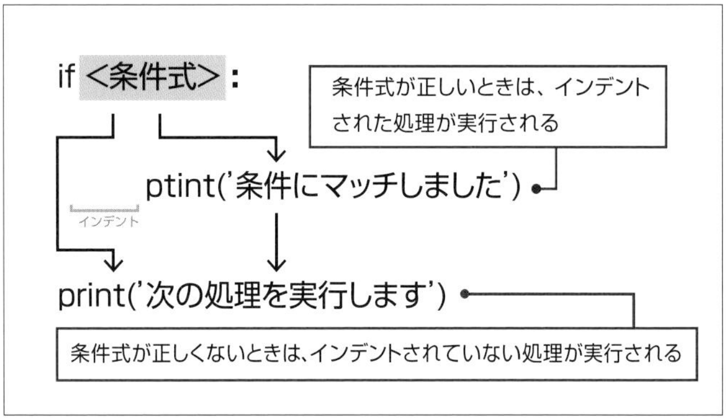
if <条件式>:
条件式が正しいときは、インデントされた処理が実行される
ptint('条件にマッチしました')
インデント
print('次の処理を実行します')
条件式が正しくないときは、インデントされていない処理が実行される

「if」文を使った場合の動作。

ボタンでモーターのオン／オフを切り替える

ボタンの状態によってモーターの動きを変えられるようになりましたが、このままでは扇風機の風に当たりたいときは、ボタンを押し続けなくてはなりません。扇風機を使いながら別の作業をするためには、「ボタンを1回押したら動き、もう1回押したら止まる」という動作にすればよいのです。

しかし、タクトスイッチは押したときだけしか信号を伝えられません。そこで、新たな変数として「motorStatus」と「oldStatus」を追加します。過去のタクトスイッチのオン／オフの状態を「oldStatus」に保存しておき、タクトスイッチの状態を示す「btnStatus」と比べます。もし、タクトスイッチがオフで、過去のタクトスイッチがオンだったときは、タクトスイッチを押して離したものと見なします。そのときに「motorStatus」の内容を反転させます。こうすると、タクトスイッチを押して離すたびに「motorStatus」の内容が「0」→「1」→「0」→「1」と変化します。それでは、リスト5-4-5のプログラムを以下のように変更しましょう。

リスト5-4-6　motor.py (10)

```
import RPi.GPIO as GPIO
import time

btnGpio = 23
motorGpio = [24,25]
waitTime = 1
motorStatus = 0
oldStatus = 0

GPIO.setmode(GPIO.BCM)
GPIO.setup(btnGpio, GPIO.IN)
for setBcm in motorGpio:
    GPIO.setup(setBcm, GPIO.OUT)

while True:
    btnStatus = not GPIO.input(btnGpio)
    if btnStatus == 0 and oldStatus == 1:
        motorStatus = not motorStatus
    oldStatus = btnStatus
    time.sleep(0.2)

    if motorStatus == True:
        GPIO.output(motorGpio[0], True)
        time.sleep(waitTime)
        GPIO.output(motorGpio[0], False)
        time.sleep(waitTime)

GPIO.cleanup()
```

※このプログラムは未完成のため、実行するとモーターの回転が止まりません（詳細は本文を参照）。

新たな変数「motorStatus」と「oldStatus」を追加して「0」を入れる

「btnStatus」が「0」で「oldStatus」が「1」のときに「motorStatus」の内容を反転させる

誤入力を防ぐために、わずかな待ち時間を加える

もし「motorStatus」の中身が「1」なら、以下の処理を行う

19行目の「time.sleep(0.2)」は待ち時間を作るための命令です。これには、タクトスイッチの「チャタリング」を防止する目的があります。

チャタリングとは、スイッチのオン／オフを細かく繰り返す現象です。たとえば、使い込んだマウスでドラッグの操作をしていると、ボタンを押したままなのに、途中でボタンを離したような動作をすることがあります。このとき、マウスに内蔵されているタクトスイッチでチャタリングが発生しています。タクトスイッチは精密な装置なので、ボタンを押すとまれにチャタリングが発生することがありますが、待ち時間を与えることで防止できます。

プログラムを実行して、タクトスイッチを押すとモーターが回り始めます。以後は、タクトスイッチを離しても回ったままになるはずです。

しかし、困ったことに、もう一度タクトスイッチを押しても回転が止まりません（「Stop/Restart backend」をクリックしてプログラムを停止させ、電池ボックスのスイッチをオフにしてください）。じつは、一度モーターが動き始めると、プログラムの22～26行目の処理を繰り返します。このとき、26行目の処理が終わると15行目に戻り、タクトスイッチの判定を行いますが、15～19行目の処理は一瞬で終了して、22行目以降の処理に入ってしまいます。

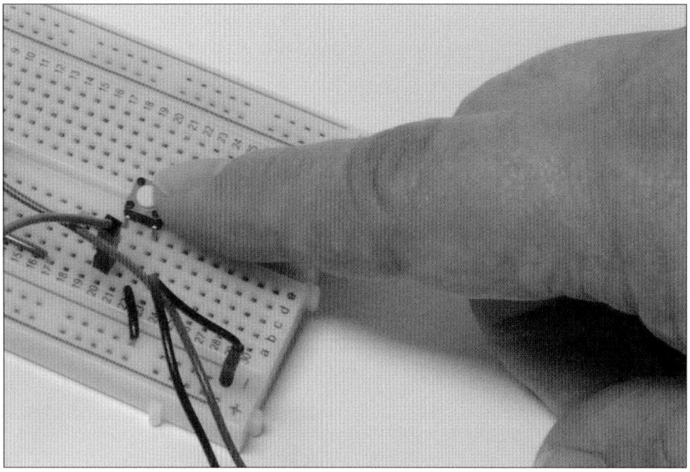

15～19行目の処理は一瞬で終了してしまい、タクトスイッチが反応しない。

つまり、この一瞬の間を見極めてタクトスイッチを押さなければ、「motorStatus」の値が「0」にならず、結果としてモーターが回り続けてしまうのです。これを防ぐには、タクトスイッチの判定処理と、モーターの動作処理を分けて、それぞれ同時に動かします。

処理を2つに分けて、それぞれ動作させるには「threading」を使います。もともとラズベリー・パイは、多数の処理を同時に実行できるように設計されています。同時に実行させるための処理の1つを「スレッド」といいます。タクトスイッチの判定処理をスレッドにして常に動かしておけば、いつでもタクトスイッチの操作で「motorStatus」の値を反転できるのです。

このようなスレッド処理を可能にするのが「threading」です。それでは、以下のようにプログラムを変更してみましょう。

リスト5-4-7　motor.py（11）

※このプログラムは未完成のため、実行するとモーターの回転が止まりません（詳細は本文を参照）。

```
1  import RPi.GPIO as GPIO
2  import time
3  import threading
4
5  btnGpio = 23
6  motorGpio = [24,25]
7  waitTime = 1
8  motorStatus = 0
9  oldStatus = 0
10
11 GPIO.setmode(GPIO.BCM)
12 GPIO.setup(btnGpio, GPIO.IN)
13 for setBcm in motorGpio:
14     GPIO.setup(setBcm, GPIO.OUT)
15
16 def BtnEvent():
17     while True:
18         btnStatus = not GPIO.input(btnGpio)
19         if btnStatus == 0 and oldStatus == 1:
20             motorStatus = not motorStatus
21         oldStatus = btnStatus    time.sleep(0.2)
22         time.sleep(0.2)
23
24 def MotorControl():
25     while True:
26         if motorStatus == 1:
27             GPIO.output(motorGpio[0], True)
28             time.sleep(waitTime)
29             GPIO.output(motorGpio[0], False)
30             time.sleep(waitTime)
31
32 p1 = threading.Thread(target = BtnEvent)
33 p2 = threading.Thread(target = MotorControl)
34
35 p1.start()
36 p2.start()
37
38 GPIO.cleanup()
```

ライブラリー「threading」を使えるようにする

以下の処理を関数「BtnEvent」にする

関数「BtnEvent」の処理

以下の処理を関数「MotorControl」にする

関数「MotorControl」の処理

スレッドを設定する

スレッドを開始する

ボタンの処理（16行目）とモーターの処理（24行目）のそれぞれに、「def」から始まる命令が加えられています。これは「関数」と呼ばれる仕組みで、Pythonの処理をひとまとまりにしておくために使います。32～33行目で、それぞれの関数をスレッドとして登録しています。35～36行で、登録したスレッドを開始します。

保存後、「Run」をクリックして実行すると、今度はエラーが発生してしまいました。

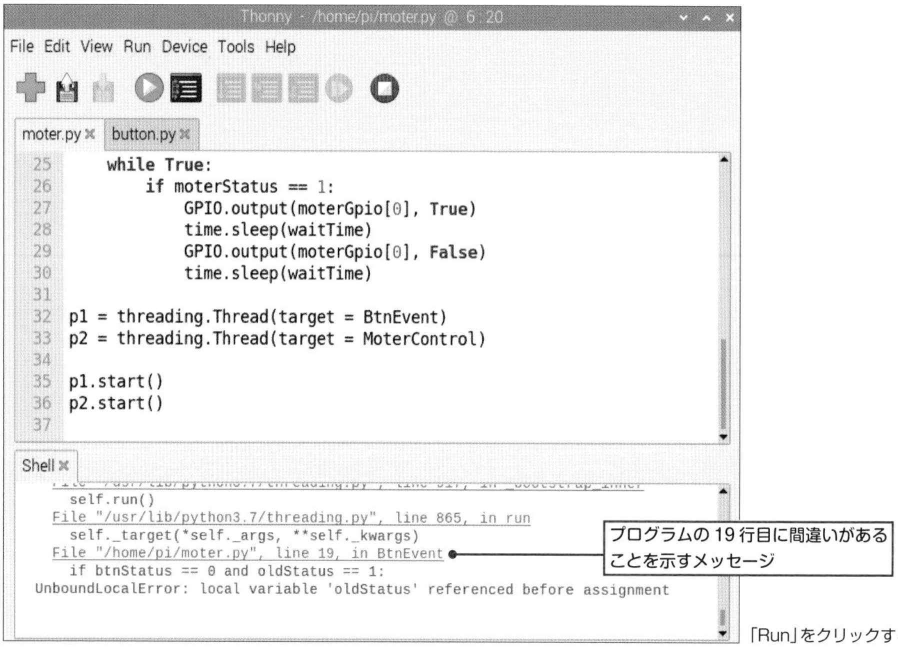

Thonny - /home/pi/moter.py @ 6 : 20
File Edit View Run Device Tools Help
moter.py
button.py
while True:
if moterStatus == 1:
GPIO.output(moterGpio[0], True)
time.sleep(waitTime)
GPIO.output(moterGpio[0], False)
time.sleep(waitTime)
p1 = threading.Thread(target = BtnEvent)
p2 = threading.Thread(target = MoterControl)
p1.start()
p2.start()
Shell
self.run()
File "/usr/lib/python3.7/threading.py", line 865, in run
self._target(*self._args, **self._kwargs)
File "/home/pi/moter.py", line 19, in BtnEvent
if btnStatus == 0 and oldStatus == 1:
UnboundLocalError: local variable 'oldStatus' referenced before assignment
プログラムの19行目に間違いがあることを示すメッセージ

「Run」をクリックするとエラーが表示される。

エラーの内容をよく見ると、「motor.py」の19行目に間違いがあると書かれています。ここで使われている変数「oldStatus」が原因のようです。

じつは、「関数の中で使用した変数は、他の関数では読み込だけ可能で、書き込みはできない」というルールがあるのです。この場合、19行目の「if」文の中で変数「oldStatus」が使われています。ここでは、条件のチェック、つまり、読み込みだけで利用しています。しかし、22行目では変数「oldStatus」を別の内容に書き換えようとしているため、ルールに反しているのです。

今回はどうしても変数「oldStatus」を使わなければなりません。この場合は、9行目にあった変数「oldStatus」の宣言文を、関数の中に移動すればいいのです。こうすれば、関数「BtnEvent」の中だけで変数「oldStatus」が自由に読み書きできる状態になります。

また、先ほどはたまたまエラーが出なかったのですが、20行目でも変数「motorStatus」の内容を書き換えています。このままではボタンを押したときにエラーが発生し、プログラムが停止してしまいます。変数「motorStatus」は後の関数でも使い回したいのですが、どのようにすればいいのでしょうか。

他の関数でも変数「motorStatus」を使えるようにするには、「グローバル変数」として宣言します。グローバル変数とは、日本国内で部品を製造して、海外で製品を組み立てる“グローバル企業”のようなものです。現実の社会でグローバル企業になるには大変な労力が必要ですが、Pythonのプログラムでは関数の中で「global motorStatus」と書いて宣言すればOKです。これで変数「motorStatus」はグローバル変数になり、関数の外にある変数の内容を自由に読み書きできます。

さらに、プログラムの最後にある「GPIO.cleanup()」についても注意が必要です。「threading」が使われているときは、プログラムの動作中に「GPIO.cleanup()」が実行されてしまい、強制終了してしまいます。そのため、ここでは「GPIO.cleanup()」を削除しておく必要があります。

これを踏まえて、以下のようにプログラムを書き換えます。

リスト5-4-8　motor.py (12)

```
import RPi.GPIO as GPIO
import time
import threading

btnGpio = 23
motorGpio = [24,25]
waitTime = 1
motorStatus = 0

GPIO.setmode(GPIO.BCM)
GPIO.setup(btnGpio, GPIO.IN)
for setBcm in motorGpio:
    GPIO.setup(setBcm, GPIO.OUT)

def BtnEvent():
    global motorStatus
    oldStatus = 0
    while True:
        btnStatus = not GPIO.input(btnGpio)
        if btnStatus == 0 and oldStatus == 1:
            motorStatus = not motorStatus
        oldStatus = btnStatus
        time.sleep(0.2)

def MotorControl():
    while True:
        if motorStatus == 1:
            GPIO.output(motorGpio[0], True)
            time.sleep(waitTime)
            GPIO.output(motorGpio[0], False)
            time.sleep(waitTime)

p1 = threading.Thread(target = BtnEvent)
p2 = threading.Thread(target = MotorControl)

p1.start()
p2.start()
```

- global motorStatus：変数「motorStatus」をグローバル関数として扱う
- oldStatus = 0：もともと9行目にあった変数「oldStatus = 0」を関数の中に移動する

> threadingを使うときは、プログラムの動作中にGPIO.cleanup()も実行されエラーとなって強制終了してしまうため、最後の行は削除する

プログラムを保存して実行すると、扇風機は止まったままですが、ボタンを押すたびに、1秒ごとにモーターが回転するモードと、モーターが完全に停止するモードが切り替わります。

Section 5-5

スイッチで風力を調整できるようにしよう

これまで作成してきた扇風機は常に全力で回転しますが、家庭用の扇風機はボタン操作で風力を調節できるようになっています。ここでは、このような風力の調節機能を付けてみましょう。1つのボタンでモーターのオン／オフと風量の切り替えができる、なかなか操作性のよい扇風機にします。

PWM制御で流す電気をコントロールする

これまで作成してきた電子回路は、電気信号のオン／オフを切り替えたり、モータードライバーで電気の流れを入れ替えたりといった単純なものでした。風力をコントロールするには、モーターに流す電気の量を微妙に増やしたり、または減らしたりする必要があります。そこで利用するのが、「PWM」という制御方法です。

PWMとは「Pulse Width Modulation」の略で、日本語では「パルス幅変調」と呼びます。「パルス」とは、ほんの一瞬だけ電気を流す作業を繰り返すことです。ゲームなどでボタンを連打するのも、一種のパルスと呼べるかもしれませんね。「パルス幅」とは、その周期の長さです。すばやく連打すると周期が短く、ゆっくり連打すると周期が長くなりますが、その周期の1回の長さがパルス幅です。「変調」は、このような仕組みを利用してパルス幅を変化させることです。PWMは、この連打のような処理を超高速に行い、電気信号に変化を与える技術です。

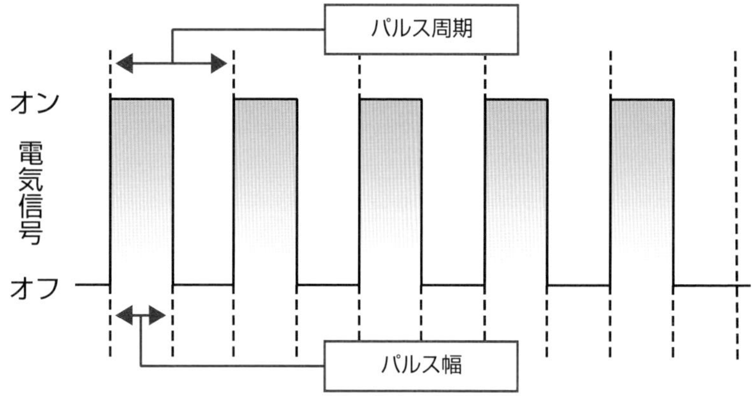

パルス幅と周期の関係。

PWMを使うことで、モーターの電子回路をつなぎ換えることなく、微量な電気を流したり、たくさんの電気を流したりできるようになります。

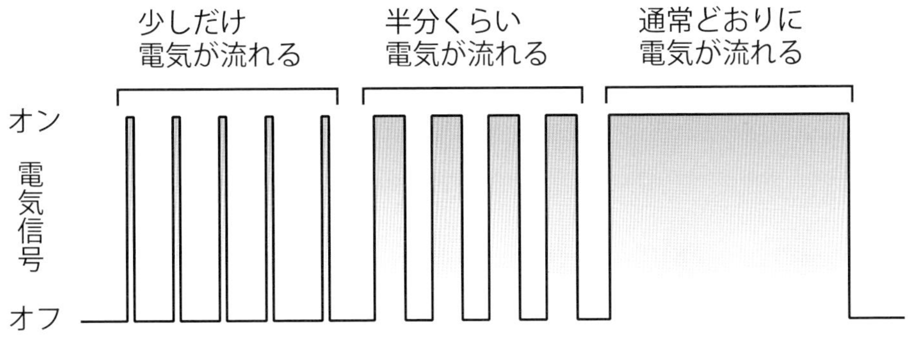

信号のオン／オフを高速に切り替えれば、回路に流す電気の量をコントロールできる。

ラズベリー・パイはPWMで電気の量をコントロールする機能を備えています。PWMをテストするプログラムを作成し、確認してみましょう。

1 新しくプログラムを作成するために、Thonnyの画面で「New」をクリックします❶。

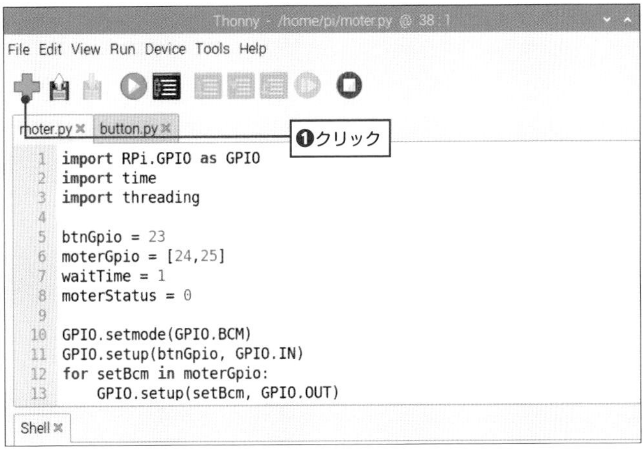

2 「Edit」ビューをクリックして❶、以下のプログラムを入力します。

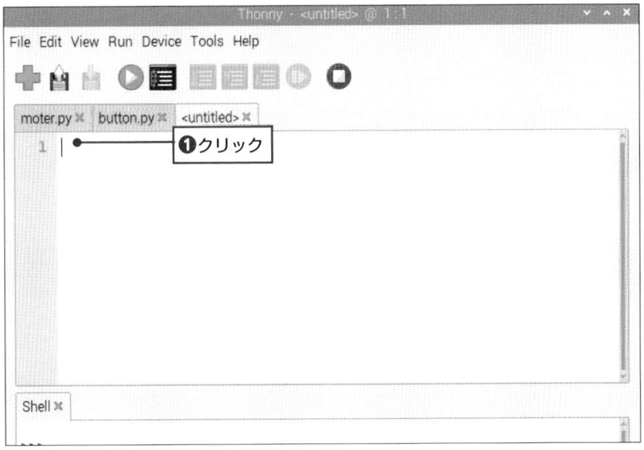

リスト5-5-1　pwm.py（1）

```
import RPi.GPIO as GPIO
import time

motorGpio = 24

GPIO.setmode(GPIO.BCM)
GPIO.setup(motorGpio, GPIO.OUT)
dcMotor = GPIO.PWM(motorGpio, 50)
dcMotor.start(0)

dcMotor.ChangeDutyCycle(50)
time.sleep(3)

GPIO.cleanup()
```

- `dcMotor = GPIO.PWM(motorGpio, 50)`：オブジェクト「dcMotor」を作成し、PWMの周波数を50Hzに設定する
- `dcMotor.start(0)`：オブジェクト「dcMotor」の制御を開始する
- `dcMotor.ChangeDutyCycle(50)`：1周期のうち50%をオンに、残りをオフにして信号を出力する

3　プログラムを入力したら、実行する前に一度保存します。「Save」をクリックします❶。

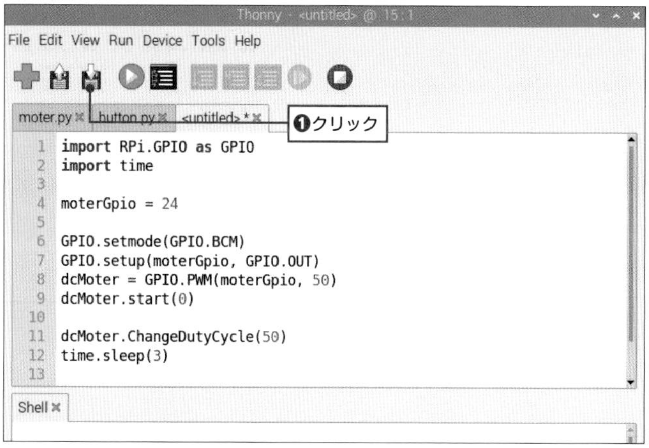

4　「Save As」画面の「名前」欄に「pwm.py」と入力して❶、「OK」をクリックします❷。

5 「Run」をクリックして❶、プログラムを実行します。

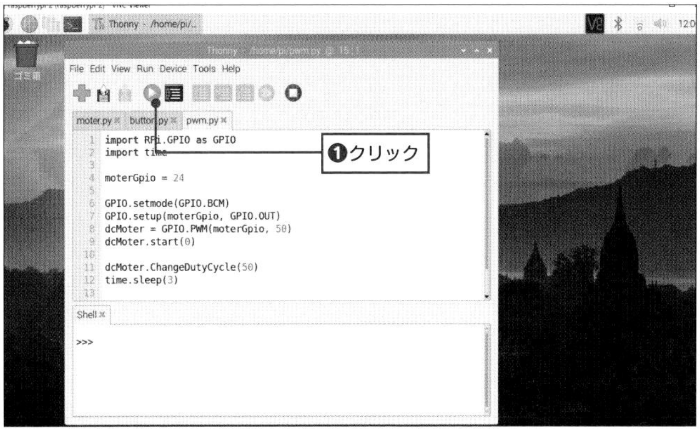
File Edit View Run Device Tools Help
moter.py
button.py
pwm.py
import RPi.GPIO as GPIO
import time
moterGpio = 24
GPIO.setmode(GPIO.BCM)
GPIO.setup(moterGpio, GPIO.OUT)
dcMoter = GPIO.PWM(moterGpio, 50)
dcMoter.start(0)
dcMoter.ChangeDutyCycle(50)
time.sleep(3)
Shell
>>>
❶クリック

> キーワード
> **デューティー比**
> デューティー比とは、PWMにおけるオンからオフまでの1周期の中で、オンの状態が占める割合のことです。

実行すると、これまでより少し遅いスピードでモーターが回転して3秒後に止まりします。リスト5-5-1の8～9行目は、PWMに関する初期設定です。8行目では、変数「dcMotor」に「GPIO.PWM(motorGpio, 50)」という設定を入れています。これは『変数「dcMotor」は、変数「motorGpio」で定義されているGPIO 24について、周波数50HzのPWMオブジェクトとして扱う』という宣言です（オブジェクトについては、「モノを組み立てるような感覚でプログラムを作成するために、そういう仕組みがある」と考えておいてください）。

11行目は「ChangeDutyCycle」に値を指定することで、モーターのスピードを決めています。「dcMotor.ChangeDutyCycle(50)」は『オブジェクト「dcMotor」は、デューティー比50%の信号を出力する』という意味です。このデューティー比を0～100の間で変えると、モーターの速度が変化します。

デューティー比はプログラムの実行中に変えることもできます。以下のように、プログラムを変更します。

リスト5-5-2　pwm.py（2）

```
1   import RPi.GPIO as GPIO
2   import time
3
4   motorGpio = 24
5
6   GPIO.setmode(GPIO.BCM)
7   GPIO.setup(motorGpio, GPIO.OUT)
8   dcMotor = GPIO.PWM(motorGpio, 50)
9   dcMotor.start(0)
10
11  for speed in range(30,101,10):
12      dcMotor.ChangeDutyCycle(speed)
13      time.sleep(3)
14
15  GPIO.cleanup()
```

（11行目）変数「speed」を作成し、値「30」～「101」までの間を「10」刻みで増加させる

（12行目）「ChangeDutyCycle」の値を変数「speed」に変える

11行目で「for」文を使って、変数「speed」の内容を変化させます。この状態でプログラムを実行すると、3秒おきにモーターの音が変化して、モーターが停止します。動作中、回転数が変わったことがわかります。変数「speed」の開始値が「30」になっているのは、それ以下のデューティー比ではモーターを動かすための力が生み出せず、回転しないためです。DCモーターを使うときは、デューティー比「30」からはじめましょう。

それでは、前節までに作成した扇風機プログラムを改造してみましょう。

リスト5-5-3　motor.py（13）

```
import RPi.GPIO as GPIO
import time
import threading

btnGpio = 23
motorGpio = 24
motorStatus = 0

GPIO.setmode(GPIO.BCM)
GPIO.setup(btnGpio, GPIO.IN)
GPIO.setup(motorGpio, GPIO.OUT)
dcMotor = GPIO.PWM(motorGpio, 50)
dcMotor.start(0)

def BtnEvent():
    global motorStatus
    oldStatus = False
    while True:
        btnStatus = not GPIO.input(btnGpio)
        if btnStatus == False and oldStatus == True:
            if motorStatus < 3:
                motorStatus += 1
            else:
                motorStatus = 0
            time.sleep(0.2)
        oldStatus = btnStatus

def MotorControl():
    while True:
        dcMotor.ChangeDutyCycle(motorStatus * 30)

p1 = threading.Thread(target = BtnEvent)
p2 = threading.Thread(target = MotorControl)

p1.start()
p2.start()
```

- btnGpio = 23：タクトスイッチが接続されたGPIOピンの番号を変数「btnGpio」に入れる
- dcMotor = GPIO.PWM(motorGpio, 50)：変数「motorGPIO」をPWNにする
- dcMotor.start(0)：PWN制御を開始
- oldStatus = False：ボタンが押されたかを判別するための変数「oldStatus」を作成する
- if motorStatus < 3: 〜 time.sleep(0.2)：ボタンを押すたびに「motorStatus」を変化させる
- dcMotor.ChangeDutyCycle(motorStatus * 30)：「motorStatus」に応じてモーターの回転数を変える

スイッチを押すごとに「motorStatus」を1段階ずつ上げ、それに応じてデューティ比を変化させています。「motorStatus」が「3」を超えると「0」に値を戻し、モーターを停止させます。

Chapter
06

温度と湿度を測定する温湿度計を作ろう

Section 6-1 本章で作成する温湿度計について知ろう

Section 6-2 温湿度計を組み立てよう

Section 6-3 温湿度センサーを使う準備をしよう

Section 6-4 温度と湿度を記録するプログラムを作ろう

Section 6-5 温度と湿度の推移をグラフにして確認しよう

Section

6-1 本章で作成する温湿度計について知ろう

本章ではラズベリー・パイに小型の「温湿度センサー」を接続して、部屋の温度や湿度をリアルタイムで測定する「温湿度計」を作成します。測定した温度と湿度の情報はデータとして記録し、グラフに表示して確認できるようにします。

温湿度計の外観

以下の図で、ブレッドボード上に配置された水色の電子パーツは、温度や湿度を計って電気信号に変える「温湿度センサー」です。このようなセンサーをラズベリー・パイにつなぐことで、部屋の温度や湿度を計測して、その推移をグラフにすることができるようになります。一般的な温湿度計ではできないことを実現するのも、ラズベリー・パイの魅力といえます。

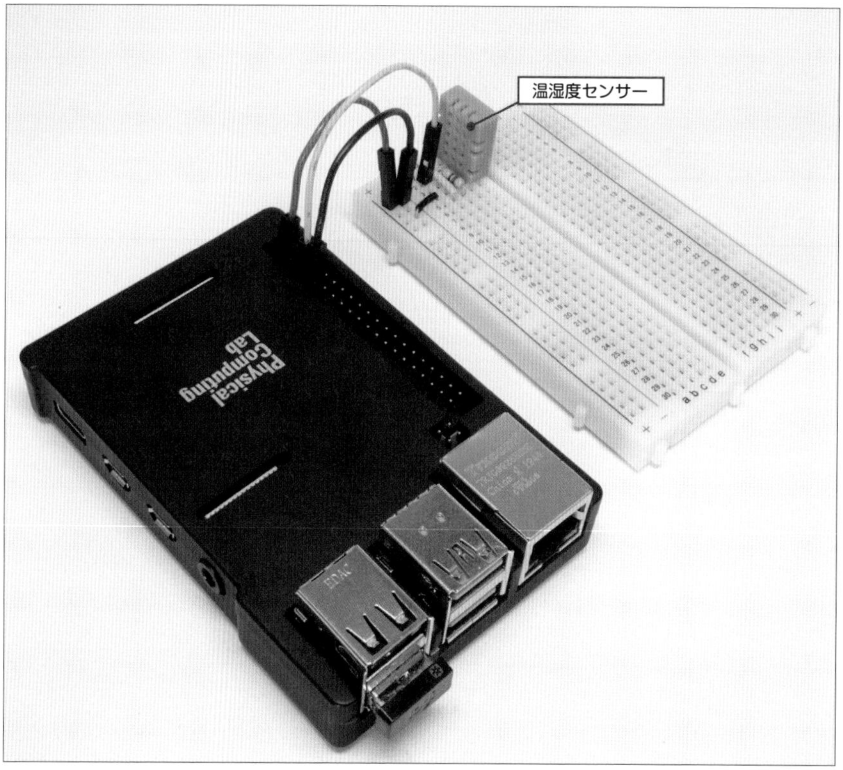

ブレッドボード上に見える水色のセンサーで部屋の温度と湿度を計測する。

湿温度計の作成に必要なもの

本章の温湿度計を作るには、以下の電子パーツが必要となります。

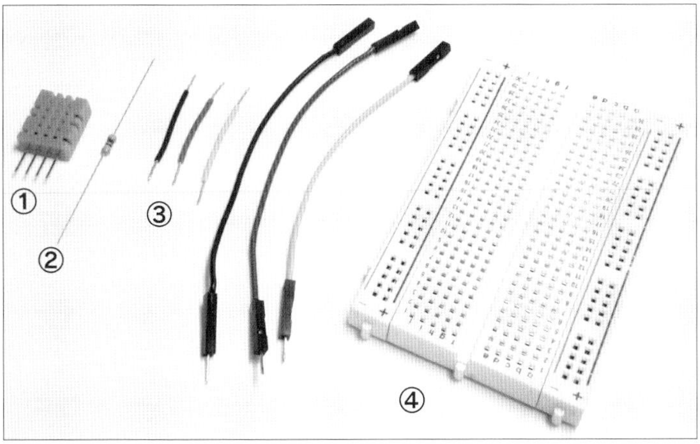

①温湿度センサー（DHT11）

②抵抗器 4.7kΩ

③ジャンパーワイヤー オス－オス×3本、オス－メス×3本

④ブレッドボード

各パーツの役割

ブレッドボードやジャンパーワイヤーの他に使う、主要な電子パーツの役割を見ていきましょう。

温湿度センサー「DHT11」の役割

温度と湿度を計測して、電気信号に変換して出力することができる電子パーツです。このように、環境に関する情報を電気信号に変えることができる機器を「センサー」と呼びます。ラズベリー・パイにセンサーを接続すると、センサーの電気信号を数値化して表示したり、履歴を記録したりできるようになります。本章で使用する「DHT11」は数あるセンサーの1つです。格子状の穴があるほうが正面で、4本ある端子の左端が1番ピン、右端が4番ピンです。

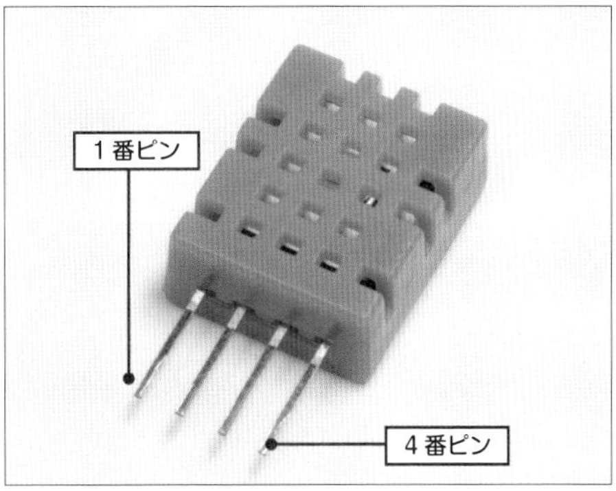

4.7kΩの抵抗器の役割

センサーから出力される電気信号は、そのままではノイズ（不要な信号）の影響を受けてしまいます。これを防ぐために、プルアップ抵抗を利用して信号を整える必要があります。DHT11をラズベリー・パイなどのコンピューターで利用する際は、かならず抵抗器を付ける必要があるため、あらかじめ抵抗器が取り付けられたモジュールも販売されています。

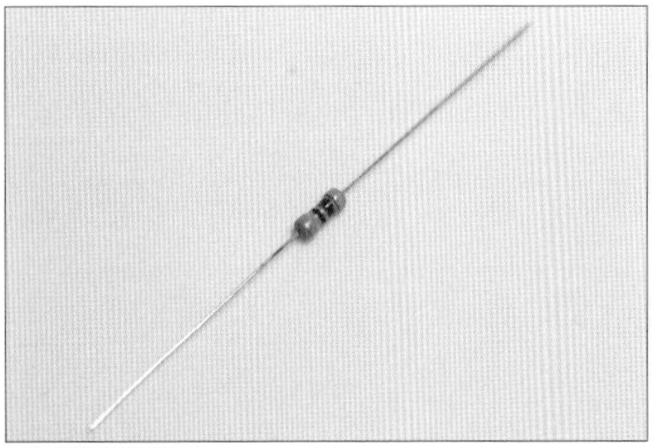

Section

6-2 温湿度計を組み立てよう

ブレッドボードに電子パーツを配置して、ラズベリー・パイに接続します。温湿度センサーと抵抗器の2つのパーツだけの、シンプルな回路となっています。

ブレッドボードにジャンパーワイヤーを配線する

まず、ブレッドボードにジャンパーワイヤーを取り付けていきます。DHT11の1番ピンはプラス、4番ピンはマイナスの極性につなぎます。2番ピンは、抵抗につなぐためのジャンパーワイヤーを配線しておきます。配線したあとは、極性を間違えていないかを確認しましょう。

1 ブレッドボードの「a1」と「+」をつなぐように、赤のジャンパーワイヤーを差し込みます。これはラズベリー・パイの3.3V出力とDHT11の1番ピンをつなぐための配線です。

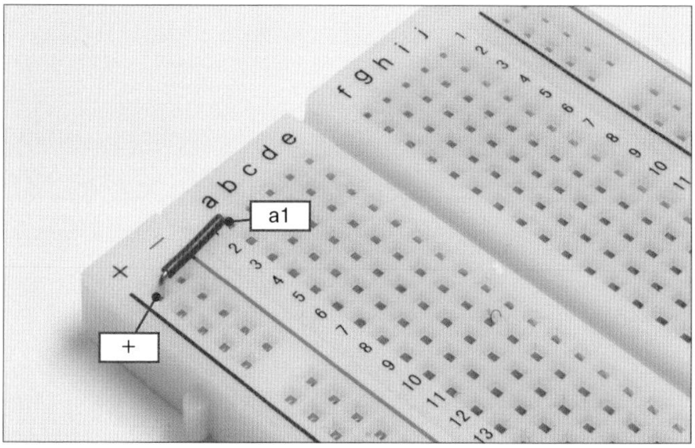

2 ブレッドボードの「a4」と「−」をつなぐように、黒のジャンパーワイヤーを差し込みます。これはラズベリー・パイのGNDとDHT11の4番ピンをつなぐための配線です。

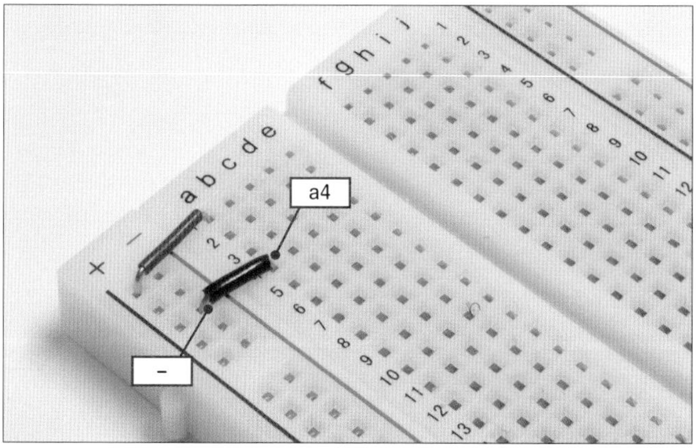

3 ブレッドボードの「b1」と「b5」をつなぐように、黄色のジャンパーワイヤーを差し込みます。これはDHT11の2番ピンにつなげるプルアップ抵抗と、3.3Vの電源を接続するための配線です。

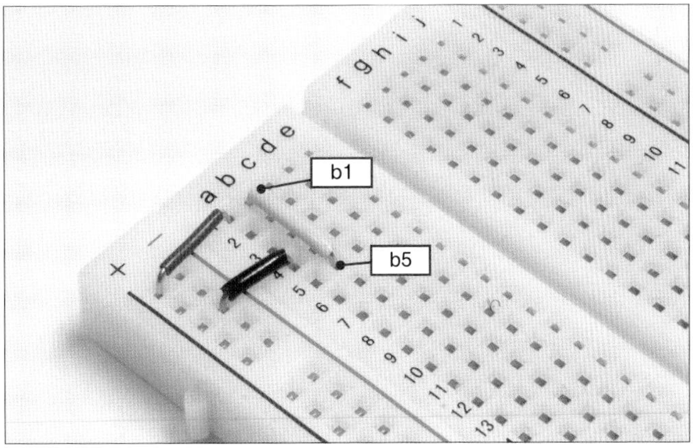

電子パーツを取り付ける

次に、DHT11と抵抗器をブレッドボードに取り付けます。いずれも小さなパーツなので、誤って足を折ったりしないよう、軽い力で作業しましょう。

1 プルアップ抵抗として使う4.7kΩの抵抗器の足を右図のように折り曲げ、ニッパーなどで1cmほど残してカットしておきます。

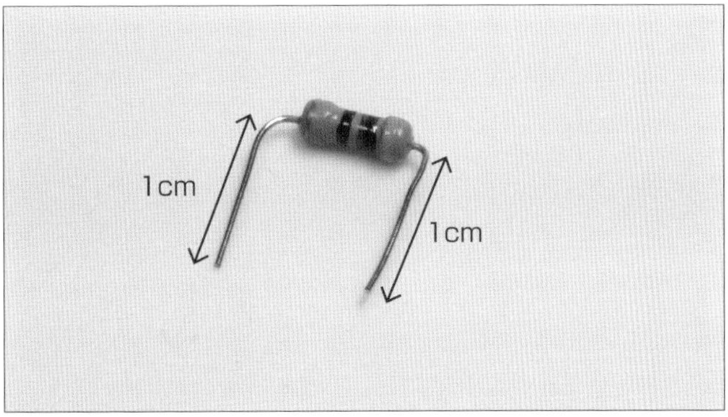

2 抵抗器の足をブレッドボードの「c2」と「c5」の位置に合わせます。

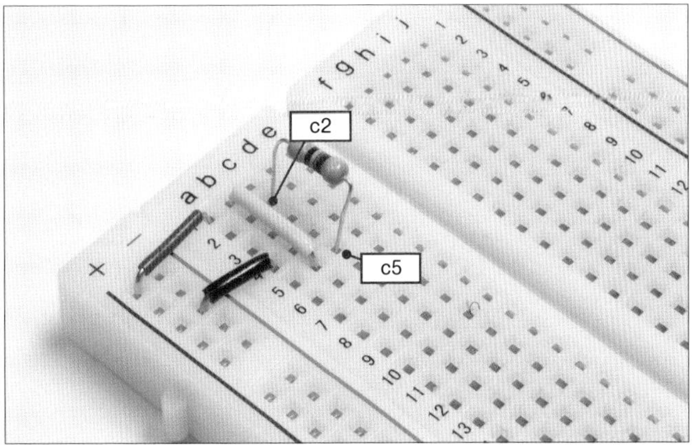

3

軽い力で、抵抗器を奥まで差し込みます❶。これにより、DHT11の1番ピンと2番ピンが、黄色いジャンパーワイヤーと抵抗器を挟んでつながります。

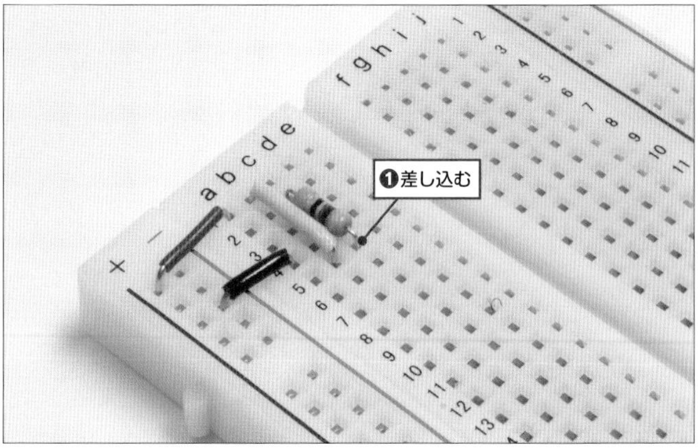

4

DHT11の表と裏を確認します。文字が印刷されている面が裏（左）、穴が空いている面が表(右) です。

5

表側を手前（抵抗器を取り付けた方）にして、DHT11の4本の足がブレッドボードの「e1」～「e4」に合うようにセットします。

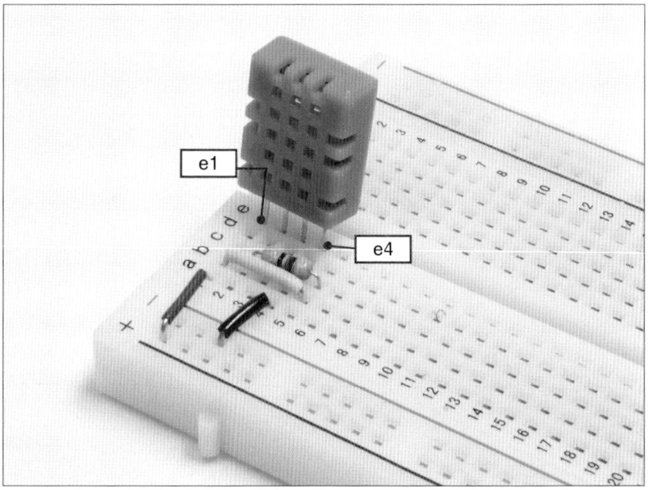

6 そのまま、DHT11を軽い力で奥まで差し込みます❶。

以上で、温湿度計の電子パーツの配置は完了です。

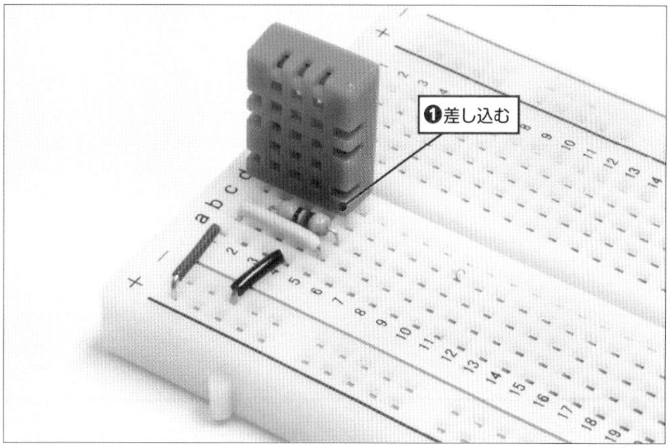

ラズベリー・パイとブレッドボードを接続する

続いて、ラズベリー・パイとブレッドボードをジャンパーワイヤーで接続します。使用するケーブルは3本だけですが、極性（プラスとマイナス）を間違えるとDHT11が壊れる恐れがあるので、注意しながら作業します。

1 まず、データの取得（読み取り）用のジャンパーワイヤーを接続します。黄色いジャンパーワイヤーのメス側の端子を、ラズベリー・パイのGPIO 4（ピン番号7）に差し込みます。

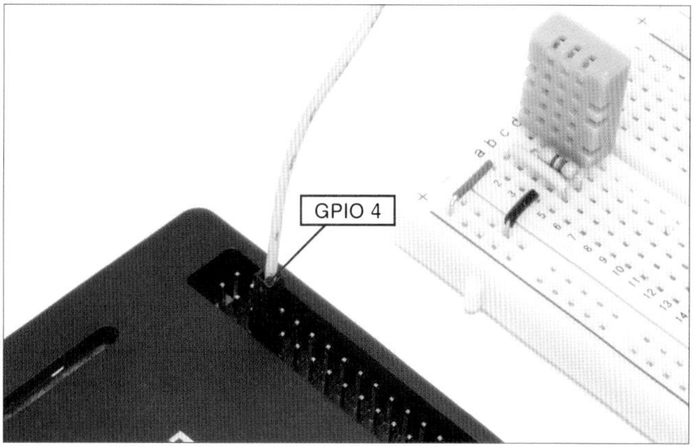

2 黄色いジャンパーワイヤーのオス側の端子を、ブレッドボードの「a2」に差し込みます。

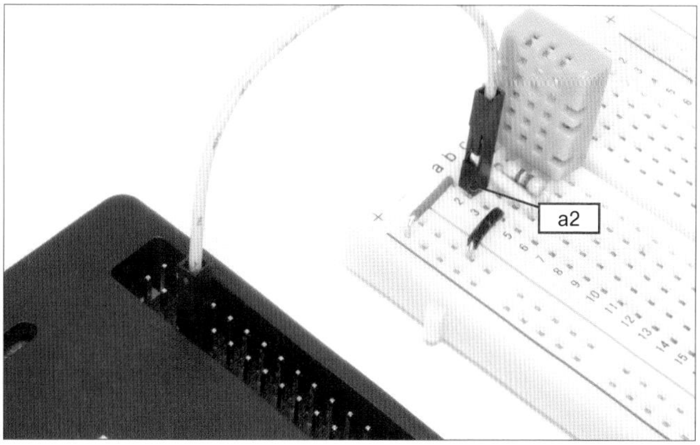

3 続いて、ラズベリー・パイのGND と 3.3V の GPIO ピンをブレッドボードにつなぎます。黒のジャンパーワイヤーのメス側の端子を、ラズベリー・パイの GND（ピン番号 9）に差し込みます。

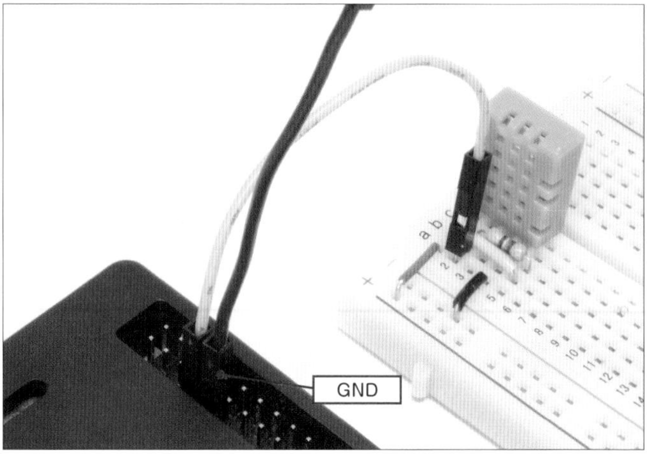

4 赤のジャンパーワイヤーのメス側の端子を、ラズベリー・パイの 3.3V（ピン番号 1）差し込みます。

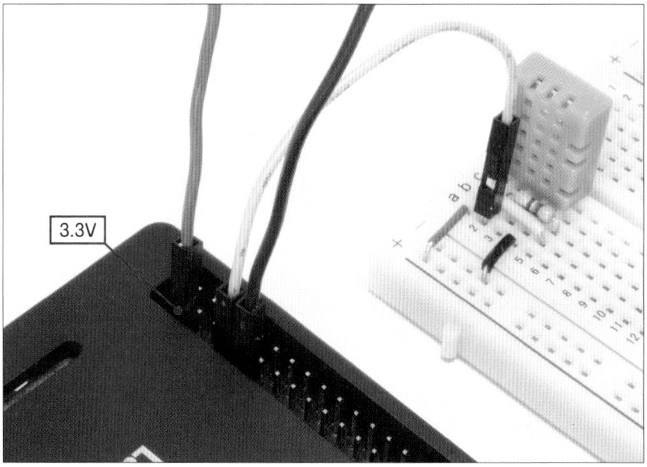

5 黒のジャンパーワイヤーのオス側の端子を、ブレッドボードの「−」に差し込みます。手前側の「−」の列であれば、どの穴に挿してもかまいません。

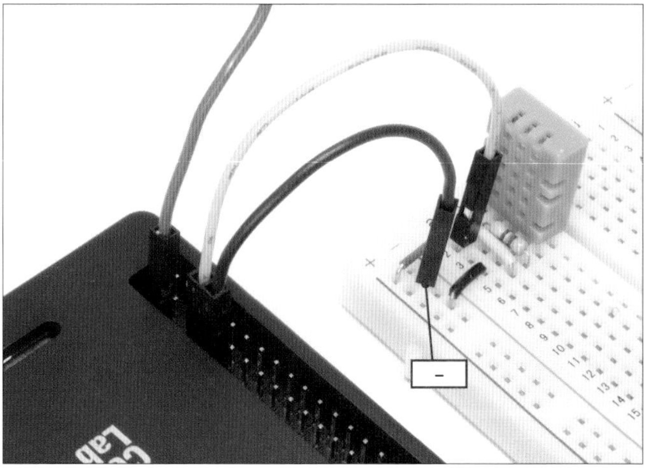

6 赤のジャンパーワイヤーのオス側の端子を、ブレッドボードの「＋」に差し込みます。こちらも、手前側の「＋」の列であれば、どの穴に挿してもかまいません。

以上で、温湿度計の回路が完成しました。

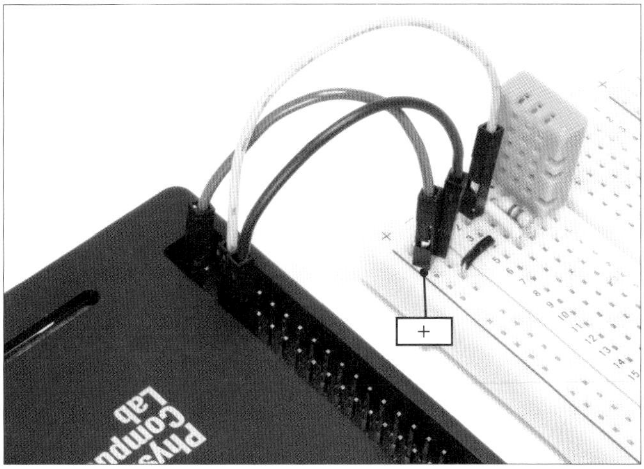

注意

配線を確認しよう

温湿度計の回路が完成すると、ラズベリー・パイとブレッドボードは右図のようにつながります。ジャンパーワイヤーや抵抗器の位置、DHT11の向きに間違いがないか確認しましょう。とくに、DHT11を5Vの電源に接続すると壊れる恐れがあります。赤のジャンパーワイヤーを確認し、ブレッドボードの「＋」とGPIOの3.3Vのピンに差し込まれているかチェックしましょう。

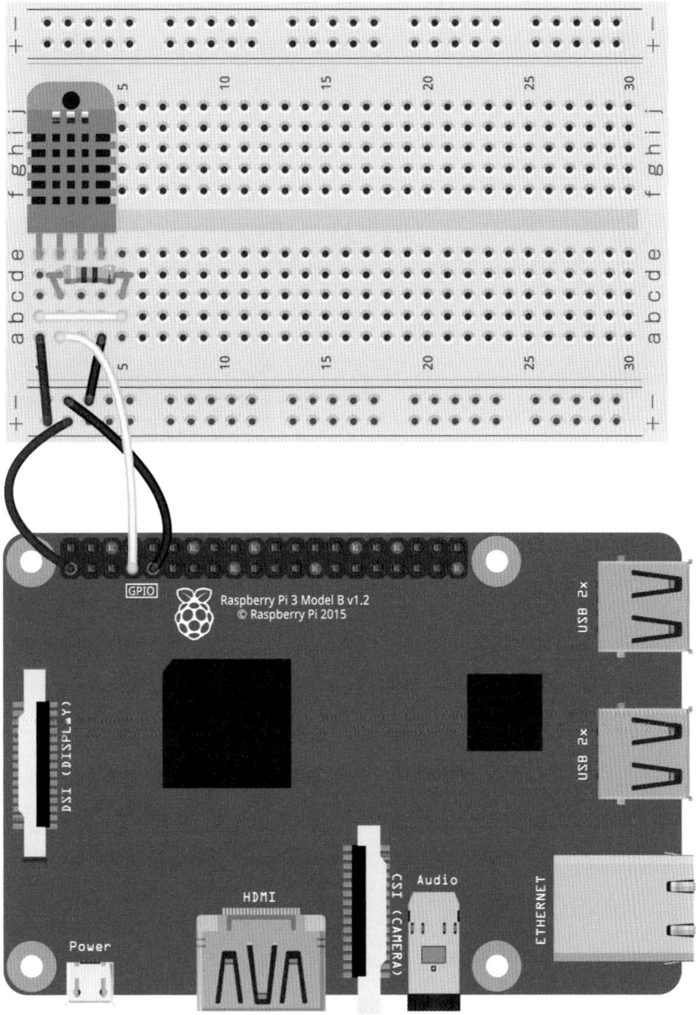

Section
6-3 温湿度センサーを使う準備をしよう

本章で使う温湿度センサー「DHT11」は、1本の端子で温度と湿度の両方を調べることができます。Pythonのプログラムで DHT11を利用するには、「DHT11_Python」というライブラリーが必要です。このライブラリーをインストールして、温湿度センサーが正しく動くかを確認してみましょう。

ライブラリーをインストールする

ライブラリーとは、「複雑な機能をかんたんに使えるようにするためのプログラムの集まり」のことです。DHT11は、4本の端子のうち、1本の端子で温度と湿度の両方の情報をやり取りします。それには、複雑なプログラムが必要です。そこで、ラズベリー・パイで手軽にDHT11を扱えるようにするための「DHT11_python」ライブラリーを利用します。このライブラリーは、Zoltán Szarvasという海外のラズベリー・パイユーザーによって開発されたもので、無料で利用できます。

DHT11_pythonは「Git Hub（ギットハブ）」というソフトウェア開発者向けのウェブサービスで公開されています。DHT11_pythonをインストールするには「git」というコマンドを使用します。

1 デスクトップの左上から４番目の「LX Terminal」アイコンをクリックします❶。ターミナルの画面が開いたら、下記のコマンドを入力して「Enter」キーを押します❷。

キーワード　ターミナル

ターミナルとは、キーボードからのコマンド入力でコンピューターを操作するためのアプリケーションです。LX TerminalはRaspbianに標準で用意されているターミナルです。

```
git clone https://github.com/szazo/DHT11_python.git Enter
```

2 このような画面になったら、DHT11_pythonのインストールは完了です。「×」をクリックして画面を閉じます❶。

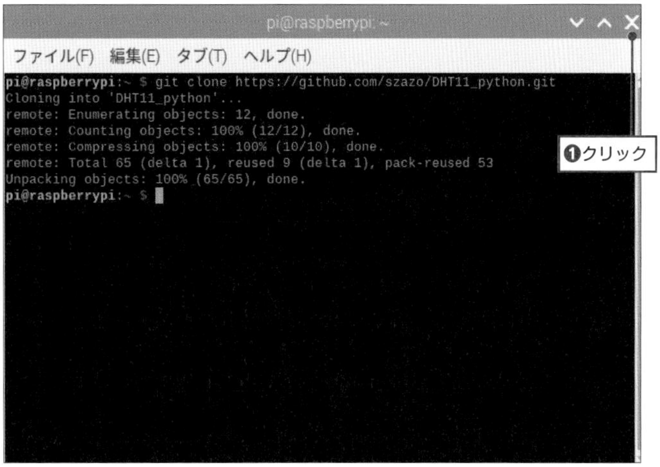

DHT11の動作を確認する

ブレッドボード上に配置したDHT11が正しく動作するかを確認します。以下の手順で、ライブラリーに同梱されているサンプルプログラムを実行してみましょう。

1 デスクトップの左上から3番目の「ファイルマネージャ」アイコンをクリックします。ファイルマネージャの画面が開いたら、左のフォルダー一覧から「pi」をクリックします❶。「DHT11_python」というフォルダーが作成されているので、ダブルクリックします❷。

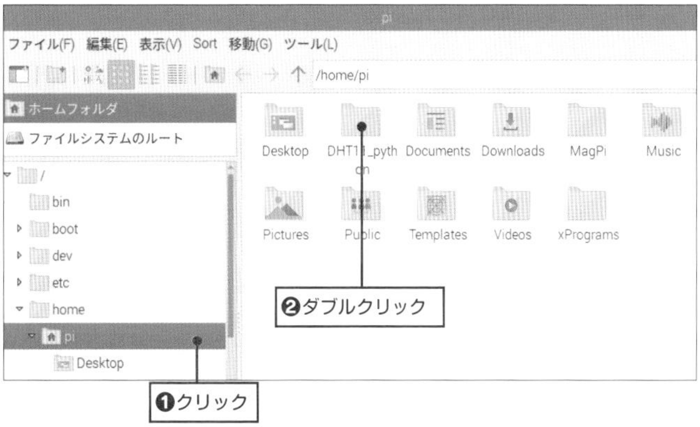

2 「DHT11_python」フォルダー内にある「exapmle.py」を右クリックし❶、表示されたメニューの「Thonny Python IDE」をクリックします❷。「Convert tabs to spaces」の画面が表示されたら「Yes」をクリックします。

3

Thonnyが起動したら、11行目の「pin=14」を「pin=4」に書き換えて❶、「Save」をクリックしてプログラムを保存します❷。「Run」をクリックして、プログラムを実行します❸。

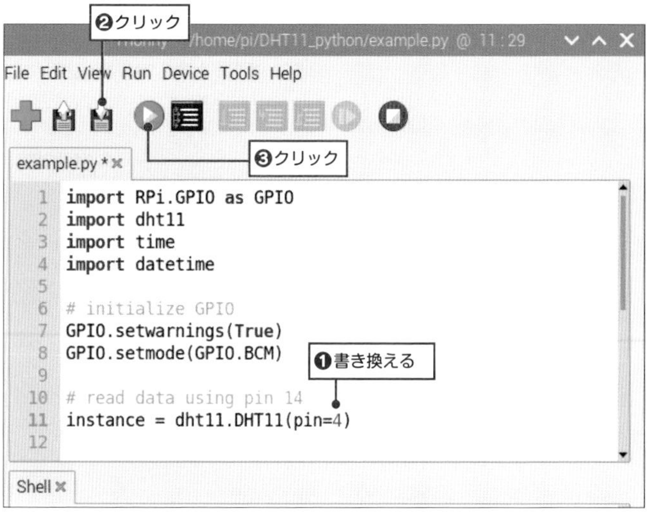
❷クリック
/home/pi/DHT11_python/example.py @ 11:29
File Edit View Run Device Tools Help
❸クリック
example.py *
import RPi.GPIO as GPIO
import dht11
import time
import datetime
# initialize GPIO
GPIO.setwarnings(True)
GPIO.setmode(GPIO.BCM)
❶書き換える
# read data using pin 14
instance = dht11.DHT11(pin=4)
Shell

4

DHT11が正しく動作していれば、Shellビューに現在の温度と湿度が表示されます。「Stop/Reset backend」をクリックして、プログラムを停止します❶。「×」をクリックして、Thonnyを閉じます❷。

Thonny - /home/pi/DHT11_python/example.py @ 11:29
File Edit View Run Device Tools Help
❶クリック
❷クリック
example.py
import RPi.GPIO as GPIO
import dht11
import time
import datetime
# initialize GPIO
GPIO.setwarnings(True)
GPIO.setmode(GPIO.BCM)
# read data using pin 14
instance = dht11.DHT11(pin=4)
Shell
>>> %Run example.py
Last valid input: 2020-04-17 10:25:47.283429
Temperature: 23.6 C
Humidity: 48.0 %
Last valid input: 2020-04-17 10:25:53.362336
Temperature: 22.3 C
Humidity: 52.0 %
温度と湿度

プログラムを作る準備をする

DHT11の動作が確認できたら、ライブラリーを含む「dth11」フォルダーをプログラムの保存場所にコピーしておきます。DHT11のプログラムを動かすには、「dht11」フォルダーが、プログラムと同じフォルダーに保存されている必要があります。自作のプログラム用の「rasptemp」というフォルダーを作り、そこへ「dht11」フォルダーをコピーしておきます。

1

左のフォルダー一覧から「pi」をクリックします❶。メニューから「ファイル」→「New Folder」の順でクリックします❷。

2

「フォルダの新規作成」画面が開いたら「rasptemp」と入力し❶、「OK」をクリックします❷。

3

先ほど実行した「example.py」が保存されていた「DHT11_python」フォルダーを開き、中にある「dht11」フォルダーを右クリックして❶、表示されたメニューの「コピー」をクリックします❷。

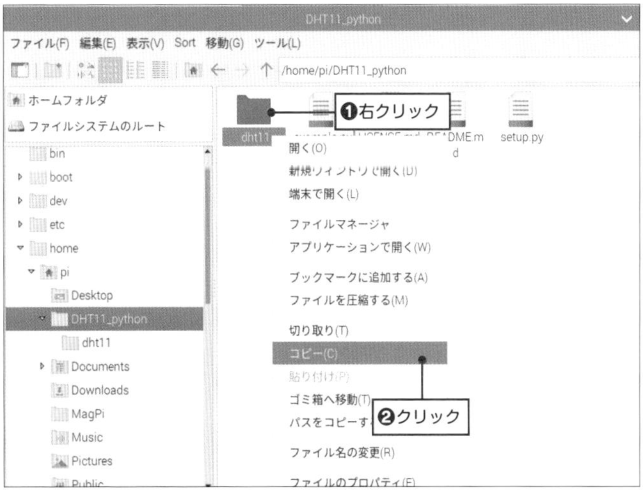

4

作成された「rasptemp」フォルダーをダブルクリックして開きます❶。

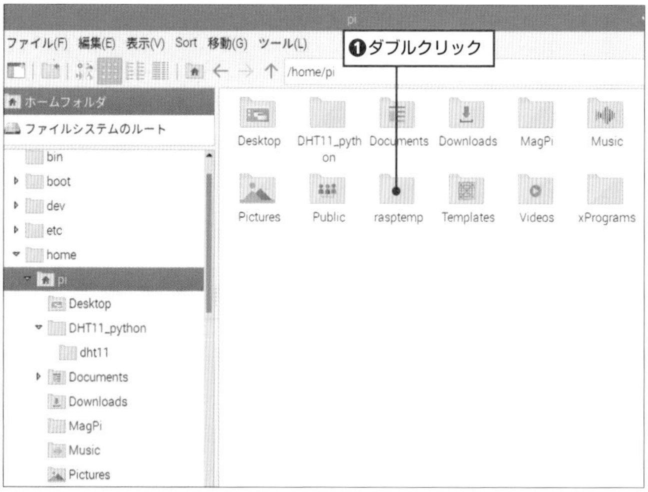

5

フォルダーの中は空なので、右クリックして❶、表示されたメニューの「貼り付け」をクリックします❷。

6

「rasptemp」フォルダーの中に「dht11」フォルダーが貼り付けられました。

以上で、プログラムを作る準備ができました。

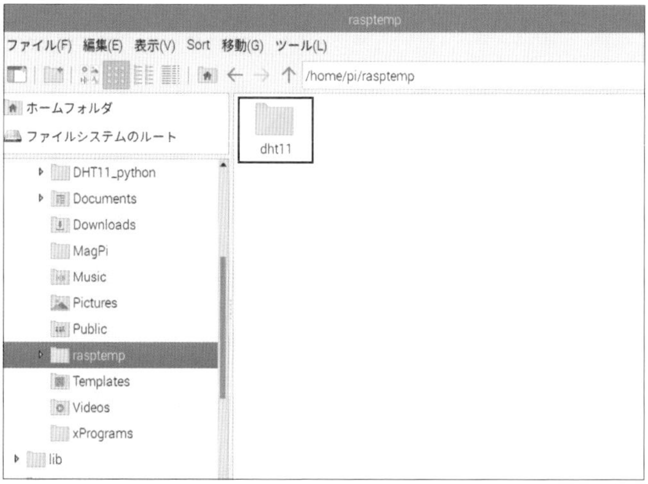

Section
6-4 温度と湿度を記録するプログラムを作ろう

DHT11で取得できる温度と湿度の履歴を、ラズベリー・パイに記録するプログラムを作ります。一般的な温湿度計では現在の温湿度しか確認できませんが、履歴を記録しておけば、ラズベリー・パイの前にいなくても、過去の温度と湿度の変化を確認できるようになります。

温度と湿度を数値で取得する

まずは、温度と湿度を表示するプログラムを作ります。DHT11のライブラリーを使うには、最初に「dht11.py」を呼び出す必要があります。「dht11.py」は、他のライブラリーと同じように「import」命令で呼び出すことができます。

ライブラリーを呼び出したら、DHT11につながっているGPIO 4のピンから、「temperature」のステータスを読み込みます。「temperature」は日本語で「温度」という意味があります。Thonnyを起動し、新しいプログラムを作成して、Editorビューに下記の内容を入力します。

リスト6-4-1 rasptemp.py（1）

```
import RPi.GPIO as GPIO
import dht11

tempGpio = 4

GPIO.setmode(GPIO.BCM)
dhtStat = dht11.DHT11(pin = tempGpio)

stat = dhtStat.read()
print(stat.temperature)

GPIO.cleanup()
```

- tempGpio = 4：GPIOのピン番号を変数「tempGpio」に入れる
- dhtStat = dht11.DHT11(pin = tempGpio)：DHT11の2番ピンにつながったGPIOのピン番号を指定する
- stat = dhtStat.read()：変数「stat」にDHT11で読み取ったセンサーの情報を入力する
- print(stat.temperature)：変数「stat」に格納されている「temperature」の情報を画面に表示する

プログラムを入力したら、先ほど作成した「rasptemp」フォルダーに保存して、実行します。保存先の「rasptemp」フォルダー内に「dht11」フォルダーがないと、プログラムは正しく実行されません。

1 Editer ビューでリスト 6-4-1 のプログラムを入力し、「Save」をクリックします❶。

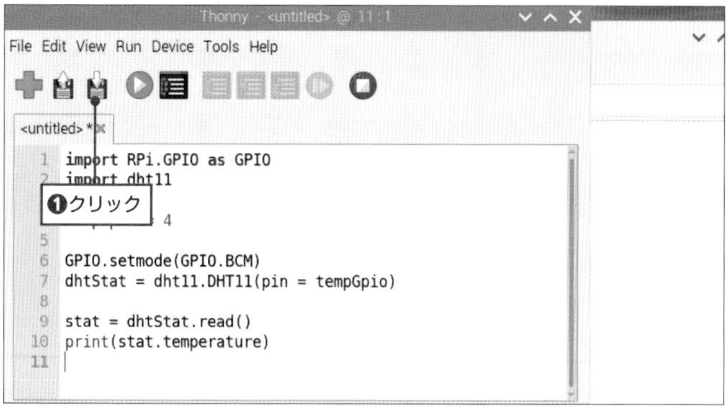

2 「Save as」画面が開いたら、左の一覧から「ホーム」をクリックします❶。フォルダー一覧にある「rasptemp」をダブルクリックします❷。

3 「名前」欄に「rasptemp.py」と入力し❶、「OK」をクリックします❷。

4 「Run」をクリックします❶。温度の値（ここでは「22.4」）が表示されました❷。

Thonny - /home/pi/rasptemp/rasptemp.py @ 11 : 1
File Edit View Run Device Tools Help
rasptemp.py
import RPi.GPIO as GPIO
impo
❶クリック
tempGpio = 4
GPIO.setmode(GPIO.BCM)
dhtStat = dht11.DHT11(pin = tempGpio)
stat = dhtStat.read()
print(stat.temperature)
Shell
Python 3.7.3 (/usr/bin/python3)
>>> %cd /home/pi/rasptemp
>>> %Run rasptemp.py
22.4
❷表示された
>>>

湿度を表示する

リスト6-4-1の9行目の変数「stat」には、温度情報の「temperature」のほかに、湿度情報の「humidity（日本語で湿度のこと）」も格納されています。湿度を表示するため、「stat.humidity」を呼び出す命令を追加します。

リスト6-4-2 rasptemp.py（2）

```
import RPi.GPIO as GPIO
import dht11

tempGpio = 4

GPIO.setmode(GPIO.BCM)
dhtStat = dht11.DHT11(pin=tempGpio)

stat = dhtStat.read()
print(stat.temperature)
print(stat.humidity)

GPIO.cleanup()
```

（print(stat.humidity)：「stat.humidity」を画面に表示する）

上記のプログラムを入力して保存したら、実行してみましょう。すると、以下のように湿度が表示されます。

Shell
>>> %Run rasptemp.py
22.4
>>> %Run rasptemp.py
22.8
51.0
>>>

温度の下に湿度の値が表示された。

CSVで温度と湿度を記録する

Pythonのプログラム次第では、「温度：22.8℃、湿度：51.0%」のような書き方でデータを記録をしていくことができます。しかし、データ中に「温度」「湿度」といった文字がたくさん並んでいると、あとから表やグラフに加工するときに邪魔になります。一方、コンピューターのプログラムで扱いやすい「CSV」という形式にしておけば、表計算ソフトに取り込んだり、別のプログラムで加工したりといった処理が手軽にできます。

CSVとは「Comma Separated Value」の略で、各項目が「,」で区切られたテキストファイルのことです。「温度：22.8℃、湿度：51.0%」と記すのではなく、「22.8,51.0」のような値のみのデータをテキストファイルに保存すれば、そのままCSV形式のファイルとして扱うことができます。

先ほどのプログラムで取得した温度と湿度の値を、「,」で区切って表示するよう変更してみましょう。

リスト6-4-3 rasptemp.py (3)

```
1  import RPi.GPIO as GPIO
2  import dht11
3
4  tempGpio = 4
5
6  GPIO.setmode(GPIO.BCM)
7  dhtStat = dht11.DHT11(pin=tempGpio)
8
9  stat = dhtStat.read()
10 data = [stat.temperature,stat.humidity]
11 print(','.join(map(str,data)))
12
13 GPIO.cleanup()
```

変数「data」に配列として温度と湿度の値を格納する

配列「data」を「,」で区切って表示する

11行目では、「print」命令の中に「join」というキーワードが入っています。joinを使うと、複数の要素をつなげることができます。ここでは、「data」の配列を「,」で区切ってつなげるためにjoinを使用しています。

ただし、joinでつなげるには、配列の中身が文字列型（STR型）でなくてはなりません。DHT11で取得できるデータは数値型（INT型）なので、これをSTR型に変換する必要があります。配列の中身を1つずつSTR型に直すのは面倒なので、「map」という関数を使ってまとめてSTR型に変換しています。

プログラムを変更したら、保存して実行してみましょう。「21,48」のように、「,」区切りでデータが表示されるはずです。このまま「Run」を数回クリックして❶、プログラムを繰り返し実行してみましょう。

Thonny - /home/pi/rasptemp/rasptemp.py @ 12 : 1
File Edit View Run Device Tools Help
rasptemp.py
import RPi.GPIO as GPIO
❶数回クリック
tempGpio = 4
GPIO.setmode(GPIO.BCM)
dhtStat = dht11.DHT11(pin=tempGpio)
stat = dhtStat.read()
data = [stat.temperature,stat.humidity]
print(','.join(map(str,data)))
Shell
Python 3.7.3 (/usr/bin/python3)
>>> %Run rasptemp.py
0,0
プログラムを繰り返し実行すると、Shellビューに「0,0」という値が表示された。

すると、温度と湿度を正しく取得できず、「0,0」と表示されてしまうことがあります。じつは、DHT11の仕様では、温度と湿度を続けて取得するときは6秒の間を空ける必要があります。そのため、温度と湿度を正しく取得できなくなってしまうことがあるのです。これを避けるために、変数「stat」に格納された「temperature」「humidity」の2つの値が0のとき、処理をやり直すようプログラムを書き換えます。

リスト6-4-4 rasptemp.py（4）

```
1  import RPi.GPIO as GPIO
2  import dht11
3
4  tempGpio = 4
5
6  GPIO.setmode(GPIO.BCM)
7  dhtStat = dht11.DHT11(pin=tempGpio)
8
9  while True:  ← 取得が成功するまで処理を繰り返す
10     stat = dhtStat.read()
11     data = [stat.temperature,stat.humidity]
12     if stat.temperature == stat.humidity == 0:  ← 変数「stat」の「temperature」「humidity」がともに「0」のときに次行の処理を行う
13         continue  ← 「while」によるループの最初の行（10行目）に戻る
14     print(','.join(map(str,data)))
15     break  ← ループを終了する
16
17 GPIO.cleanup()
```

9行目で「while True」を使ってループを作成し、12行目で「temperature」と「humidity」がともに「0」のときは13行目の「continue」によって処理をやり直します。そして、「0」でないときには14行目に移行し、温度と湿度を表示します。

なお、このままでは画面に温度と湿度を表示したあと、ループの最初に戻ってしまいます。これを避けるため、14行目の「print」命令を実行したら、15行目の「break」でループを止めます。

以上のようにプログラムを書き換えて、数回実行してみましょう。今度は「0,0」と表示されなくなったはずです。

> 注意
>
> **ワーニングが表示される**
>
> プログラムを実行すると「This channel is already in use, continuing anyway.」というワーニングがShellビューに表示されることがあります。これは、プログラム終了時にGPIOを解放せずに、あたらしくGPIOを割り当てようとするときに、すでに割り当て済みであることを示しています。なお、ワーニングはプログラム上の誤りを指摘するエラーとは違うため、プログラムの動作には問題ありません。

CSVに日時を付けてファイルに保存する

温度と湿度だけが延々と記録されてしまうと、その情報がいつのものかわからなくなってしまいます。しかし、日時の情報を加えておけば、いつ、気温が何度で、湿度が何パーセントだったのかがわかります。これまでのデータに日時の情報を加えて「2020-04-01 15:30,21,46」のようにすれば、「2020年4月1日の15時30分の温度は21℃、湿度は46%」と把握できるようになります。

Pythonで現在の日時を取得するには、「datetime」というライブラリーの「now」関数を使います。プログラムを以下のように変更しましょう。

リスト6-4-5 rasptemp.py (5)

```
import RPi.GPIO as GPIO
import dht11
import datetime  ●―― 「datetime」ライブラリーをインポートする

tempGpio = 4

GPIO.setmode(GPIO.BCM)
dhtStat = dht11.DHT11(pin=tempGpio)

while True:
    stat = dhtStat.read()
    now = str(datetime.datetime.now())[0:16]  ●―― 変数「now」に現在の日時を入力する
    data = [now,stat.temperature,stat.humidity]  ●―― 「date」の配列の先頭に「now」を加える
    if stat.temperature == stat.humidity == 0:
        continue
    print(','.join(map(str,data)))
    break

GPIO.cleanup()
```

12行目で変数「now」に「datetime.datetime.now()」の値をSTR型で入れています。「datetime.datetime.now()」では、「2020-01-13 12:24:50.304830」というように、現在の日時を百万分の1秒の単位まで取得します。秒以下の部分は不要なので、分を表す前から16文字までに整形するために、末尾へ「[0:16]」と書き加えています。実行すると、「2020-02-04 13:08,23,44」のように、分の単位までの日時と温度、湿度を表示します。

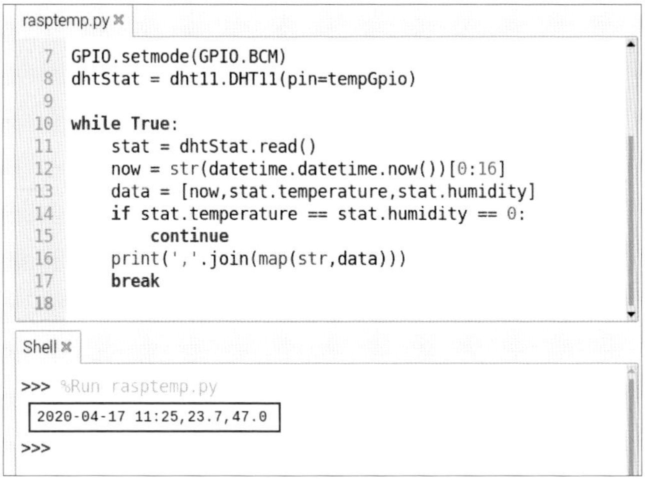
rasptemp.py
7 GPIO.setmode(GPIO.BCM)
8 dhtStat = dht11.DHT11(pin=tempGpio)
9
10 while True:
11   stat = dhtStat.read()
12   now = str(datetime.datetime.now())[0:16]
13   data = [now,stat.temperature,stat.humidity]
14   if stat.temperature == stat.humidity == 0:
15   continue
16   print(','.join(map(str,data)))
17   break
18
Shell
>>> %Run rasptemp.py
2020-04-17 11:25,23.7,47.0
>>>
温度と湿度の前に、実行した時点の日時が表示された。

日時を含む情報を画面に表示できたら、これをファイルに記録するようにします。プログラムを実行したときに、温度と湿度が記録されたファイルがなければ新たに作成し、日時と温度、湿度を書き込んでプログラムを終了します。もし、記録されたファイルがあれば、そのファイルの末尾に日時と温度、湿度を追記します。なお、Pythonからプログラムの外部にあるファイルを操作するには、「os」というライブラリーを使います。

ひとまず、以下のようにプログラムを変更してみましょう。

リスト6-4-6 rasptemp.py（6）

```
import RPi.GPIO as GPIO
import dht11
import datetime
import os ●―― 「os」ライブラリーを読み込む

fileName ='/home/pi/rasptemp//temp_hmdt.csv' ●―― ファイルの保存先を変数「fileName」に格納する
tempGpio = 4

GPIO.setmode(GPIO.BCM)
dhtStat = dht11.DHT11(pin=tempGpio)

if not os.path.exists(fileName): ●―― もし、「fileName」の場所にファイルがなければ、次の処理を実行する
    thData = open(fileName,'w') ●―― 「fileName」の場所と名前でファイルを新規作成する
    thData.write('date_time,temp,hdmt\n') ●―― ファイルの1行目に「date_time,temp,hdmt」と書き込む
    thData.close() ●―― ファイルを閉じる

```

```
17  while True:
18      stat = dhtStat.read()
19      now = str(datetime.datetime.now())[0:16]
20      data = [now,stat.temperature,stat.humidity]
21      if stat.temperature == stat.humidity == 0:
22          continue
23      thData = open(fileName,'a')  ●── 「fileName」を追記モードで開く
24      thData.write(','.join(map(str,data)) + '\n')  ●── ファイルに配列「data」の内容を「,」区切りで書き込む
25      thData.close()  ●── ファイルを閉じる
26      break
27
28  GPIO.cleanup()
```

プログラムを実行したときのフォルダーによってファイルの保存場所が変わらないよう、6行目で指定するファイル名には、保存場所を含んだフルパスとファイル名を指定しておきます。実行すると、パス名とファイル名「temp_hdmt.csv」を合わせた「/home/pi/rasptemp/temp_hdmt.csv」が変数「fileName」に格納されます。

12～15行目は、ファイルが存在しないときに新規作成する処理です。CSV形式のファイルを作成するとき、値がどういった意味を持つのかを1行目にヘッダーとして記録しておきます。ここでは1行目に「date_time,temp,hdmt」と書き込みます。

23～25行目では、プログラムを実行した時点の日時と、計測した温度と湿度を「/home/pi/rasptemp/temp_hdmt.csv」に追記しています。

以上の操作によって、プログラム「rasptemp.py」を実行するごとに、「temp_hdmt.csv」というCSVファイルに温度と湿度が記録されるようになりました。ただし、記録するたびにプログラムを実行する必要があるため、このまま使うのはあまり現実的ではありません。ラズベリー・パイを操作しなくても、自動的にプログラムを実行してくれるほうが便利です。

Raspbianの「cron」という機能を使うことで、ラズベリー・パイを操作しなくても、定期的にプログラムを実行できるようになります。これを利用して、1分ごとに自動的にプログラムを実行して、温度と湿度を記録するようにしてみましょう。

1 デスクトップの左上から4番目の「LX Terminal」アイコンをクリックして、ターミナルを開きます❶。

2 下記のコマンドを入力して、「Enter」キーを押します❶。「Select an editor」と表示されたら「1」と入力して、「Enter」キーを押します❷。

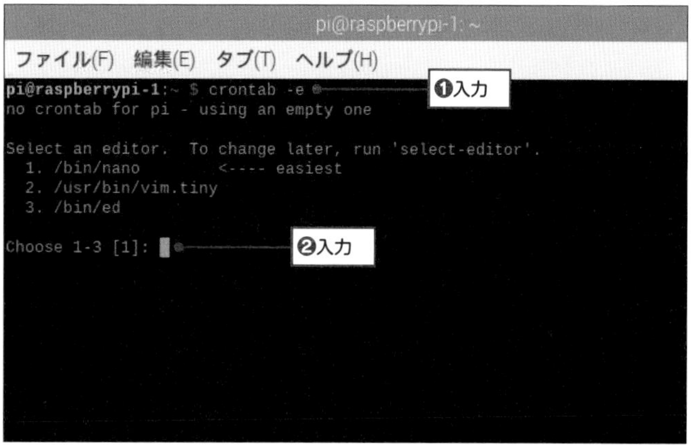
pi@raspberrypi-1: ~
ファイル(F) 編集(E) タブ(T) ヘルプ(H)
pi@raspberrypi-1:~ $ crontab -e
no crontab for pi - using an empty one
Select an editor. To change later, run 'select-editor'.
1. /bin/nano   <---- easiest
2. /usr/bin/vim.tiny
3. /bin/ed
Choose 1-3 [1]:
❶入力
❷入力

メモ　crontabコマンドについて

crontabコマンドは、特定の日時になるとコマンドを実行する「cron」というRaspbianの機能を設定するためのものです。

```
crontab -e Enter
```

3 「nano」が開いたら、「↓」キーを押してカーソルを画面の一番下に移動します❶。下記のコマンドを入力し、「Ctrl」＋「X」キーを押します❷。

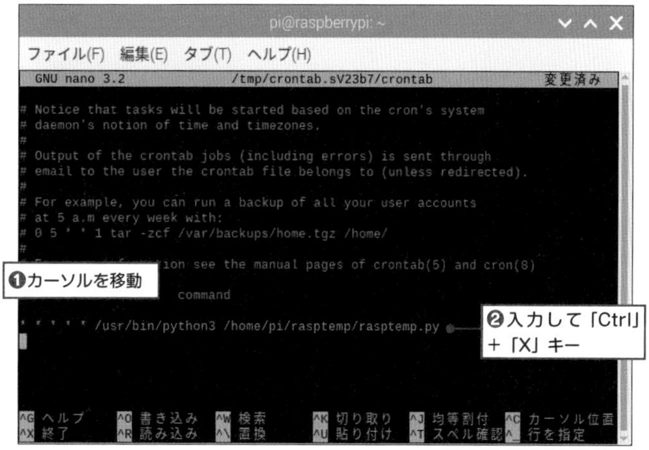
pi@raspberrypi: ~
ファイル(F) 編集(E) タブ(T) ヘルプ(H)
GNU nano 3.2   /tmp/crontab.sV23b7/crontab   変更済み
Notice that tasks will be started based on the cron's system
daemon's notion of time and timezones.
Output of the crontab jobs (including errors) is sent through
email to the user the crontab file belongs to (unless redirected).
For example, you can run a backup of all your user accounts
at 5 a.m every week with:
0 5 * * 1 tar -zcf /var/backups/home.tgz /home/
ion see the manual pages of crontab(5) and cron(8)
command
* * * * * /usr/bin/python3 /home/pi/rasptemp/rasptemp.py
❶カーソルを移動
❷入力して「Ctrl」＋「X」キー
^G ヘルプ ^O 書き込み ^W 検索 ^K 切り取り ^J 均等割付 ^C カーソル位置
^X 終了 ^R 読み込み ^\ 置換 ^U 貼り付け ^T スペル確認 ^_ 行を指定

メモ　コマンドの意味

このコマンドは「1分おきに、Pythonのシステムでrasptemp.pyを実行する」という意味です。先頭の5つのパラメーターをすべて「*」にすると「1分おき」の意味になります。

```
* * * * * /usr/bin/python3 /home/pi/rasptemp/rasptemp.py Enter
```

4 「変更されたバッファを保存しますか？」と表示されたら、「Y」キーを押します。

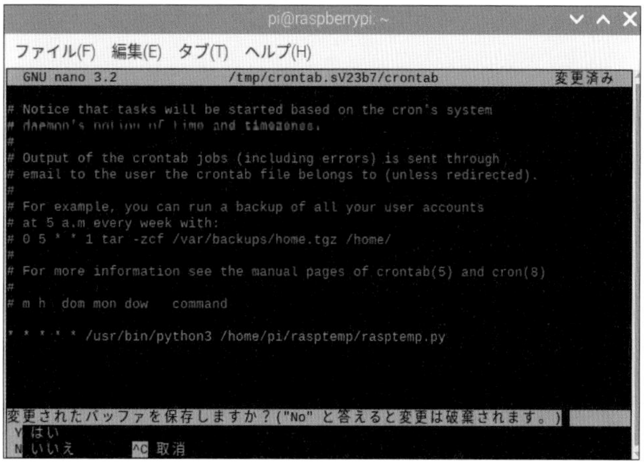
pi@raspberrypi: ~
ファイル(F) 編集(E) タブ(T) ヘルプ(H)
GNU nano 3.2   /tmp/crontab.sV23b7/crontab   変更済み
Notice that tasks will be started based on the cron's system
daemon's notion of time and timezones.
Output of the crontab jobs (including errors) is sent through
email to the user the crontab file belongs to (unless redirected).
For example, you can run a backup of all your user accounts
at 5 a.m every week with:
0 5 * * 1 tar -zcf /var/backups/home.tgz /home/
For more information see the manual pages of crontab(5) and cron(8)
m h dom mon dow   command
* * * * * /usr/bin/python3 /home/pi/rasptemp/rasptemp.py
変更されたバッファを保存しますか？("No" と答えると変更は破棄されます。)
Y はい
N いいえ   ^C 取消

キーワード　nano

ここで起動している「nano」は、UnixやLinuxで利用されているテキストエディターです。機能はシンプルですが、ラズベリー・パイのような低スペックのコンピューターでも快適に利用できます。

5 「書き込むファイル：」と表示されたら、そのまま「Enter」キーを押します。

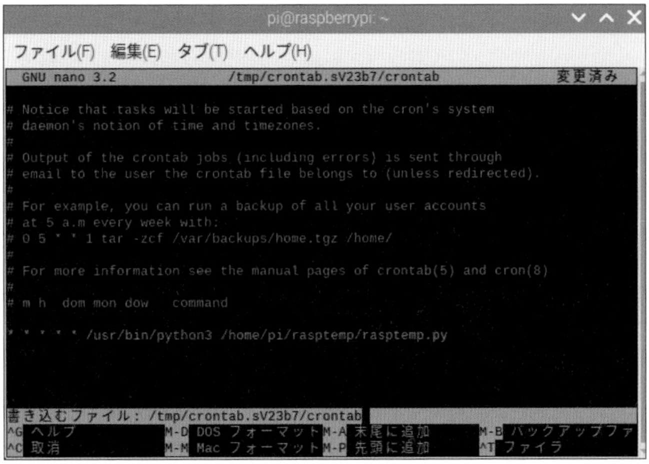
pi@raspberrypi: ~
ファイル(F) 編集(E) タブ(T) ヘルプ(H)
GNU nano 3.2 /tmp/crontab.sV23b7/crontab 変更済み
Notice that tasks will be started based on the cron's system
daemon's notion of time and timezones.
#
Output of the crontab jobs (including errors) is sent through
email to the user the crontab file belongs to (unless redirected).
#
For example, you can run a backup of all your user accounts
at 5 a.m every week with:
0 5 * * 1 tar -zcf /var/backups/home.tgz /home/
#
For more information see the manual pages of crontab(5) and cron(8)
#
m h dom mon dow command
* * * * * /usr/bin/python3 /home/pi/rasptemp/rasptemp.py
書き込むファイル: /tmp/crontab.sV23b7/crontab
^G ヘルプ M-D DOS フォーマット M-A 末尾に追加 M-B バックアップファ
^C 取消 M-M Mac フォーマット M-P 先頭に追加 ^T ファイラ

6 「nano」が終了して、元の画面に戻ります。「×」をクリックして、ターミナルを閉じます❶。

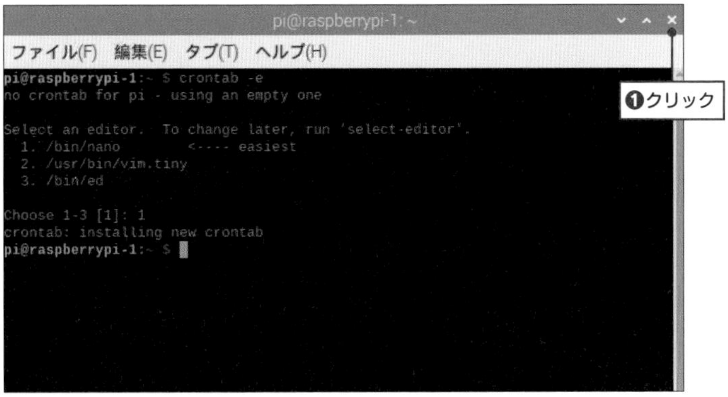
pi@raspberrypi-1: ~
ファイル(F) 編集(E) タブ(T) ヘルプ(H)
pi@raspberrypi-1:~ $ crontab -e
no crontab for pi - using an empty one
Select an editor. To change later, run 'select-editor'.
1. /bin/nano <---- easiest
2. /usr/bin/vim.tiny
3. /bin/ed
Choose 1-3 [1]: 1
crontab: installing new crontab
pi@raspberrypi-1:~ $
❶クリック

以上の操作で、温度と湿度が自動的にファイルに記録されるようになりました。10分ほど待ち、プログラム「sasptemp.py」と同じフォルダーに作成された「temp_hdmt.csv」を確認してみましょう。

7 「rasptemp」フォルダーを開きます。新たに作成された「temp_hmdt.csv」を右クリックし❶、表示されたメニューの「LibreOffice Calc」をクリックします❷。

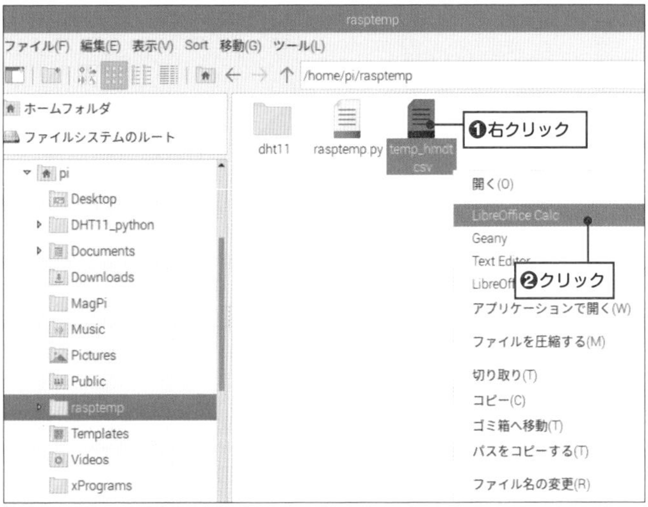
rasptemp
ファイル(F) 編集(E) 表示(V) Sort 移動(G) ツール(L)
/home/pi/rasptemp
ホームフォルダ
ファイルシステムのルート
pi
Desktop
DHT11_python
Documents
Downloads
MagPi
Music
Pictures
Public
rasptemp
Templates
Videos
xPrograms
dht11
rasptemp.py
temp_hmdt.csv
❶右クリック
開く(O)
LibreOffice Calc
Geany
❷クリック
アプリケーションで開く(W)
ファイルを圧縮する(M)
切り取り(T)
コピー(C)
ゴミ箱へ移動(T)
パスをコピーする(T)
ファイル名の変更(R)

メモ

LibreOffice Calcが一覧にないときは

Raspbianをフルインストールしていないときは、LibreOffice Calcが表示されません。その場合は右のメニューで「Text Editor」を選択して、テキスト形式で内容を確認できます。

8 「テキストのインポート」画面が表示されます。「OK」をクリックします❶。

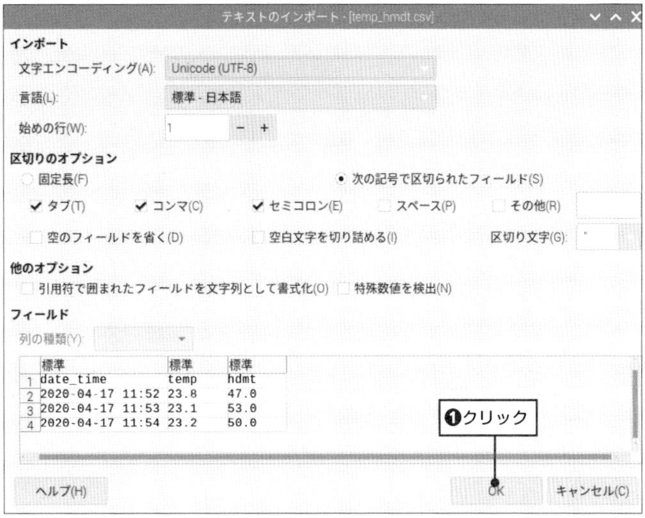

9 ファイルが開きます。1 分ごとに日時、温度、湿度が記録されていることが確認できます。

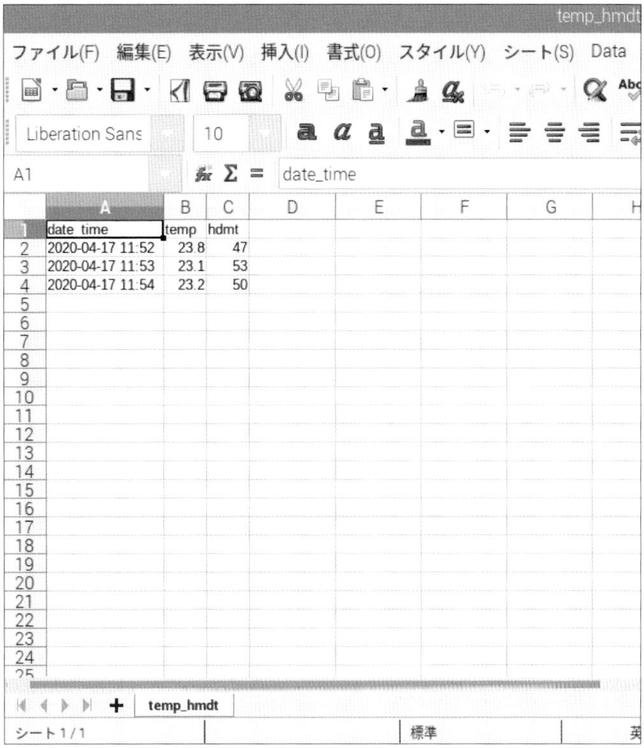

> メモ
> **記録を止めるには?**
>
> この設定によって、ラズベリー・パイの起動中は1分おきにrasptemp.pyが実行されて、温度と湿度が記録され続けます。これを止めるには、手順2の方法でnanoを起動して、手順3でcrontabに書き込んだ行を削除するか、この行の先頭に「#」を入力して保存します。先頭が「#」の行はcronに無視されるため、rasptemp.pyによる計測も行われなくなります。

Section

6-5 温度と湿度の推移をグラフにして確認しよう

これまでの作業で、1分ごとに自動で温度と湿度を記録できるようになりました。記録したデータが増えると表形式では見づらいので、ここではデータをグラフ表示にして、温度と湿度の推移を確認しやすくしてみましょう。

Pythonでグラフを作成する

温度と湿度がCSVで記録されていれば、表計算ソフトなどでグラフにすることができます。しかし、こうした処理もPythonのプログラムで自動化することができます。Pythonでグラフを作成するには、「matplotlib」というライブラリーにある「pyplot」、およびCSVを読み取るための「pandas」というライブラリーを使います。これらのライブラリーは、以下の手順でインストールする必要があります。

1 デスクトップの左上から４番目の「LX Terminal」アイコンをクリックします❶。ターミナルが開いたら、下記のコマンドを入力して、「Enter」キーを押します❷。

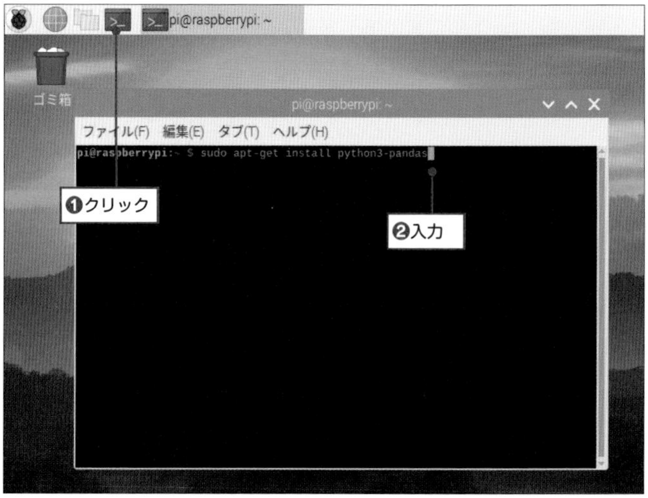


```
sudo apt-get install python3-pandas Enter
```

2 「続行しますか？」と表示されたら、「Y」キーを押して、「Enter」キーを押します。「pandas」のインストールが開始します。インストールが完了するまで、しばらく待ちます。

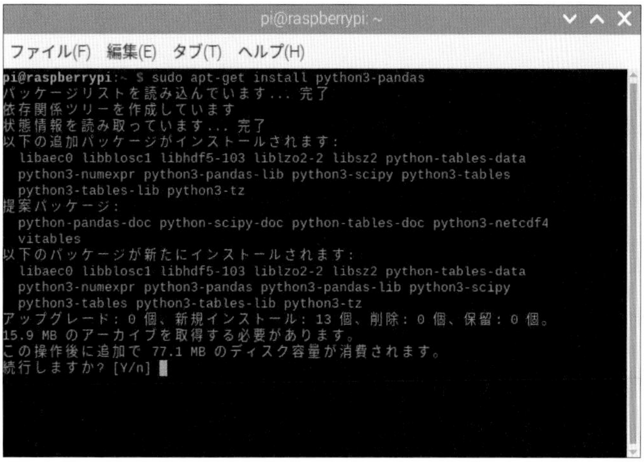
pi@raspberrypi: ~
ファイル(F) 編集(E) タブ(T) ヘルプ(H)
pi@raspberrypi:~ $ sudo apt-get install python3-pandas
パッケージリストを読み込んでいます... 完了
依存関係ツリーを作成しています
状態情報を読み取っています... 完了
以下の追加パッケージがインストールされます:
libaec0 libblosc1 libhdf5-103 liblzo2-2 libsz2 python-tables-data
python3-numexpr python3-pandas-lib python3-scipy python3-tables
python3-tables-lib python3-tz
提案パッケージ:
python-pandas-doc python-scipy-doc python-tables-doc python3-netcdf4
vitables
以下のパッケージが新たにインストールされます:
libaec0 libblosc1 libhdf5-103 liblzo2-2 libsz2 python-tables-data
python3-numexpr python3-pandas python3-pandas-lib python3-scipy
python3-tables python3-tables-lib python3-tz
アップグレード: 0 個、新規インストール: 13 個、削除: 0 個、保留: 0 個。
15.9 MB のアーカイブを取得する必要があります。
この操作後に追加で 77.1 MB のディスク容量が消費されます。
続行しますか? [Y/n]

「pandas」をインストールすると、同時に「matplotlib」もインストールされます。インストールが完了し、再び「pi@raspberrypi: ~ $」と表示されたら、「×」をクリックしてターミナルを閉じます。

ライブラリーをインストールしたら、グラフを作成できるか確認してみましょう。Thonnyで新規プログラムを作成して、以下のリストを入力し、「rasptemp」フォルダー内に「graphtest.py」というファイル名で保存します。

リスト6-5-1 graphtest.py

```
import pandas as pd
import matplotlib.pyplot as plt

data = pd.read_csv('temp_hmdt.csv', index_col='date_time')
data.plot()
plt.show()
```

- data = pd.read_csv(...)：「temp_hdmt.csv」のファイルを開き、変数「data」に格納する
- data.plot()：グラフを作成する
- plt.show()：作成したグラフを表示する

入力したプログラムを実行すると、以下のようにグラフが表示されます。

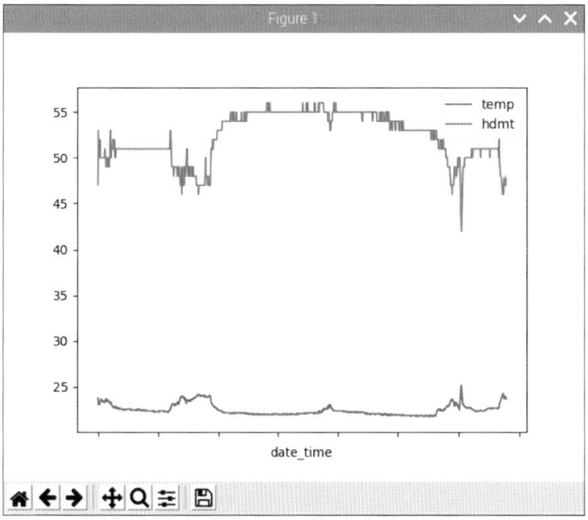
Figure 1
55
50
45
40
35
30
25
temp
hdmt
date_time

グラフが表示された。

他のパソコンのウェブブラウザーでグラフを見る

ラズベリー・パイで作成したグラフをパソコンで見るには、グラフを画像ファイルとして保存し、パソコンとファイル共有するという方法があります。この方法はかんたんですが、毎回パソコンからラズベリー・パイを操作して、ファイルを転送する必要があるため不便です。

そこで、「グラフ作成→画像として保存」の処理を自動化し、保存した画像をパソコンからウェブブラウザーで確認できるようにしましょう。Pythonには、ウェブサーバーとして動作する「http.server」という機能があります。これを利用して、ラズベリー・パイのグラフ作成プログラムをパソコンのウェブブラウザーから実行し、グラフを表示させます。

まずはhttp.serverを起動させて、パソコンのウェブブラウザーからアクセスできるようにします。

1 デスクトップの左上から４番目の「LX Terminal」アイコンをクリックします❶。下記のコマンドを実行し❷、「Servering HTTP on 0.0.0.0 port 8000」と表示されることを確認します。

> **注意 ターミナルは閉じない**
>
> 手順1の後、ターミナルは開いたままにします。ターミナルを閉じるとhttp.serverが終了して、パソコンのウェブブラウザーからアクセスできなくなります。

```
cd rasptemp Enter
python3 -m http.server --cgi Enter
```

2 ラズベリー・パイのIPアドレスを調べるために、デスクトップ画面の右上のネットワークアイコンにマウスポインターを乗せます❶。表示されているIPアドレスを確認します。

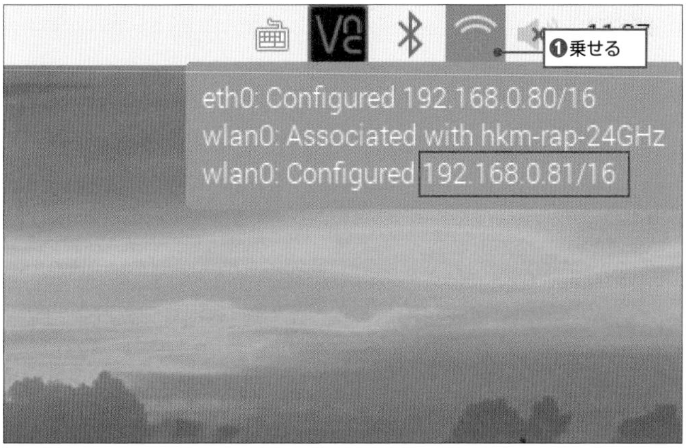

3 パソコンのウェブブラウザーのアドレスバーに「ラズベリー・パイのIPアドレス:8000」を入力して❶、「Enter」キーを押します。「rasptemp」フォルダーの中身が表示されます。

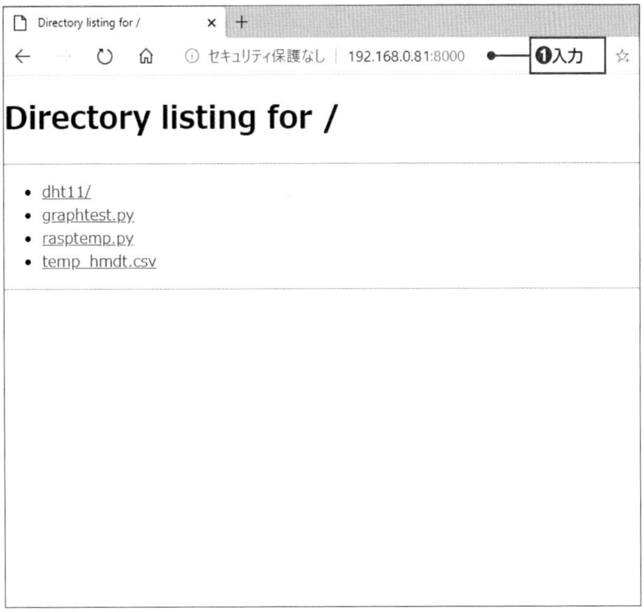

注意

Edgeでは開かないことがある

セキュリティ設定の影響で、WindowsのMicrosoft Edgeではラズベリー・パイにアクセスできない場合があります。その場合は、グーグルのウェブブラウザー「Chrome」を利用しましょう。Chromeは「https://www.google.co.jp/chrome/」から無料でダウンロードできます。

正常に実行できていれば、ラズベリー・パイの「rasptemp」フォルダーの中身が表示されます。しかし、このままではグラフを作成するプログラムが実行できません。http.serverでPythonプログラムを実行するには「cgi-bin」というフォルダーにプログラムを保存する必要があります。以下の手順で、「cgi-bin」フォルダーを作成しましょう。

4 Raspbianの画面に戻り、ファイルマネージャを起動します。左のフォルダー一覧で「rasptemp」をクリックし❶、メニューの「ファイル」→「CreateFolder」の順でクリックします❷。

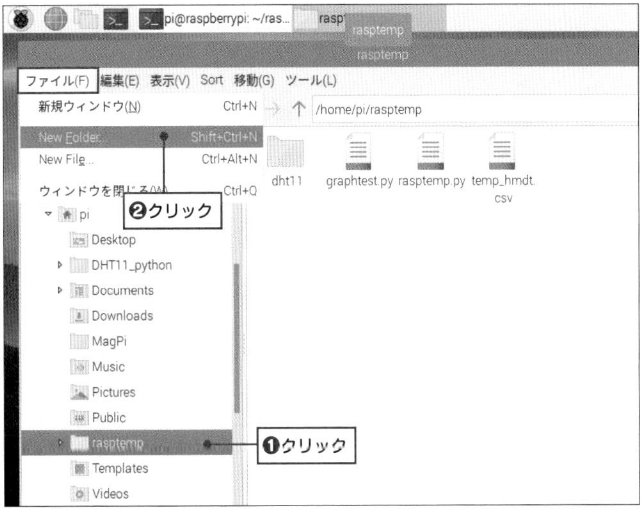

5 「フォルダの新規作成」画面で「cgi-bin」と入力し❶、「OK」をクリックします❷。

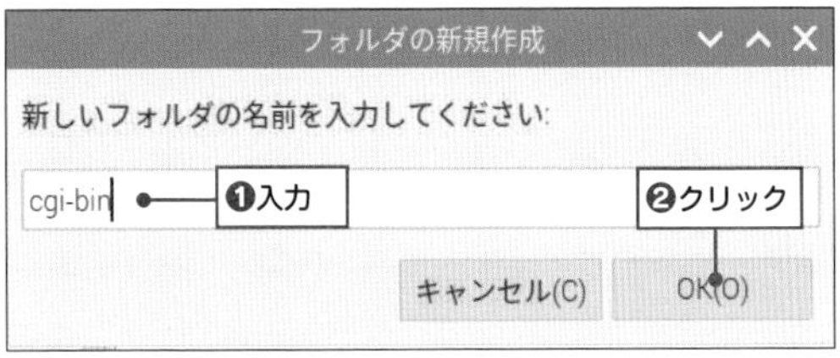

6 「rasptemp」フォルダーの中に「cgi-bin」フォルダーが作成されました。

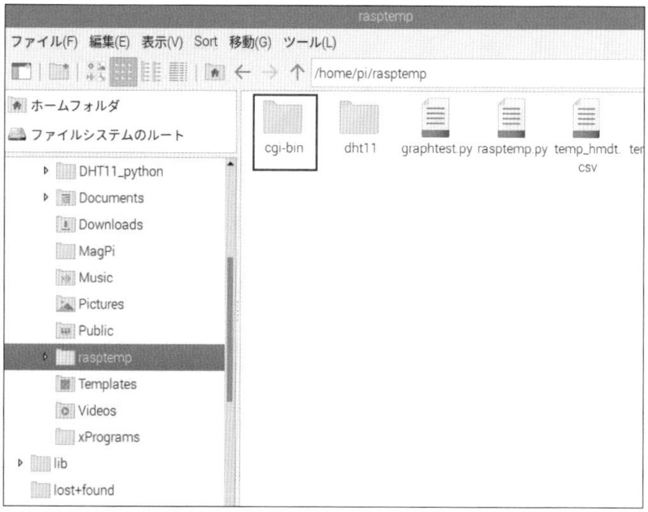

Pythonプログラムでグラフを表示させるには、作成したグラフを画像ファイルとして保存し、それを表示するHTMLコードを「print」命令で出力します。Thonnyで新規プログラムを作成して、以下のリストを入力し、先ほど作成した「cgi-bin」フォルダー内に「graph.py」というファイル名で保存します。

リスト6-5-2 graph.py（1）

```
1  #! /usr/bin/python3
2
3  import pandas as pd
4  import matplotlib.pyplot as plt
5  import os
6
7  filePath = '/home/pi/rasptemp/cgi-bin'
8
9  data = pd.read_csv(filePath + '/../temp_hmdt.csv', index_col='date_time')
10 data.plot()
11 plt.savefig(filePath + '/../temp_hmdt.png')
12 print('Content-Type: text/html\n')
13 print('<img src="../temp_hmdt.png">')
```

- 1：Pythonの本体がある場所を指定する
- 5：「os」ライブラリーをインポートする
- 7：「filePath」にプログラムのあるパスを格納する
- 11：「filePath」のひとつ上のディレクトリに「temp_hmdt.png」という名前でグラフの画像を保存する
- 12～13行目：画像を表示するためのHTMLコードを表示する

リスト6-5-1のプログラムとは、少し違うことに気づいたでしょうか？ 1行目では、Pythonの本体（Pythonのプログラムを実行するための、Python自体のプログラム）があるフォルダーのパスが指定されています。ラズベリー・パイには標準でさまざまなプログラミング言語が用意されているため、1行目の指定がないと「http.server」はどのプログラミング言語でプログラムを実行するのかわからず、エラーになってしまいます。「#!」に続いてPython本体がある場所を書くことで、プログラムがPythonで実行されます。

7行目では、5行目でインポートした「os」ライブラリーのコマンドを利用して、ファイルのパスを割り出しています。パスを正確に指定しないと、ウェブプログラムは正常に動作しません。このため、「graph.py」がラズベリー・パイのどこにあるかを調べ、その場所を基準にして、表示する画像ファイルや読み出すCSVファイルがある場所を判別します。

プログラムを保存したら、プログラムのアクセス権限（キーワード参照）を変更します。先ほどhttp.serverを起動させたものとは別に、新たにLX Terminalを開き、以下のコマンドを実行します。このコマンドによって、「cgi-bin」フィルダーの中にあるすべてのファイルを実行できる権利を与えることができます。このコマンドは1回実行すれば、次回から実行する必要がありません。

```
chmod -R 755 ~/rasptemp/cgi-bin Enter
```

ここまで完了したら、他のパソコンのウェブブラウザーから「ラズベリー・パイのIPアドレス:8000/cgi-bin/graph.py」にアクセスしてみましょう。すると、以下のように表示されます。

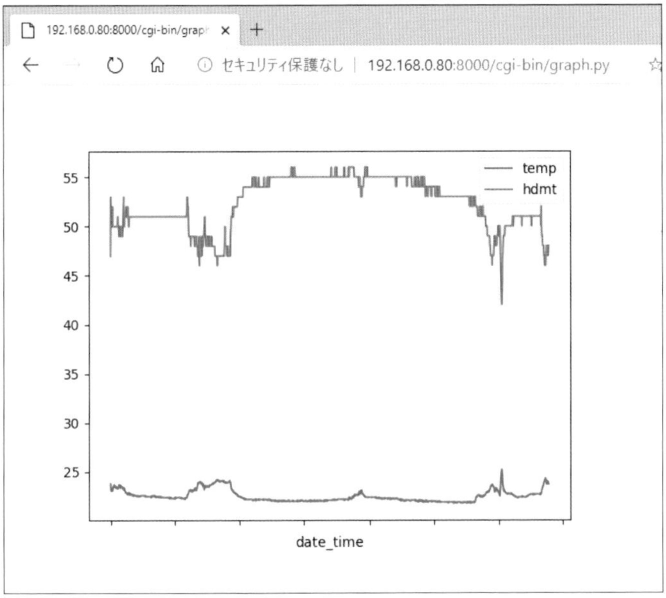

ウェブブラウザーにグラフが表示された。

ウェブブラウザーでアクセスするたびに、グラフは最新の状態に更新されます。これにより、その都度ラズベリー・パイを操作することなく、温度と湿度の推移を知ることができるようになりました。家の中など、同じネットワークにつながっているタブレットやスマートフォンからでも確認できます。

注意

グラフに記録できなくなったときは?

本章で作成した温湿度計は1分おきに計測したデータをtemp_hmdt.csvに記録するため、やがてグラフで表示しきれなくなります。その場合はtemp_hmdt.csvを削除するか、別のフォルダーに移動させてください。これにより、rasptemp.pyで次回の計測をするときに新しいtemp_hmdt.csvが生成されて、ゼロから記録を再開します。

キーワード

アクセス権限

アクセス権限（またはアクセス権）とは、コンピューターのファイルや機能を利用するための権利のことです。たとえば、ユーザーが作成したファイルは、自由に閲覧・編集できるアクセス権限が設定されます。OSやアプリケーションの動作に関係する重要なファイルは、システムの管理者のみ閲覧・編集できるアクセス権限が設定されています。

テクニック

グラフに日時を表示する

6章の作業で、グラフを表示させることができました。しかし、このグラフは温湿度の日時が表示されません。データフォーマットを整えて日時を表示させるとともに、画像内に文字が重ならないよう、間引いて自動で配置するようにしてみましょう。

リスト6-5-3 graph.py（2）

```
#! /usr/bin/python3

import pandas as pd
import matplotlib.pyplot as plt
import os

filePath = '/home/pi/rasptemp/cgi-bin'

data = pd.read_csv(filePath + '/../temp_hmdt.csv', index_col='date_time')
data.index = pd.to_datetime(data.index) ●—— 日時のフォーマットを整える
data.plot()
plt.tight_layout() ●—— 画像内の文字が重ならないよう自動で調整する
plt.savefig(filePath + '/../temp_hmdt.png')
print('Content-Type: text/html\n')
print('<img src="../temp_hmdt.png" width="100%">')
```

パソコンのウェブブラウザーでアクセスすると、X軸に日時が表示されているはずです。同時に、文字が重なってしまうことをある程度防げます。

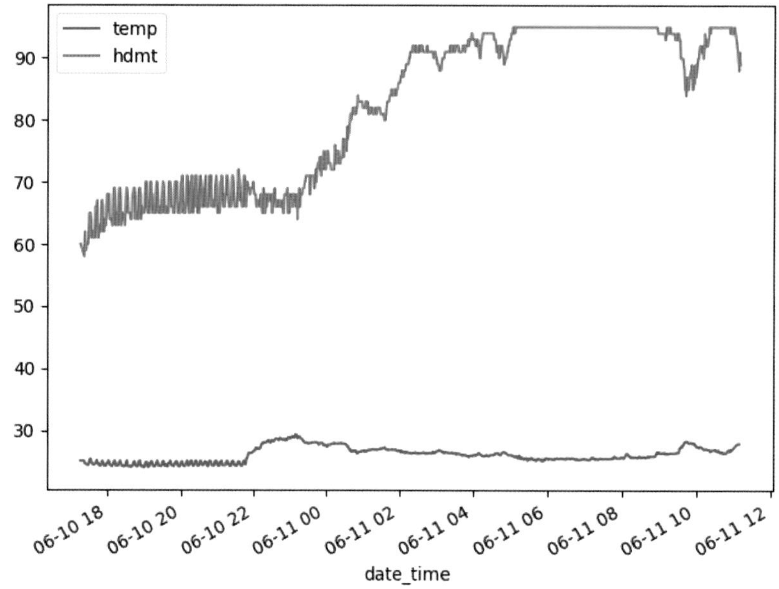

X軸に日時が斜めに表示されるようになった。

Chapter
07

リアルタイムで確認できる定点カメラを作ろう

Section 7-1 本章で作成する定点カメラについて知ろう

Section 7-2 定点カメラを組み立てよう

Section 7-3 定点カメラのプログラムを作成しよう

Section

7-1 本章で作成する定点カメラについて知ろう

この章では、ラズベリー・パイにカメラモジュールを接続して、プログラムで一定時間おきに撮影する「定点カメラ」として利用する方法について学んでいきます。

ラズベリー・パイに接続できるカメラ

大きく分けて、ラズベリー・パイには2種類のカメラを接続できます。1つは、パソコンのテレビ通話などで使用するUSBカメラです。もう1つは、ラズベリー・パイのカメラ端子に接続する、ラズベリー・パイ専用の「カメラモジュール」です。USBカメラは低価格ながら画質のよいものがいろいろ販売されていますが、ラズベリー・パイで使用できない製品もあります。一方、ラズベリー・パイ専用のカメラモジュールは割高で画質は劣りますが、特別なインストール作業などが不要で、すぐにプログラムを作成することができます。

パソコン用のUSBカメラ。ラズベリー・パイで使える製品と使えない製品がある。

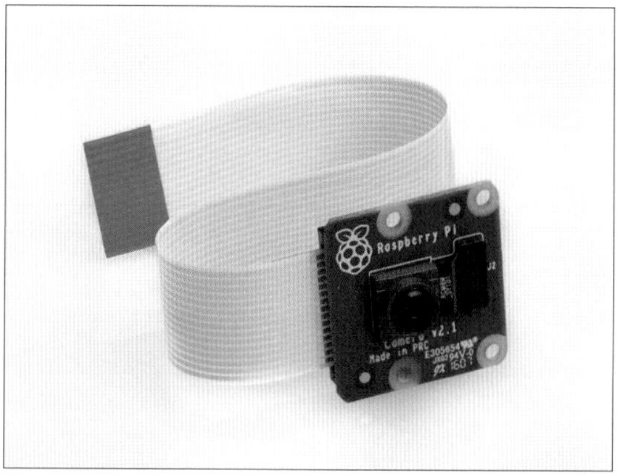

ラズベリー・パイ専用のカメラモジュール。Raspberry Pi 4やPi Zero Wなどをはじめとした、カメラ端子のあるモデルで使える。本章で使うのはこのタイプのカメラ。

ラズベリー・パイ専用のカメラモジュールを使い分ける

ラズベリー・パイ専用のカメラモジュールには、3つの種類があります。1つ目は、カラーの画像や映像を撮影できる「純正のカメラモジュール」です。2つ目は、暗い場所での赤外線撮影ができる「純正の赤外線カメラモジュール」です。そして3つ目は、さまざまなメーカーから販売されている「非純正のカメラモジュール」です。非純正のカメラモジュールには、魚眼レンズを搭載してより広範囲を撮影できるようになっているものや、サイズの小さいもの、低価格なものなど、さまざまな製品があります。純正・非純正を問わず、同じ設定、同じプログラムで撮影できます。

純正のカメラモジュールには、「Pi Camera」と「Pi Camera V2」という2つの製品があります。「Pi Camera」は500万画素、「Pi Camera V2」は800万画素のカメラを搭載しています。それ以外の機能は同じです。

純正のカメラモジュール「Pi Camera」。

純正の赤外線カメラモジュールには、「Pi NoIR Camera」と「Pi NoIR Camera V2」という2つの製品があります。通常のカメラモジュールと同じように、「Pi NoIR Camera」は500万画素、「Pi NoIR Camera V2」は800万画素のカメラを搭載しています。それ以外の機能は同じです。

純正の赤外線カメラモジュール「Pi NoIR Camera V2」。

非純正のカメラモジュールには、さまざまなタイプがあります。以下の写真は、指先のサイズほどの超小型ながら、500万画素のカメラを備えた製品です。価格も純正より安く、電子パーツショップなどで購入できます。ズームレンズや魚眼レンズなどを備えたカメラモジュール、赤外線LEDを備えたナイトカメラなどもあります。

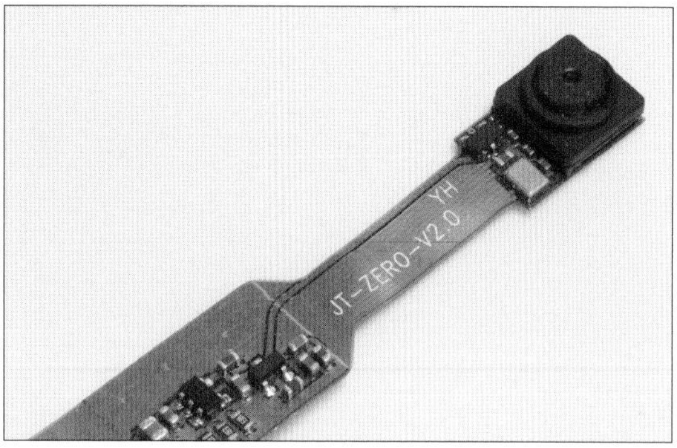

非純正の小型カメラ「Raspberry Pi用スパイカメラ」。

定点カメラとは?

定点カメラとは、一定時間おきに同じ場所を撮影する観測用のカメラです。高価なデジタルカメラに定点観測用の機能が搭載されていることがありますが、ラズベリー・パイを使えば安く自作できます。植物の生長を観察する、家の玄関や部屋の様子を記録するなど、ゆっくりとした動きのものを見るのにとても適しています。

ラズベリー・パイを使った定点観測カメラ。

ラズベリー・パイはコンパクトなので固定しやすく、消費電力が少ないため、モバイルバッテリーで長時間撮影することができます。カメラのプログラムはとても単純で、1分間など指定した時間が経過すると、自動的に撮影してファイルに保存するようになっています。写真を撮影をしながら、それをパソコンで見られるようにプログラムしてみましょう。

注意

カメラモジュールを利用できないモデル

カメラモジュールを利用するには、カメラ端子を搭載したラズベリー・パイが必要です。これまで発売されたラズベリー・パイのほとんどのモデルはカメラ端子を搭載していますが、Raspberry Pi Zeroの初期のモデル(V1.3より前のモデル)はカメラ端子を搭載していません。

Section
7-2 定点カメラを組み立てよう

さっそく、ラズベリー・パイにカメラモジュールを取り付けてみましょう。ラズベリー・パイのモデルによって、カメラモジュールの取り付け方法は異なります。破損しやすいパーツもあるので、無理に力を加えないよう注意して作業しましょう。

Raspberry Pi 1 ／ 2 ／ 3 ／ 4にカメラを取り付ける

Raspberry Pi 1／2／3／4はすべてのモデルに15ピンMIPIカメラインターフェースが備わっています。これを使って、カメラモジュールを取り付けていきます。ラズベリー・パイとカメラモジュールは、フレキシブルフラットケーブルを利用して接続します。フレキシブルフラットケーブルは基板に比べて薄く壊れやすいので、ケーブルに過剰な負荷がかからないよう、十分注意して作業しましょう。

1 カメラモジュールの背面にある、黒いロックパーツを手前に引き出します❶。ロックパーツは折れやすいので、ゆっくりと力を入れずに動かします。引き出したら、フレキシブルフラットケーブルを引き抜きます❷。

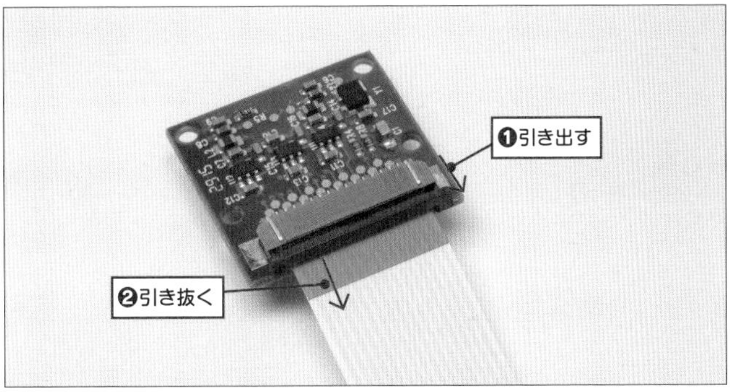

2 ラズベリー・パイのカメラ端子（「CAMERA」と書かれている端子）の黒いロックパーツを上方向に引き出します❶。このロックパーツも折れやすいので、力を入れずに作業します。

3 カメラモジュールのフレキシブルフラットケーブルを、銀色の端子側が「CAMERA」の文字に向くようにして差し込みます❶。

4 フレキシブルフラットケーブルを差し込んだら、黒いロックパーツを奥に押し込んで固定します❶。ケーブルを軽く引っ張っても抜けないことを確認します。

5 フレキシブルフラットケーブルの端を、ラズベリー・パイ用ケースのカバーの外に出します❶。

注意

銀色の端子部分には触れないこと!

フレキシブルフラットケーブルの銀色の端子部分に触れてしまうと、指の皮脂が端子に付着して接触が悪くなり、電気を通さなくなることがあります。これを防止するため、銀色の端子の部分にはできるだけ触れないようにして作業します。

6

カバーを閉じて、ケーブルが外に出ている状態にします。

7

カメラモジュールの背面にある、端子のロックパーツをゆっくりと引き出して❶、ロックを外します。ロックパーツは折れやすいので、注意して作業しましょう。

8

カメラモジュールのカメラ側にフレキシブルルラットケーブルの端子面が合うように、端子へ差し込みます❶。

9 端子のロックパーツを押し込んで❶、フレキシブルフラットケーブルを固定します。

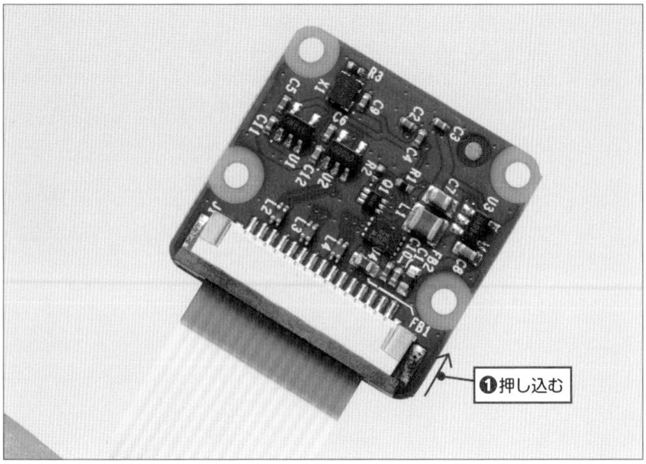

10 カメラが動かないように、マスキングテープでカバーに固定します❶。

Raspberry Pi Zero ／ Zero W ／ Zero WHにカメラを取り付ける

Raspberry Pi Zero／Zero W／Zero WHには小型のカメラ端子が搭載されているため、カメラモジュールに付属するフレキシブルフラットケーブルは使用できません。これらのモデルでは、本体に付属する小型のフィルムタイプのフラットケーブルを使用します。

なお、Raspberry Pi Zero／Zero W／Zero WH用の公式ケースには、カメラモジュールを内蔵できる専用のカバーが付属しますが、GPIOピンを取り付けた状態では干渉して利用できません。その場合はGPIOピン用のカバーを使用して、カメラモジュールはケースの外側に配置しましょう。

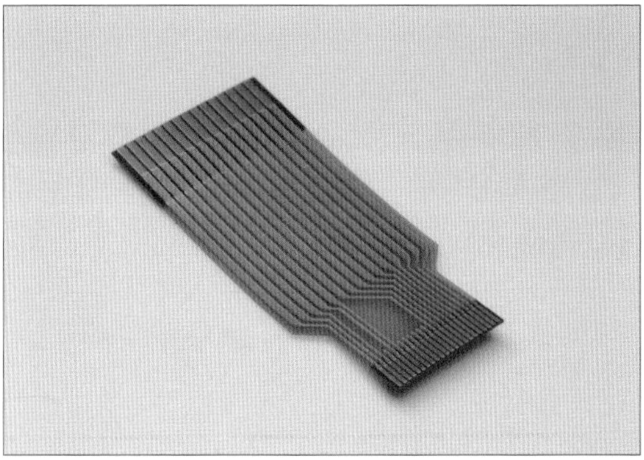
フィルムタイプのフラットケーブル。

公式のRaspberry Pi Zeroケースとカメラ専用のカバー。

ケース内にカメラモジュールを取り付ける場合（Raspberry Pi Zero）

1 最初に、カメラモジュールからフレキシブルフラットケーブルを抜いておきます。カメラモジュールの背面にある端子のロックパーツを手前にゆっくりと引き出します❶。ロックパーツは折れやすいので、手に力を入れず、慎重に動かします。写真のような位置になったら、フレキシブルフラットケーブルを引き抜きます❷。

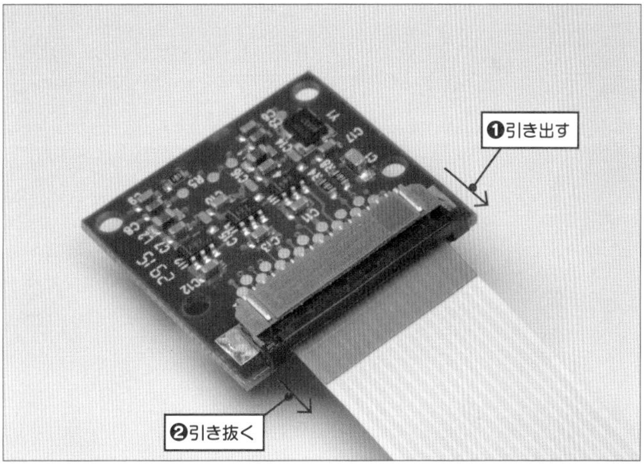

2 ラズベリー・パイの端にあるカメラ端子のロックパーツを引き出し❶、フィルムタイプのフラットケーブルの狭いほうを差し込みます❷。右図を参考にして、ケーブルの表と裏を間違えないよう注意しましょう。

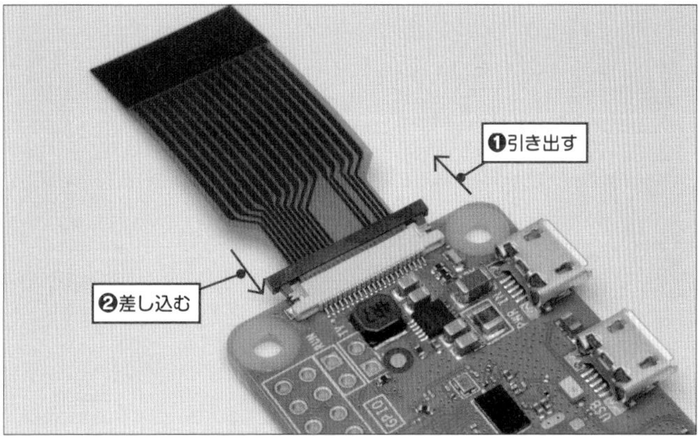

3

フラットケーブルを奥まで差し込んだら、黒いロックパーツを押し込んで❶、元の位置に戻します。

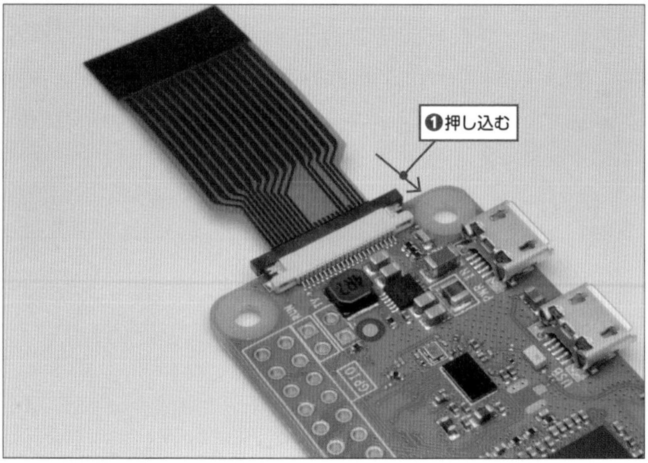

4

カメラモジュールの端子のロックパーツが引き出されていることを確認します。端子にフラットケーブルを差し込みます❶。

5

ロックパーツを押し込んで❶、フラットケーブルを固定します。ロックパーツは折れやすいので、注意して作業しましょう。

6

ラズベリー・パイを下側のケースに収納します❶。このとき、フラットケーブルに無理な力がかかったり、折り目がつかないように注意します。ゆるやかなカーブを描く程度であれば、曲げても大丈夫です。

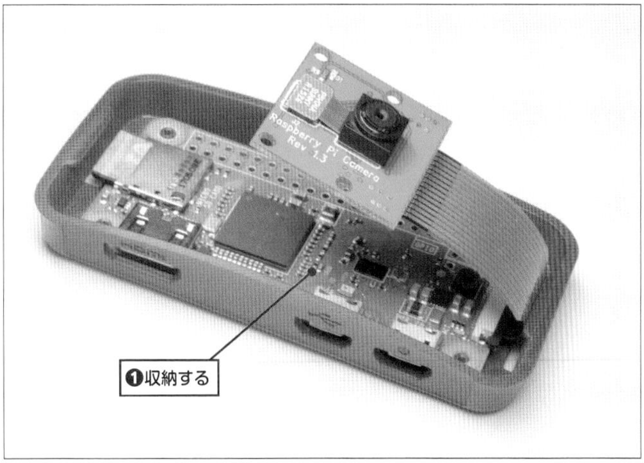

7

カメラモジュールの４つの穴を、カバーの出っ張りに合わせて固定します❶。

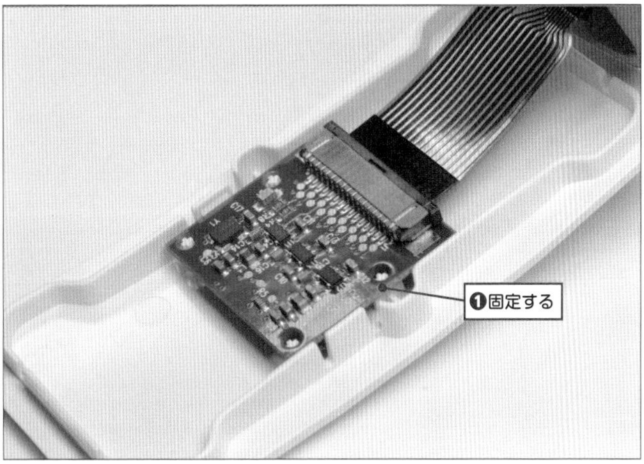

8

ケースにカバーをかぶせて完成です。

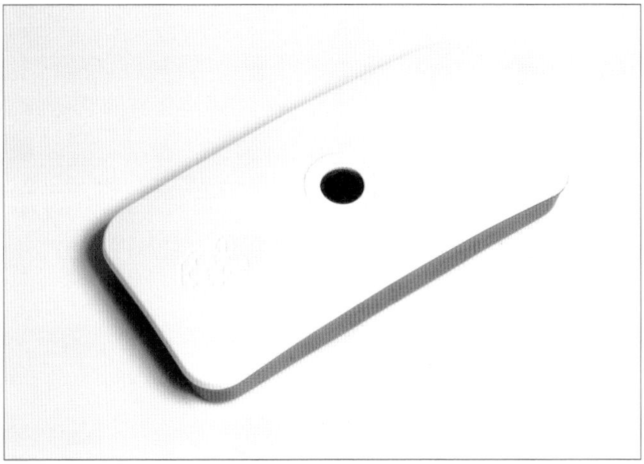

ケースの外にカメラモジュールを付ける場合（Raspberry Pi Zero W ／ WH）

1

P.211 手順2～P.212 手順3を参考にして、フラットケーブルをラズベリー・パイに取り付けておきます❶。

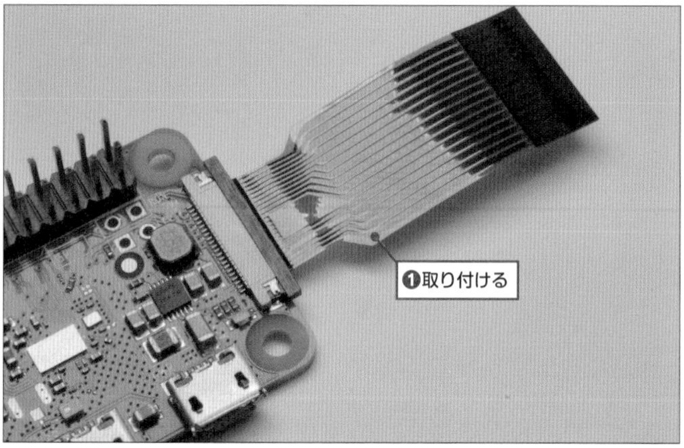

2

ケース本体の端に開いているスリット（穴）に、フラットケーブルを通します❶。

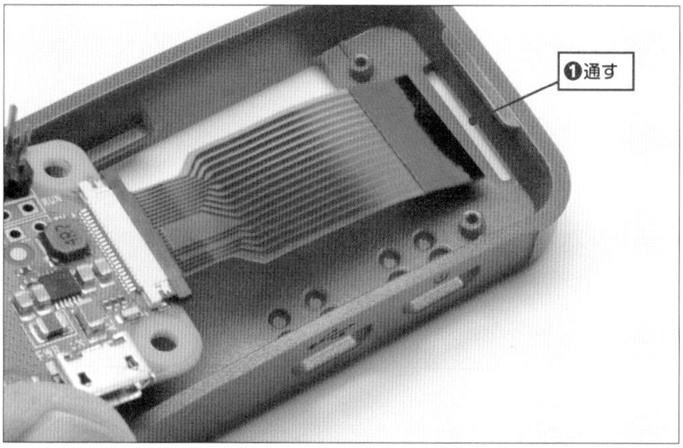

3

ラズベリー・パイをケース本体に固定します。裏側がこのような状態になります。

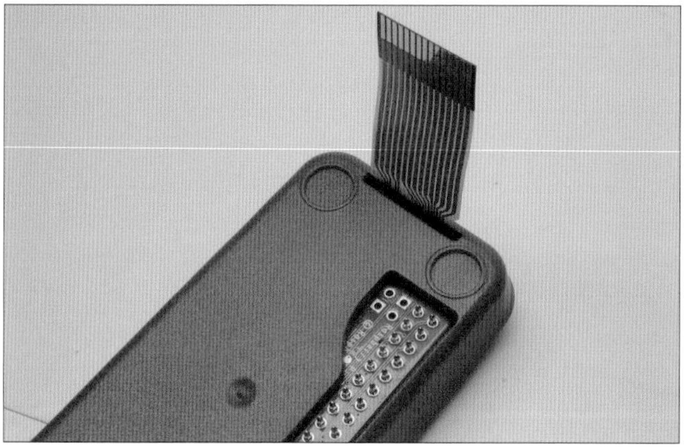

4 P.212 手順[4]~[5]を参考にしてカメラの向きを確認し、カメラモジュールをフラットケーブルに取り付けます❶。

5 カバーを取り付けます。カメラモジュールが動かないように、マスキングテープなどでカバーに固定します❶。

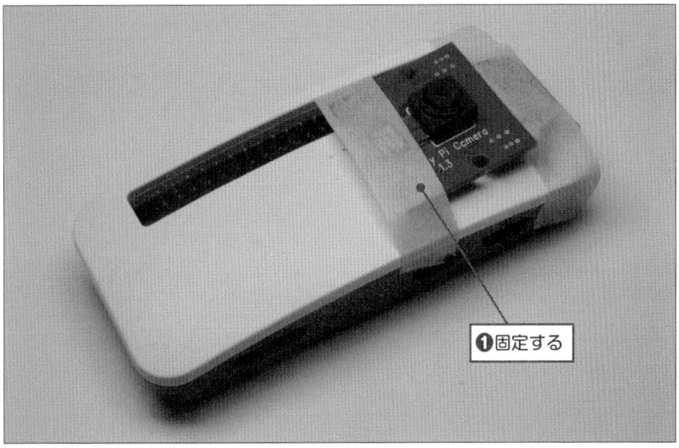

メモ

Raspberry Pi Zero公式ケースの使い方

Raspberry Pi Zeroの公式のケースは、3種類のカバーが付属します。写真の①はRaspberry Piを固定する底ケースとなっていて、右の3種類のカバーを用途に応じて使い分けます。②はGPIOピンを使用できるカバーです。③はGPIOピンヘッダーを付けていない状態のRaspberry Pi Zeroで使うことができます。④はカメラモジュール専用の穴が空いたカバーです。カメラモジュールを内蔵できますが、GPIOピンヘッダーを取り付けた状態では使えません。

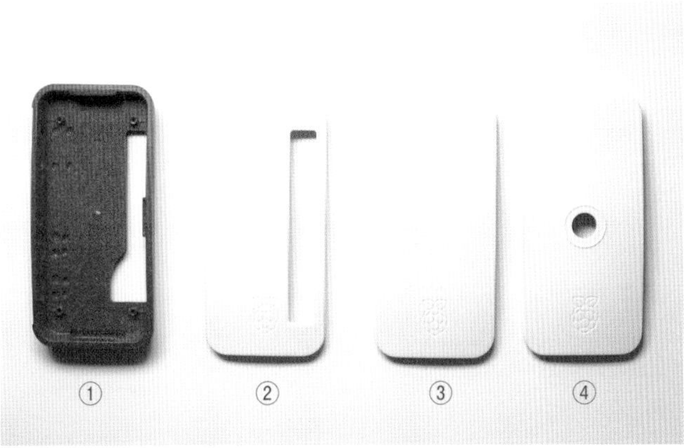

Section

7-3 定点カメラのプログラムを作成しよう

ラズベリー・パイに取り付けたカメラモジュールをPythonプログラムで利用するには、「picamera」というモジュールを利用します。ここでは一定の時間ごとにカメラモジュールで写真を撮影して、連番のファイル名を付けて画像として保存するプログラムを作成します。

カメラを有効にする

ラズベリー・パイでカメラを利用するには、まずカメラ機能をオンにして、カメラモジュールからの信号を受け取れるようにする必要があります。以下の操作を行うと、ラズベリー・パイが再起動してカメラモジュールが使えるようになります。

1 メニューアイコンをクリックし❶、「設定」にマウスポインターを合わせて❷、「Raspberry Piの設定」をクリックします❸。

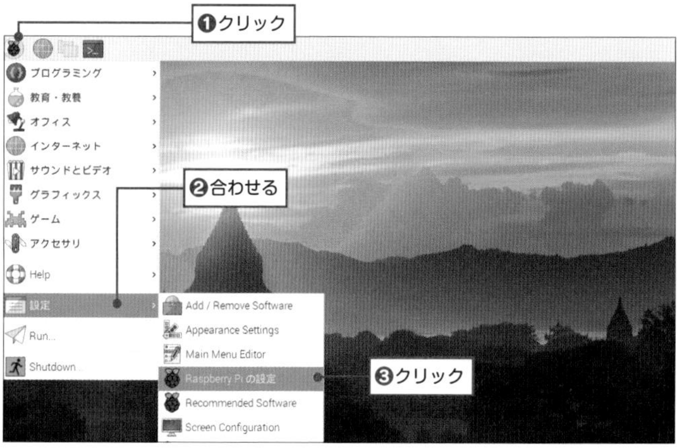

2 「Raspberry Piの設定」画面が表示されます。「インターフェイス」タブをクリックし❶、「カメラ」の「有効」をクリックして❷、「OK」をクリックします❸。

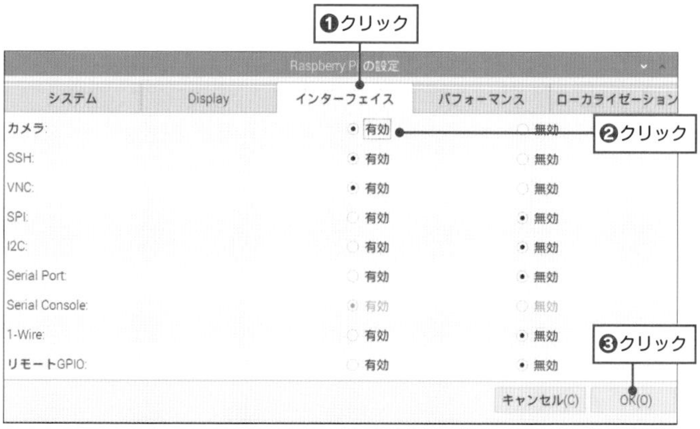

3 「再起動が必要です」画面が表示されたら、「はい」をクリックします❶。この後、ラズベリー・パイが再起動します。

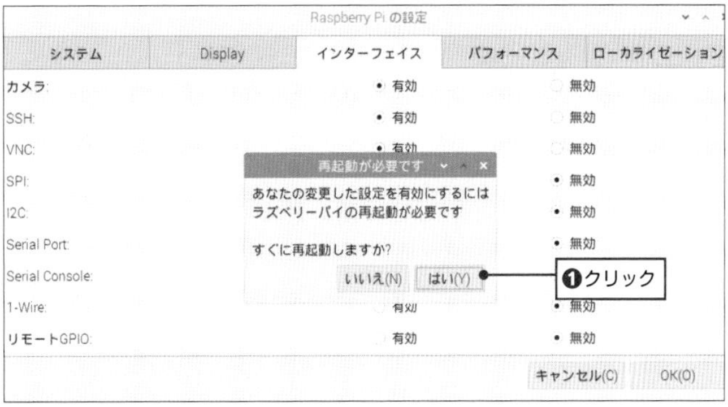

写真を撮影する

ラズベリー・パイに正しくカメラを取り付けることができたか、かんたんなプログラムで確認してみましょう。Pythonでカメラモジュールを利用するには、最初に「picamera」というモジュールをインポートする必要があります。「picamera」モジュールをインポートすることで、カメラで写した画像をファイルに保存できます。

Thonnyを起動し、Editorビューに以下のプログラムを入力しましょう。

リスト7-3-1 intervalCam.py（1）

```
import picamera

picamera.PiCamera().capture('image.jpg')
```

import picamera ―― 「picamera」モジュールをインポートする

picamera.PiCamera().capture('image.jpg') ―― カメラに写る画像を「image.jpg」というファイル名で保存する

カメラで撮影した画像を1枚保存するだけであれば、最低限、上記のプログラムを実行するだけでOKです。プログラムを入力したら「intervalCam.py」という名前で保存して、実行してみましょう。

1 Thonnyの「Save」をクリックします。「Save as」画面の「File name」欄に「intervalCam.py」と入力し❶、「OK」をクリックします❷。

2 撮影したいものに向けてカメラを配置します。

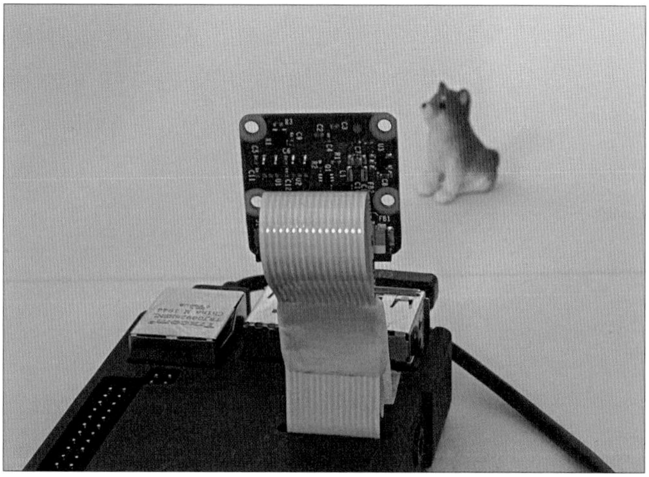

3 「Run」をクリックします❶。

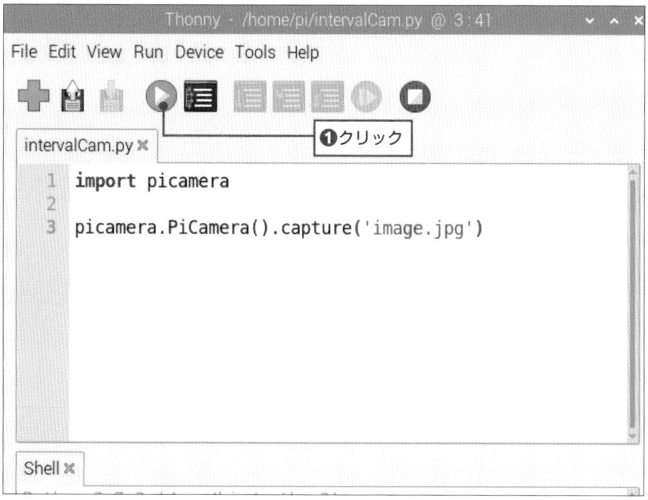

4 「ファイルマネージャ」を起動し、「home」→「pi」の順でフォルダーを開きます❶。リスト7-3-1のプログラムを実行したことにより、「image.jpg」というファイルが作成されているので、ダブルクリックします❷。

5 イメージビューワが起動して、カメラで撮影した写真が表示されました。

写真の保存先を変更する

前ページの手順4でわかるように、初期状態では、プログラムが保存されているフォルダーに写真の画像ファイルが作成されます。これでは不便なので、別のフォルダーに保存するようプログラムを変更しましょう。

保存先の候補として「画像」フォルダーが考えられますが、Raspbianのバージョンやインストール方法によっては、フォルダー名が「Picturs」に変わることがあります。かならず同じ場所に保存されるよう、ここではカメラモジュール専用の「Photos」フォルダーを作成します。

1 「ファイルマネージャ」を起動して、「home」→「pi」の順でフォルダーを開きます❶。「ファイル」をクリックし❷、「New Folder」をクリックします❸。

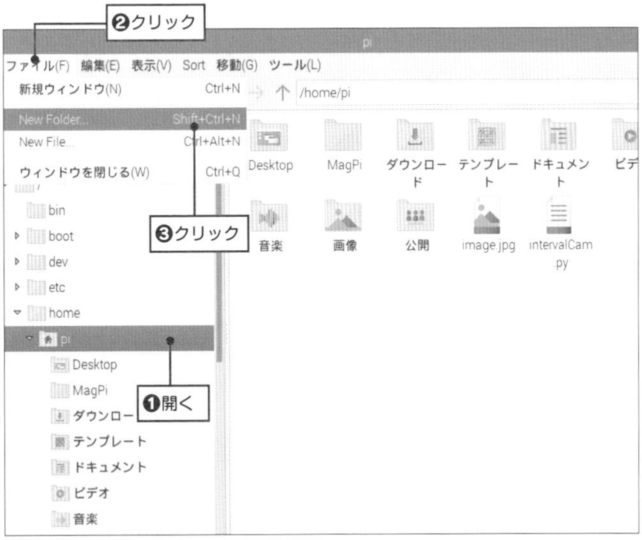

2 「フォルダの新規作成」画面が表示されます。入力欄に「Photos」と入力し❶、「OK」をクリックします❷。

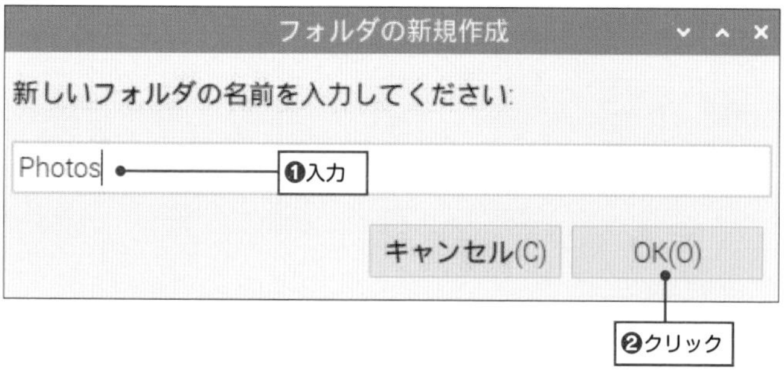

3 ファイルマネージャに「Photos」フォルダーが作成されました。

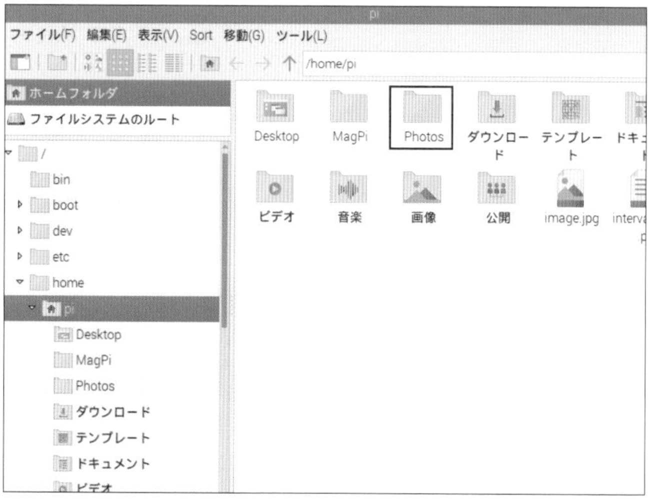

続いて、Thonnyの画面に戻り、リスト7-3-1のプログラムを以下のように変更します。

リスト7-3-2 intervalCam.py（2）

```
1 import picamera
2
3 picamera.PiCamera().capture('/home/pi/Photos/image.jpg')
```
← 画像の保存先を変更する

3行目の命令の最後にあるカッコ内は、ファイル名だけでなく、保存するフォルダー名を指定することができます。ここでは「home」→「pi」→「Photos」の順でフォルダーをたどり、その中に「image.jpg」というファイル名で保存することを指定しています。フォルダー名やファイル名は半角文字の「/」で区切られています。これは「～の中にある」ということを示しています。

変更後、プログラムを保存して実行してみましょう。

4 カメラモジュールで撮影した画像が、先ほど作成した「Photos」フォルダーの中に保存されるようになりました。

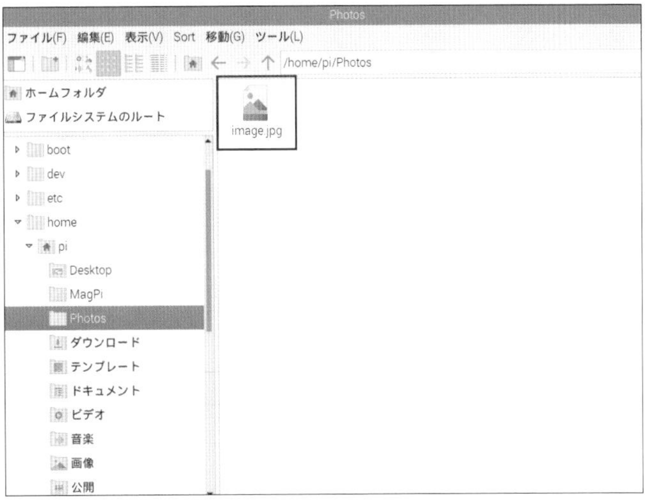

長い命令を短くする

以降の解説では、リスト7-3-2の3行目にある「picamera.Picamera().capture」のような、長い命令がたびたび登場します。これを毎回入力するのは手間がかかるうえ、入力ミスも発生しやすくなります。そこで、長い命令を簡略化して入力できるようにしてみましょう。

下記のようにプログラムを変更すると、「picamera.Picamera()」という長い命令を「camera」という短い名前でまとめることができます。これにより、リスト7-3-2の3行目で「picamera.PiCamera().capture…」と入力していた部分は、プログラム中の以降の行では「camera.capture…」と簡略化して入力できます。

リスト7-3-3 intervalCam.py（3）

```
import picamera

camera = picamera.PiCamera()

camera.capture('/home/pi/Photos/image.jpg')
```

「camera」に「picamera.PiCamera()」をまとめる

命令を「camera.capture」に置き換える

正しい色で撮影する

すでに気づいているかもしれませんが、カメラモジュールで撮影した写真の画像は少し色味が変わっていて、被写体とは違って見えます。

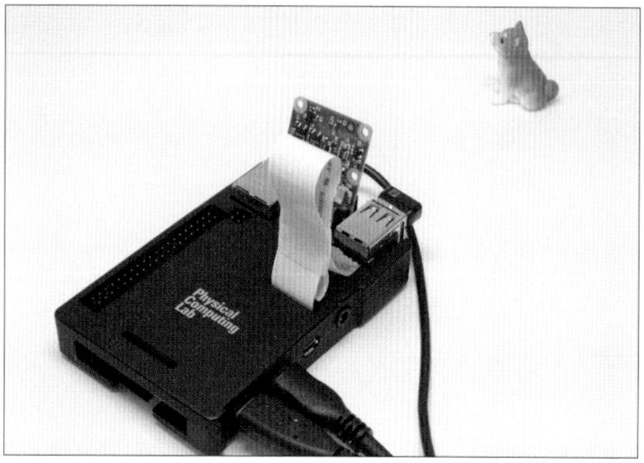

実際の撮影中の様子。

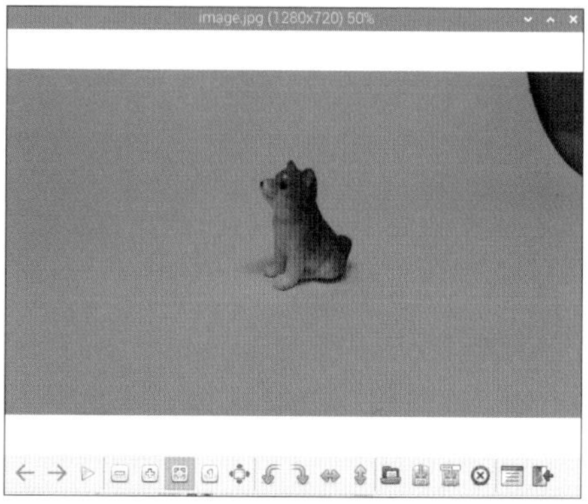

撮影された画像。

実際の様子とカメラモジュールで撮影した写真を比べると、ずいぶんと色が違いますよね。カメラモジュールのモデルによっては、真っ暗になって何が写っているのかわからなくなることもあります。

じつは、カメラモジュールを使う際は、カメラがオンになってから3秒ほど待たなければ、正しい色で撮影できないのです。そのため、少しプログラムを変更する必要があります。

まずは、以下のようにプログラムを変更してみましょう。

リスト7-3-4 intervalCam.py（4）

```
1  import picamera
2
3  camera = picamera.PiCamera()
4
5  camera.start_preview()  ●―― カメラのプレビューを開始
6  camera.capture('/home/pi/Photos/image.jpg')
7  camera.stop_preview()  ●―― カメラの使用を終える
```

5行目は、カメラを使用可能にする準備です。カメラの中にあるセンサーに画像が写っている状態、つまり、プレビューの状態にします。カメラが画像を捉えているだけなので、この段階ではファイルは作成されません。

6行目で「capture」命令を実行して、はじめて画像をファイルにします。7行目は、カメラが画像を捉えるのを終える命令です。

この状態ではまだ、撮影される写真の色は不自然なままです。さらに、以下のようにプログラムを変更します。

リスト7-3-5 intervalCam.py（5）

```
1  import picamera
2  import time        「time」モジュールをインポートする
3
4  camera = picamera.PiCamera()
5
6  camera.start_preview()
7  time.sleep(3)      3秒間待つ
8  camera.capture('/home/pi/Photos/image.jpg')
9  camera.stop_preview()
```

6行目でカメラがプレビューを開始したあと、7行目で3秒間待って、正しい色で撮影できる状態にします。その後の8行目の時点で、カメラに写っている画像をファイルとして保存しています。

もう一度実行して、どのような画像になるか確認してみましょう。

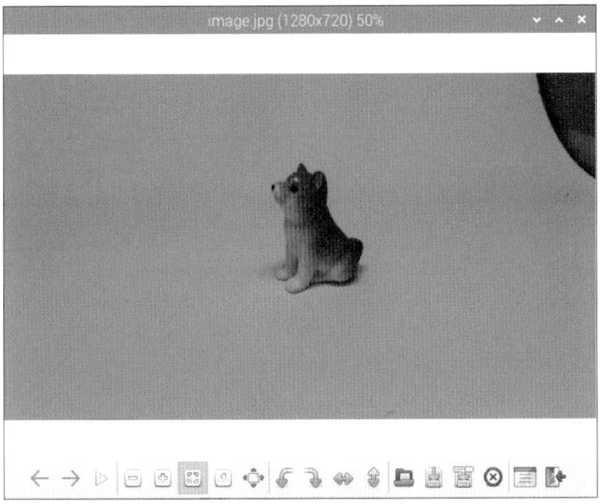

カメラをオンにして3秒待ったあとに撮影した画像。

今回は、ほぼ正しい色で撮影できました。カメラモジュールを使うときは、「最初の撮影時に3秒間待たなくてはならない」ということを覚えておきましょう。

画像を180度回転させる

定点カメラは壁や物陰など、さまざまな場所に設置して使用します。その際のラズベリー・パイやカメラの向き・角度によっては、撮影した写真の画像が180度回転してしまうこともあります。このようなときは、「イメージビューワ」で画像を回転させることで、正しい向きに修正できます。

「時計回りに回転する」を2回クリックすると、180度回転する。

この方法は一度だけならよいのですが、何度も撮影をしていると、そのたびに画像を手作業で回転するのが面倒になってきます。そこで、撮影時に180度回転した状態で保存するように、プログラムを変更してみましょう。

リスト7-3-6 intervalCam.py (6)

```
import picamera
import time

camera = picamera.PiCamera()

camera.rotation = 180   ←─ カメラの画像を180度回転させる
camera.start_preview()
time.sleep(3)
camera.capture('/home/pi/Photos/image.jpg')
camera.stop_preview()
```

カメラの画像を回転させるには「rotation」命令を使います。「camera.rotation」に「180」を入れることで、以後のカメラの画像は180度回転するようになります。プログラムを変更したら、実行してみましょう。

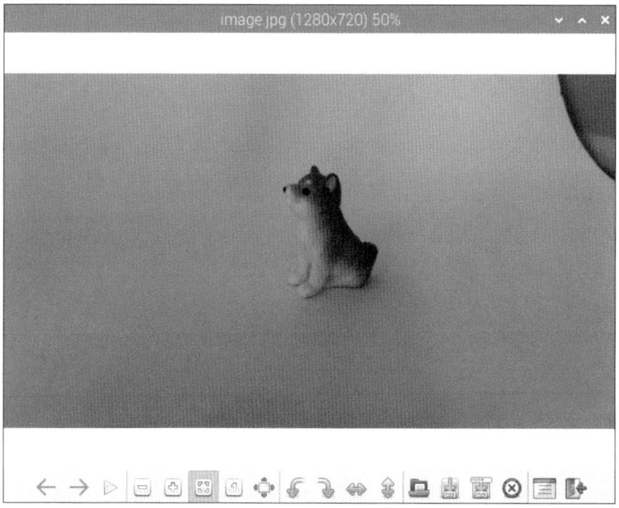

正しい方向で撮影された。

写真が180度回転し、正しい方向で撮影されました。「rotation」の値は「90」や「270」など、90度単位で指定できます。カメラの角度に応じて調整してみましょう。

一定時間おきに写真を撮影する

カメラの画像が保存できるようになったら、次は連続で写真を撮影できるようにします。まずは、繰り返し撮影するための方法です。5章のプログラムで使用した「for」文を使えば、一定時間ごとに写真を撮る作業をかんたんに自動化できます。以下のように、プログラムを変更してみましょう。

リスト7-3-7 intervalCam.py（7）

```
import picamera
import time

camera = picamera.PiCamera()

camera.rotation = 180
camera.start_preview()
time.sleep(3)

for i in range(5): ●—— 以下の内容を繰り返す
    camera.capture('/home/pi/Photos/image.jpg') ●—— 行頭に空白を4つ入れる
    time.sleep(30) ●—— 30秒待つ

camera.stop_preview()
```

「capture」命令のあとで30秒待つという作業を、「for」文で5回繰り返しています。このプログラムを実行すると、30秒ごとに画像ファイル「image.jpg」が上書きされるようになります。

連番のファイル名で画像を保存する

リスト7-3-7のままでは、いちばん最後に撮影した画像しか確認することができません。過去の画像と見比べて変化を観察するために、撮影するたびにファイル名を変えて保存するようにしてみましょう。

これまでは「capture」命令の中で、フォルダー名とファイル名をいっしょに指定していました。ここでは変える必要のないフォルダー名と、毎回変えたいファイル名を分けるよう、プログラムを変更します。

リスト7-3-8 intervalCam.py（8）

```
1   import picamera
2   import time
3
4   dirName = '/home/pi/Photos/'  ← フォルダー名を示す変数「dirName」を作り「/home/pi/Photos/」を入れる
5   fileName = 'image.jpg'  ← ファイル名を示す変数「fileName」を作り「image.jpg」を入れる
6   camera = picamera.PiCamera()
7
8   camera.rotation = 180
9   camera.start_preview()
10  time.sleep(3)
11
12  for i in range(5):
13      camera.capture(dirName + fileName)  ← 画像を保存する場所を「dirName + fileName」に変更する
14      time.sleep(30)
15
16  camera.stop_preview()
```

フォルダー名とファイル名をあとから変更しやすいよう、それぞれ変数に作り替えています。この状態で実行しても、以前と同じ動きをします。さらに、fileNameの部分を変えるようにプログラムを改造してみましょう。

リスト7-3-9 intervalCam.py（9）

```
1   import picamera
2   import time
3
4   a = 0  ← 変数「a」を作り、値を「0」にする
5   dirName = '/home/pi/Photos/'
6   camera = picamera.PiCamera()  ← リスト7-3-8の5行目にあった「fileName～」の行は14行目へ移動
7
8   camera.rotation = 180
9   camera.start_preview()
10  time.sleep(3)
```

```
11
12  for i in range(5):
13      a += 1   ●── 変数「a」に「1」を足す
14      fileName = '{0:04d}'.format(a) + '.jpg'   ●── もともと5行目にあった「fileName」の指定をこの行に移動し、変数「a」をもとにした4桁の数値と「.jpg」の文字列を入れる
15      camera.capture(dirName + fileName)
16      time.sleep(30)
17
18  camera.stop_preview()
```

14行目でファイル名を指定していますが、ここに見慣れない文字があります。この「'{0:04}'.format(a)」というのは『変数「a」を4桁の数値にする』という意味です。

「a」をそのまま扱うと、「2.jpg」「12.jpg」というように、桁数に応じてファイル名の長さが変化してしまいます。これではファイルマネージャで順番どおりに並べ替えできないため、ファイル名の桁数を揃えたいところです。そこで前記の命令によって、「a」が「2」のときは「0002」、「a」が「12」のときは「0012」というように、常に4桁で表現できるようになります。

画像のファイル名が連番になった。

「0001.jpg」からスタートして、新しい画像がどんどん連番のファイル名で保存されていくようになりました。

日付のファイル名で写真を保存する

Pythonの「datetime」モジュールを使うと、写真を撮影した日付や時間をファイル名にして保存できます。これによって、その写真がいつ撮影されたのかを知ることができます。以下のように、プログラムを変更しましょう。

リスト7-3-10 intervalCam.py（10）

```
import picamera
import time
import datetime   ●── 「datetime」モジュールをインポートする

```

```
5   dirName = '/home/pi/Photos/'
6   camera = picamera.PiCamera()
7
8   camera.rotation = 180
9   camera.start_preview()
10  time.sleep(3)
11
12  for i in range(5):
13      nowTime = datetime.datetime.now()
14      fileName = nowTime.strftime('%Y%m%d-%H%M%S') + '.jpg'
15      camera.capture(dirName + fileName)
16      time.sleep(30)
17
18  camera.stop_preview()
```

現在の時刻を取得し、変数「nowTime」に入れる

「nowTime」の年月日を「20201028」、時分秒を「172633」など数値に整えて、変数「fileName」に入れる

「datetime」モジュールをインポートすることで、現在の年月日と時分秒を取得して、変数として扱えるようになります。14行目で「%Y」「%m」などと記述していますが、これは以下のように年や月を表しています。

%Y	年
%m	月
%d	日

%H	時
%M	分
%S	秒

この文字列を組み合わせて、日付や時刻をファイル名として指定できるようになります。プログラムを実行してみましょう。

日付と時刻がファイル名になって保存された。

このように、日付と時刻がファイル名に含まれるようになりました。以後は、撮影された日時のファイルがどんどん追加されていくはずです。

なお、ファイルが増えると次第にmicro SDカードの空き容量が少なくなります。空き容量がなくなるとOSが起動しなくなるので、1日おき、1週間おきなど定期的にmicro SDカードの中身を確認して、不要な画像ファイルは削除するようにしましょう。

Chapter
08

自動で更新するお天気ボードを作ろう

Section 8-1 本章で作成するお天気ボードについて知ろう

Section 8-2 お天気ボードを組み立てよう

Section 8-3 LCDを使えるようにしよう

Section 8-4 LCDに文字を表示させよう

Section 8-5 LCDにカタカナを表示させよう

Section 8-6 LCDに天気予報を表示させよう

Section

8-1 本章で作成するお天気ボードについて知ろう

本章では、ラズベリー・パイに小型のLCDモジュールをつないで、インターネットで提供されている気象情報を表示させてみます。表示できる情報量は少ないですが、そのぶん消費電力が少なく、ずっと情報を表示させておくことができます。

お天気ボードの外観

　ラズベリー・パイとつながったブレッドボードに、LCDモジュールが取り付けられています。ここに、インターネットから取得した天気の情報が表示されます。

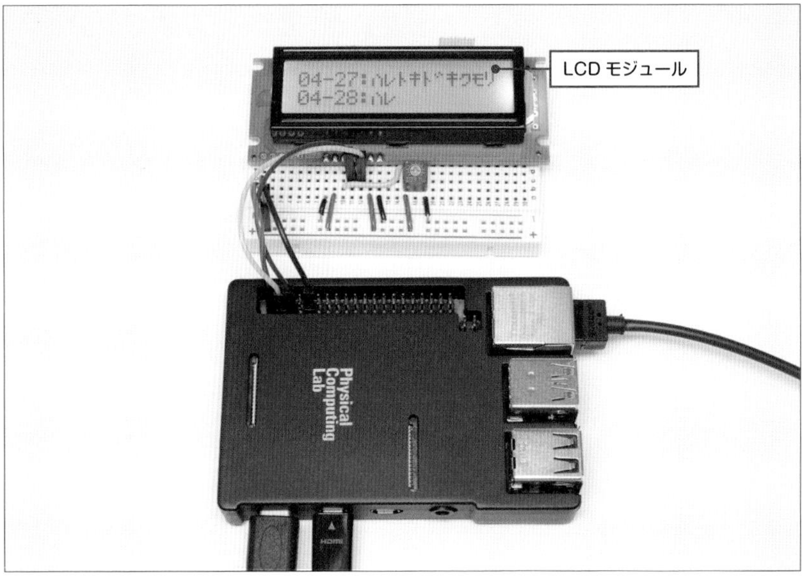

上に配置されているのがLCDモジュール。ラズベリー・パイがインターネットから取得した天気情報を、LCDモジュールに表示させている。

キーワード

I2C

LCDはたくさんのドットの集合体で、それぞれを点灯／消灯させることで情報を表示します。ここで使うLCDは、7ドット×5ドット＝35ドットの文字を32文字分表示できるので、合計1,120個のドットをコントロールする必要があります。1ドットにつき1つのGPIOピンを使うとすると、合計1,120本も配線しなくてはならず、ラズベリー・パイがいくつあっても足りなくなってしまいます。そこで、通信方法を工夫し、少ない配線でたくさんの情報をやり取りできるようにした仕組みが「I2C（Inter Integrated Circuit）」です。

お天気ボードの作成に必要なもの

お天気ボードを作成するには、以下の電子パーツが必要となります。

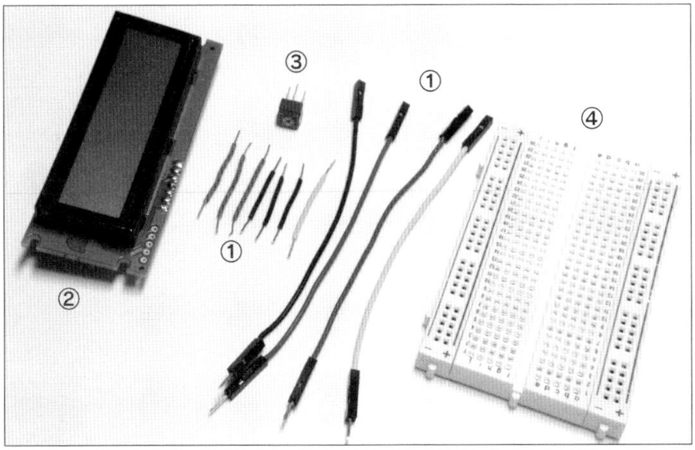

①ジャンパーワイヤー オス-オス×7本、オス-メス×4本

②I2C接続キャラクターLCDモジュール（ACM1602NI-FLW-FBW-M01）

③可変抵抗器 10KΩ

④ブレッドボード

各パーツの役割

ブレッドボードやジャンパーワイヤーの他に、おもな電子パーツの役割を見ていきましょう。

I2C接続キャラクターLCDモジュールの役割

LCDモジュールは小型のLCD（液晶ディスプレイ）とコントローラーなどが基板に取り付けられた電子パーツで、I2C接続に対応した製品を使用します。本章では、Xiamen Zettler Electronics社の「ACM1602NI-FLW-FBW-M01」というLCDモジュールを使います。このLCDモジュールはピンヘッダーが取り付け済みの製品と、取り付けられていない製品（バルク品など）があります。後者の場合は、付属のピンヘッダーを半田づけする必要があります。

可変抵抗器の役割

これまでの章で使ってきた抵抗器は、10Ωや4.7KΩなど、抵抗値が固定されているタイプです。これに対して、可変抵抗器は中央の十字のパーツ（シャフト）をドライバーで回転させることで、抵抗値を変えることができます。お天気ボードでは、液晶ディスプレイの表示を薄くしたり、逆に濃くしたり調整するために使います。ここでは、10KΩの可変抵抗器を使います。この可変抵抗器は、0～10KΩの範囲で抵抗値を変更できます。ここでは、日本電産コパル電子の「CT-6EP 10kΩ」という製品を使います。

Section

8-2 お天気ボードを組み立てよう

お天気ボードで使用するパーツをブレッドボードに取り付けていきます。「＋（プラス）」と「－（マイナス）」の極性を間違えると、LCDモジュールの液晶が壊れてしまうことがあるので、取り付け位置を確認しながら慎重に作業しましょう。

ブレッドボードにジャンパーワイヤーを配線する

まずは、ブレッドボードにジャンパーワイヤーを取り付けていきます。ほとんどのワイヤーはプラスとマイナスの極性につなぎます。ジャンパワイヤーを配線したあとは、極性が間違っていないかを確認しましょう。

1 ブレッドボードの「a8」と「－」を黒のジャンパーワイヤーでつなぎます。これにより、あとで取り付けるLCDモジュールの「VSS」ピンがラズベリー・パイのGNDにつながります。

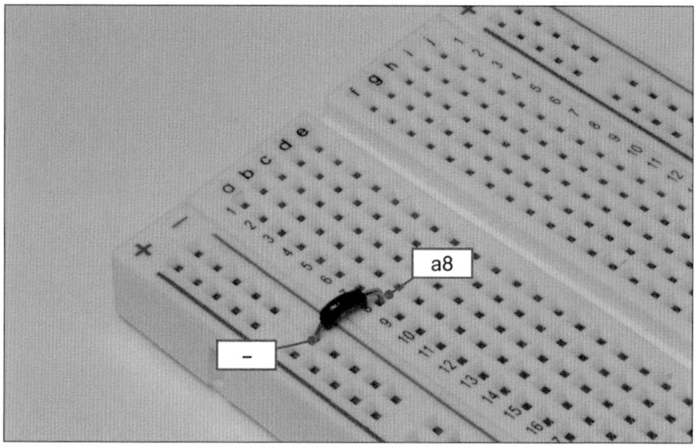

2 「a9」と「＋」を赤のジャンパーワイヤーでつなぎます。これにより、LCDモジュールの「VDD」ピンがラズベリー・パイの3.3Vにつながります。

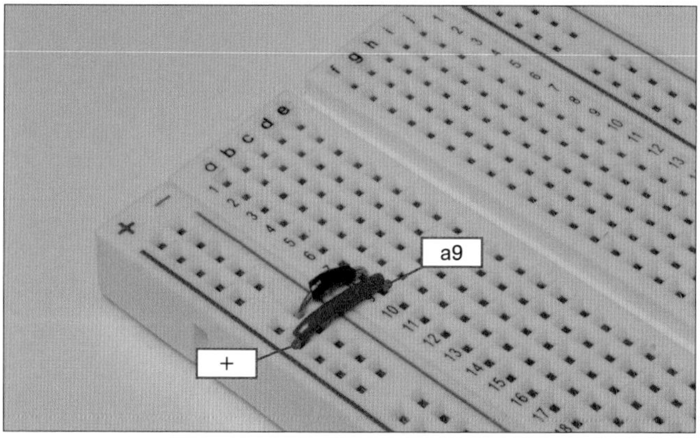

3 「a13」と「+」を赤のジャンパーワイヤーでつなぎます。これにより、LCD モジュールの「BL +」ピンがラズベリー・パイの 3.3V につながり、バックライトに電力が供給されます。

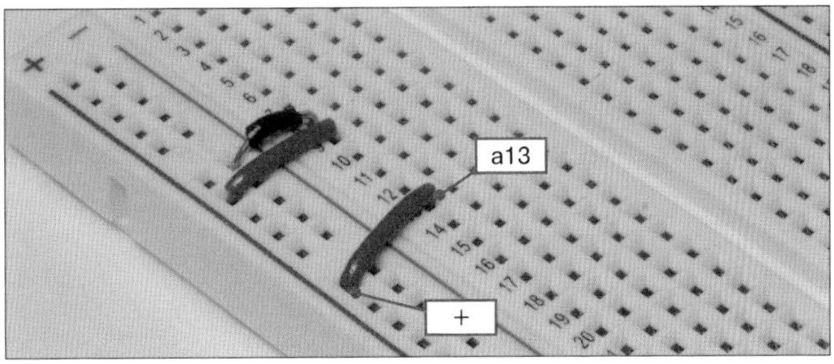

4 「a14」と「−」を黒のジャンパーワイヤーでつなぎます。これにより、LCD モジュールの「BL-」ピンがラズベリー・パイの GND につながります。

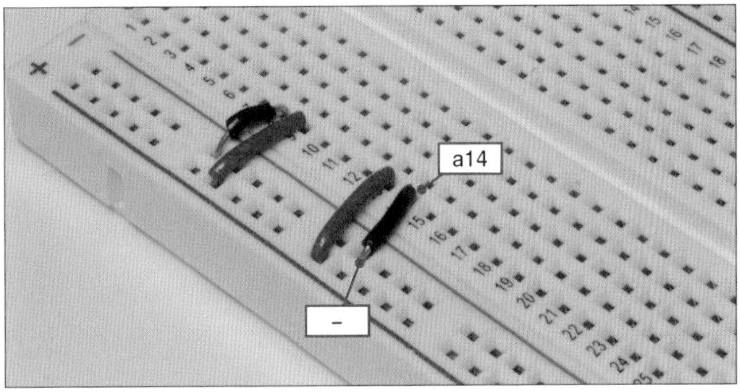

5 「a17」と「+」を赤のジャンパーワイヤーでつなぎます。これは、あとで取り付ける可変抵抗器につながります。

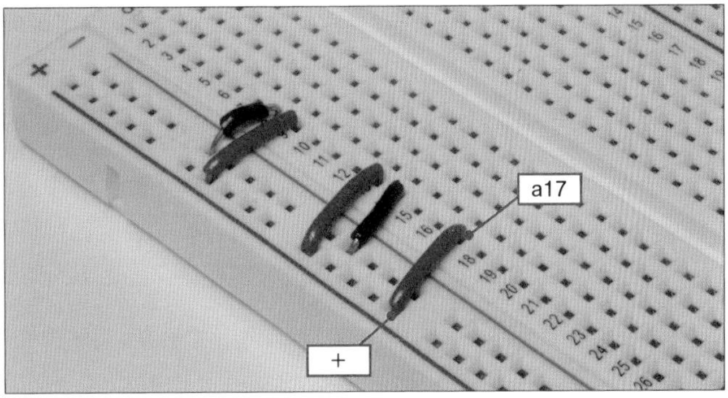

6 「a19」と「−」を黒のジャンパーワイヤーでつなぎます。これも、あとで取り付ける可変抵抗器につながります。

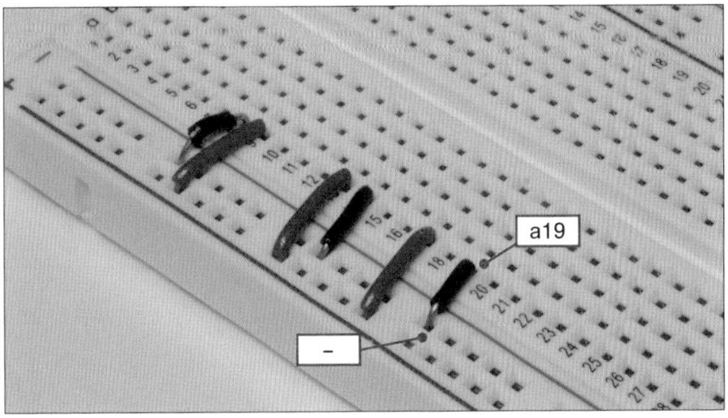

7 「b10」と「e18」を黄色のジャンパーワイヤーでつなぎます。これは、LCDモジュールのコントラストを調整する「V0」ピンと可変抵抗器をつなぐための配線です。

以上で、ブレッドボードの配線ができました。

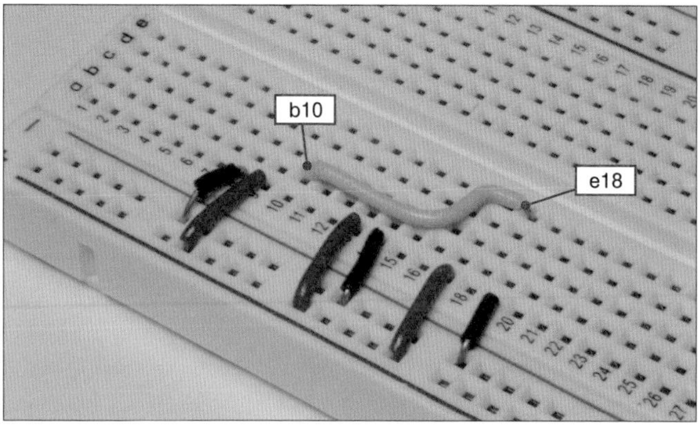

電子パーツを取り付ける

続いて、可変抵抗器とLCDモジュールをブレッドボードに取り付けます。これらの電子パーツのピンは破損しやすいので、最初にブレッドボードの穴にピンを合わせ、確認してから軽い力で差し込んで固定します。このとき、ピンの部分に触れてしまうと、皮脂が電通の妨げとなって正常に動作しなくなることがあります。そのため、基板やパーツの樹脂の部分を持って取り付けましょう。

1 可変抵抗器の中央のピンを「d18」に、左右のピンを「c17」と「c19」に合わせます。

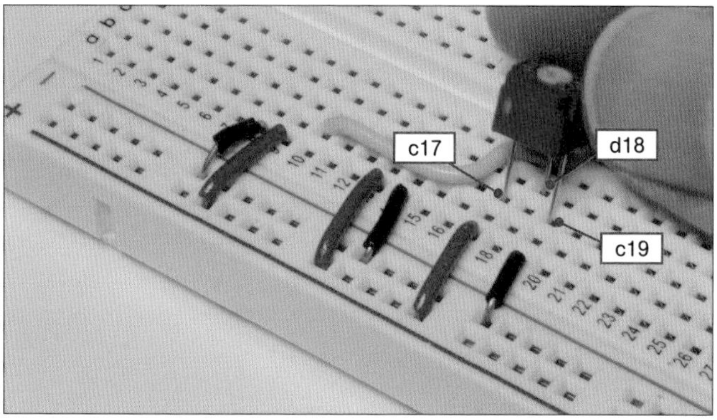

2 軽い力で、可変抵抗器を奥まで差し込みます❶。

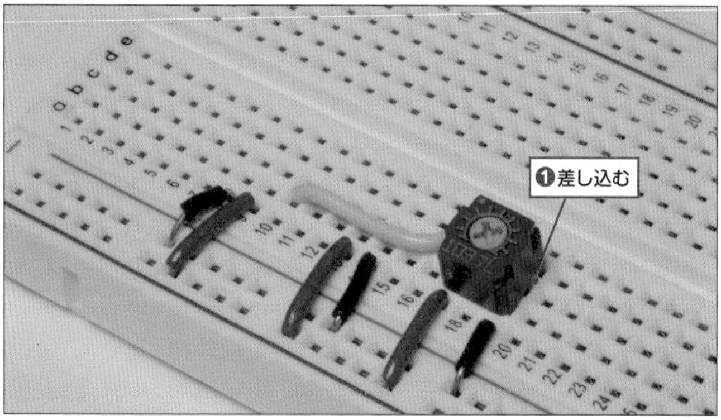

3 LCDモジュールにピンヘッダーをハンダ付けし（P.298参照）、左端のピンを「e8」、右端の端子を「e14」に合わせます。

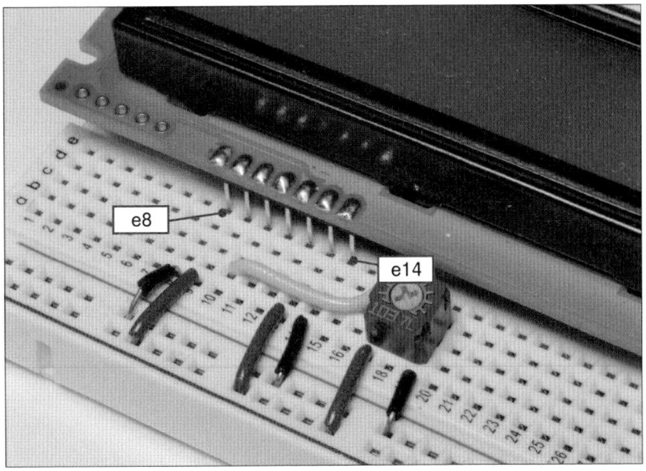

キーワード

ピンヘッダー

ピンヘッダーは、基盤から別の基盤につなぐための端子のことです。ここでは、LCDモジュールに付属する7連のピンヘッダーを使います。

4 そのまま、ブレッドボードに差し込みます❶。

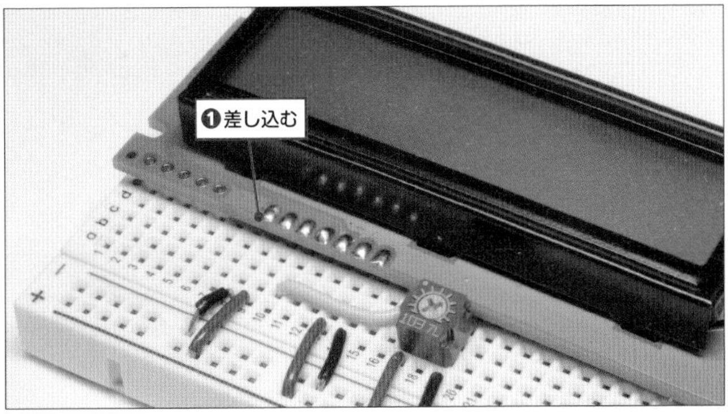

メモ

半田づけの方法

LCDモジュールにピンヘッダーを半田づけする方法については、巻末の付録を参照してください。

ブレッドボードとラズベリー・パイをつなぐ

電子パーツの配置が完了したら、ラズベリー・パイとの接続です。ラズベリー・パイ側はピン番号「1」「3」「5」「9」のピンを使います。利用するピンが密集しているので、間違えないように確認しながら接続しましょう。

1 まずは、LCDモジュールとラズベリー・パイで信号をやり取りするための接続をします。ラズベリー・パイのGPIO 2（ピン番号3）に黄色のジャンパーワイヤーのメス端子を差し込みます。

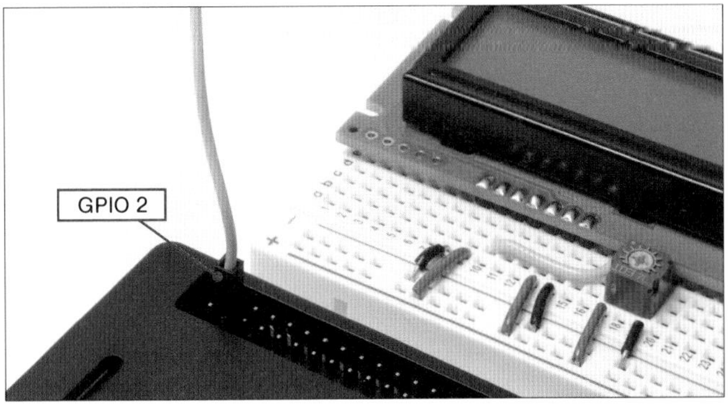

2 黄色のジャンパーワイヤーのオス端子をブレッドボードの「d12」へ差し込みます。

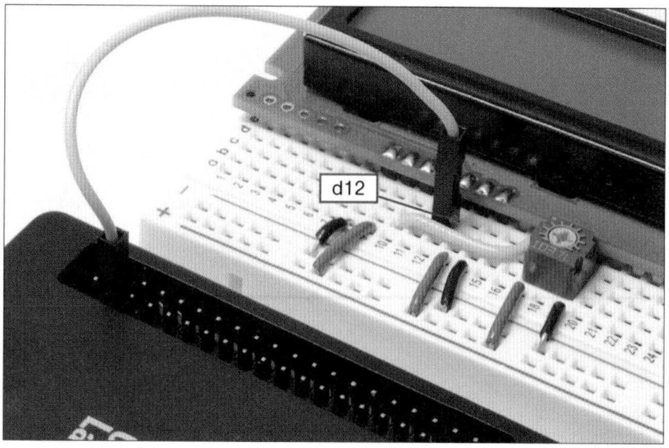

3 ラズベリー・パイのGPIO 3(ピン番号5)に青色のジャンパーワイヤーのメス端子を差し込みます。

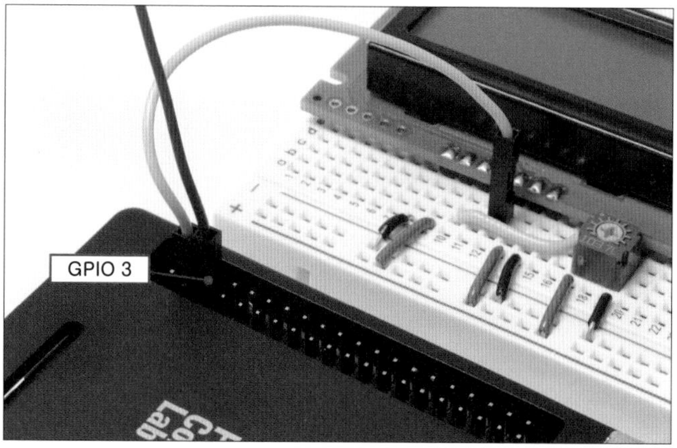

4 青色のジャンパーワイヤーのオス端子をブレッドボードの「d11」に差し込みます。

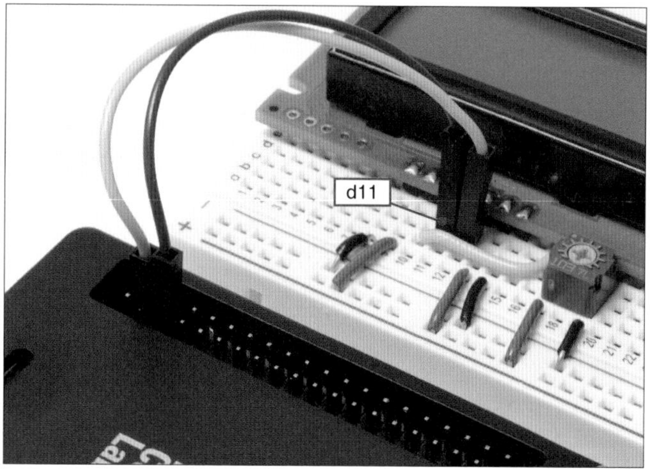

5 赤のジャンパーワイヤーのメス端子をラズベリー・パイの3.3V(ピン番号 1)に差し込みます。

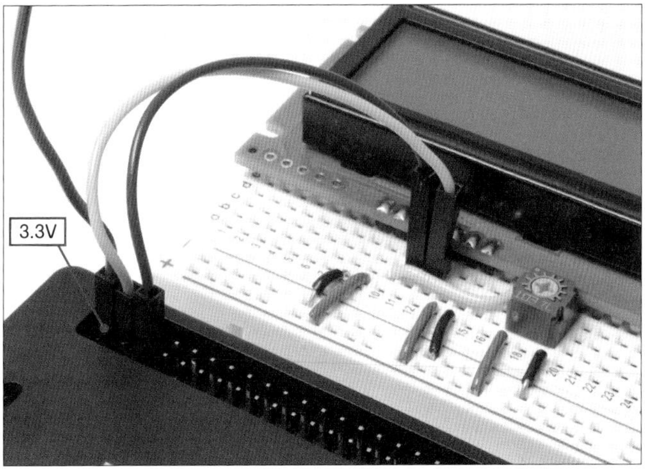

6 手順⑤の赤のジャンパーワイヤーをこのままブレッドボードに差し込むと、ラズベリー・パイの内部に溜まった電気がブレッドボードに流れて、LCDモジュールが破損する恐れがあります。これを防ぐため、ラズベリー・パイのGND(ピン番号9)に黒のジャンパーワイヤーのメス端子を差し込みます。

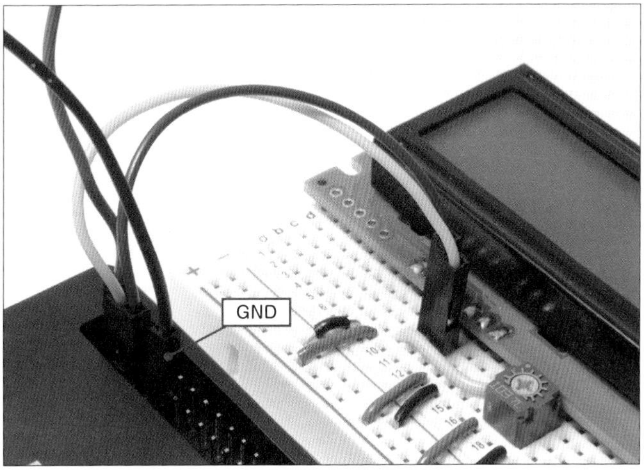

7 黒のジャンパーワイヤーのオス端子をブレッドボードの「−」に差し込みます。

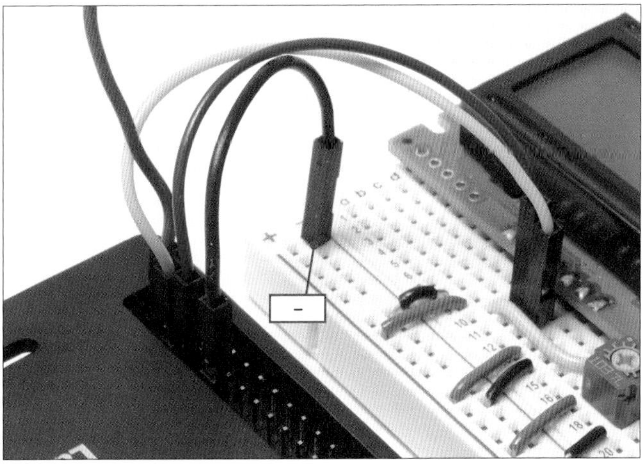

8 赤のジャンパーワイヤーのオス端子をブレッドボードの「+」に差し込みます。

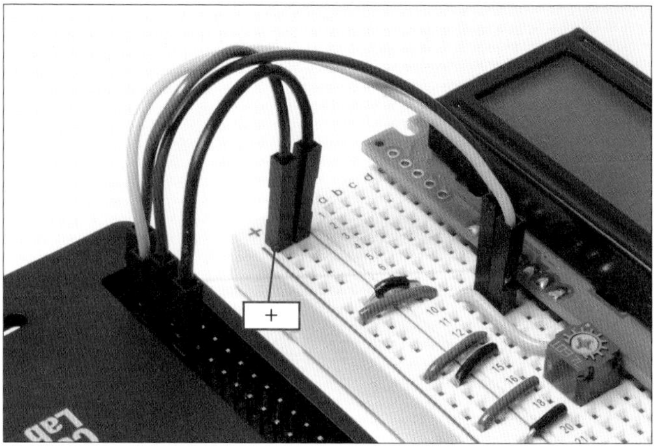

9 以上で、お天気ボードの回路は完成です。ジャンパーワイヤーや電子部品の接続に誤りがないか、もう一度確認しましょう。

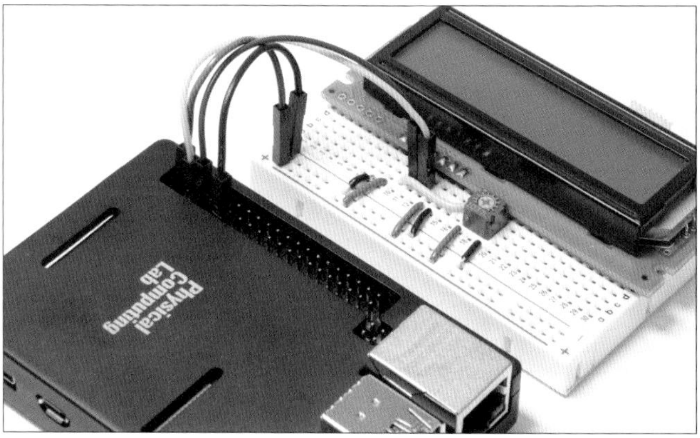

注意

配線を確認しよう

ラズベリー・パイに電源を入れたときに正しく動作するよう、各パーツの極性や接続しているピンが間違っていないかを、もう一度チェックしておきます。右の図と見比べて確認しましょう。

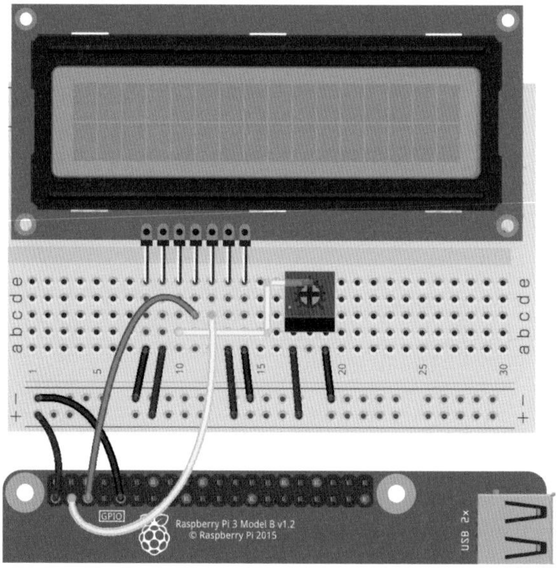

Section **8-3**

LCDを使えるようにしよう

お天気ボードの回路が完成したら、ラズベリー・パイの電源をオンにします。LCDが点灯したら、Raspbianの設定をして文字を表示してみましょう。

I2C通信をオンにする

お天気ボードとラズベリー・パイの接続が完了したら、ラズベリー・パイの電源をオンにしてみましょう。正しく回路が配線できていれば、バックライトが点灯して、LCDに以下のような画面が表示されます。

ラズベリー・パイの電源を入れるとすぐに、画面の上段いっぱいに「■」が表示される。

このような表示にならないときは、液晶のコントラストが薄くなっている可能性があります。可変抵抗器のシャフト部分をプラスドライバーで回して、濃度を調整してみましょう。それでも表示されなかったり、バックライトが点灯しなかったりする場合は、回路の配線を間違えている可能性があります。

LCDモジュールが動作することが確認できたら、LCDモジュールを使うための準備をします。I2Cのデータ転送速度＝1秒あたりに転送するデータの量は「100000」ですが、ACM1602NI-FLW-FBW-M01はこの速度に対応していないため、Raspbianが起動時に読み込む設定ファイル「config.txt」を編集して、データ転送速度を「50000」に変更します。続いて、初期状態ではI2C通信が無効になっているので、「Raspberry Piの設定」からI2C通信を有効にします。

1

「LXTerminal」を開き、以下のコマンドを入力します。コマンドの1行目を実行すると、設定ファイルがバックアップされます。2行目を実行すると、LCDを動作させるための設定が「config.txt」ファイルに書き込まれます。

```
sudo cp /boot/config.txt /boot/config.txt.backup
echo dtparam=i2c_baudrate=50000 | sudo tee -a /boot/config.txt
```

2

メニューアイコンをクリックし❶、「設定」にポインターを合わせ❷、「Raspberry Pi の設定」をクリックします❸。

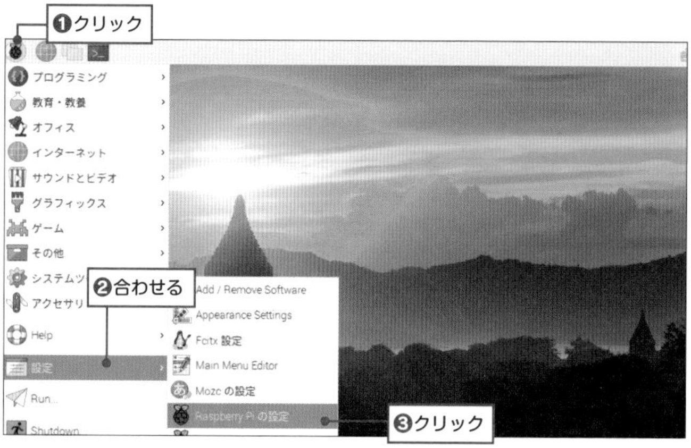

3

「Raspberry Pi の設定」画面の「インターフェイス」タブをクリックし❶、「I2C」の「有効」をクリックして❷、「OK」をクリックします❸。

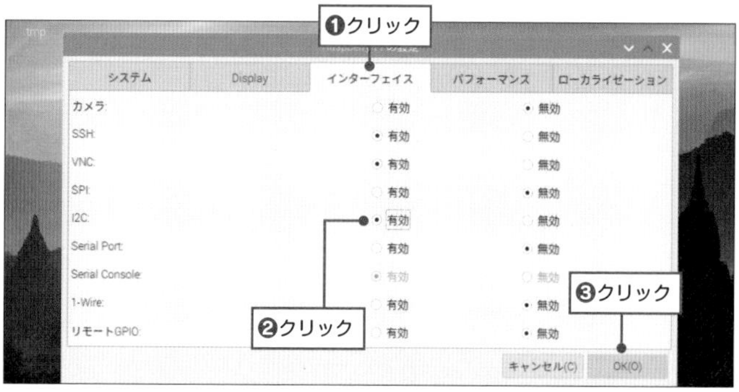

4

メニューアイコン→「Shutdown」の順でクリックし、「shoutdown options」画面で「Reboot」をクリックして再起動します❶。

以上で、LCD を使う準備は完了です。

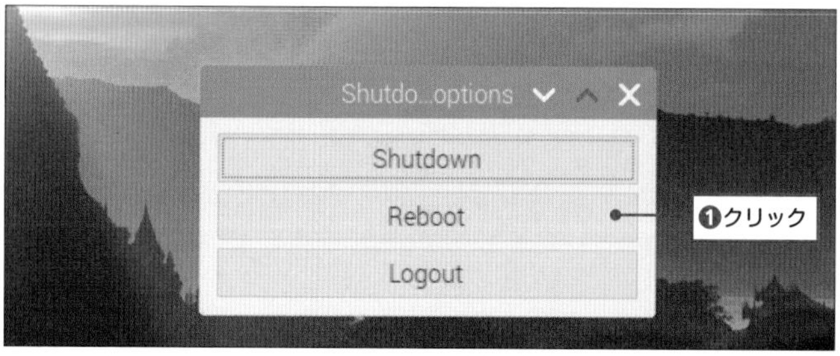

LCDを初期化する

Raspbianが再起動したら、液晶を初期化します。Thonnyを開き、Shellビューに以下の4行のコマンドを入力して、順番に実行します。

リスト8-3-1 Shellビューに入力する（1）

```
1 import smbus
2 i2c = smbus.SMBus(1)
3 i2c.write_byte_data(0x50, 0x00, 0x38)
4 i2c.write_byte_data(0x50, 0x00, 0x01)
```

1行目のコマンドでは、I2C通信を行うためのコマンドが含まれるライブラリー「smbus」をインポートしています。2行目は、そのコマンドを使うための準備をしています。

これ以降は、実際にLCDにコマンドを送信しています。3行目は、LCDのモードを16文字×2行に設定しています。4行目のコマンドで、LCDの画面をクリアします。リスト8-3-1のコマンドの入力が完了すると、以下のように「■」の表示が消え、何も見えなくなっているはずです。

LCDに何も表示されていない状態になった。

さらに、以下のコマンドを入力します。

リスト8-3-2 Shellビューに入力する（2）

```
i2c.write_byte_data(0x50, 0x00, 0x0c)
i2c.write_byte_data(0x50, 0x00, 0x06)
```

上記のコマンドを入力しても、LCDの画面は変化がありません。じつは、LCDの内部で次のような処理を行っているのです。

リスト8-3-2の1行目のコマンドでは、LCDで表示ができる状態にしています。2行目では、液晶に文字を表示させたあと、カーソルを1つ右に移動するモードに変更しています。

リスト8-3-1の3〜4行目と合わせて、合計4つのコマンドをLCDに送信しています。それらのコマンドの内容をよく見てみると、カッコ内の3つ目の文字列(番号)が変わっていることに気づきます。I2C通信ができる電子パーツは、内部のメモリに番号を書き込むことで、何をするかを指定できるようになっています。「i2c.write_byte_data」は「LCD内のメモリに書き込む」という、ラズベリー・パイ側で実行される命令です。そのあとにある「0x50」などの番号は、LCD内部で実行される命令です。この命令は16進数で書いておく必要があります。

LCD内部で実行される命令の最初は、必ず「0x50」となっていますね。これは、どのI2Cデバイスに命令を送るのかを示すためのアドレス(メモリ内の場所を表す番号)です。今回利用している「ACM1602NI-FLW-FBW-M01」は、「0x50」というアドレスに番号を書き込むことで、命令を実行できるようになるのです。

「0x50」の次にある「0x00」は、命令がどのような種類のものかを示します。「ACM1602NI-FLW-FBW-M01」では、初期化や行を変えるなどのコマンドを送信する前に「0x00」という番号を送る必要があります。

最後に書かれている「0x0c」や「0x06」は、実際に実行されるコマンドです。

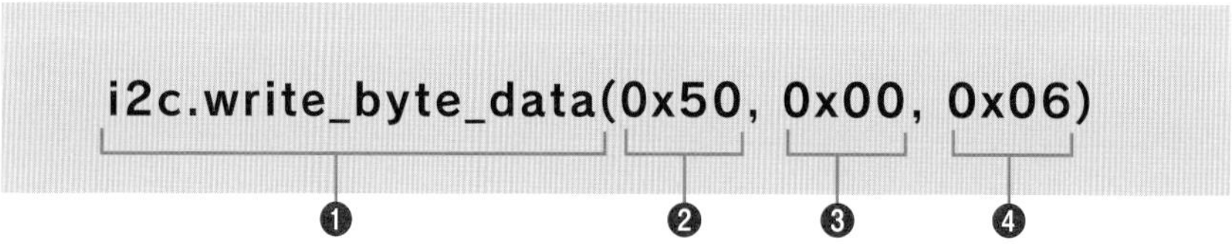

❶ラズベリー・パイから LCD に命令を書き込む

❷ LCD のアドレス「0x50」を指定

❸次のコマンドを送信

❹カーソルを右に送るモードに変更

以上で、LCDの初期化が完了しました。なお、この初期化の作業は、LCDを使う前に毎回実行する必要があります。これではとても面倒ですので、プログラムにして保存しておきましょう。Thonnyを開き、Editorビューに以下の内容を入力します。

リスト8-3-3 LCDisplay.py (1)

```
import smbus
import time

i2c = smbus.SMBus(1)

i2c.write_byte_data(0x50, 0x00, 0x38)
time.sleep(0.02)

i2c.write_byte_data(0x50, 0x00, 0x01)
```

```
time.sleep(0.02)

i2c.write_byte_data(0x50, 0x00, 0x0c)
time.sleep(0.02)

i2c.write_byte_data(0x50, 0x00, 0x06)
time.sleep(0.02)
```


LCDで実行したいコマンドをプログラムに書き込むときに、1つ注意すべき点があります。それは、「コマンドを実行したあと、少し時間をあける必要がある」ということです。

LCDモジュールはラズベリー・パイよりも処理が遅く、複数のコマンドを立て続けに送ると失敗することがあります。これを防ぐために、コマンドの実行から0.02秒ほどの時間をあけます。

とはいえ、初期化のときと同じく、決まったコマンドを何度も繰り返し実行するのでは手間がかかってしまいます。そこで、LCDで実行させたいコマンドの部分だけを変えて、あとは繰り返し実行するようにプログラムを変更してみましょう。

リスト8-3-4 LCDisplay.py（2）

```
1  import smbus
2  import time
3
4  i2c = smbus.SMBus(1)
5
6  intLcd = [0x38, 0x01, 0x0c, 0x06]
7
8  for command in intLcd:
9      i2c.write_byte_data(0x50, 0x00, command)
10     time.sleep(0.02)
```

6行目で初期化に必要なコマンドを配列にまとめ、8行目のfor文で順番に実行します。これなら、間違いが少なく入力の手間も省けます。

キーワード

16進数

普段、私たちが金額の計算などで使っている数を「10進数」と呼びます。10進数は、9の次となる10番目で繰り上がる数字のルールのことです。「16進数」とは、16番目の数で繰り上がる数字のルールのことです。アラビア数字では0～9の10種類の数字しかないため、16進数ではA～Fのローマ字を加えて、以下のように記します。

10進数	1	2	3	4	5	6	7	8	9	10	11	12	13	14	15	16
16進数	1	2	3	4	5	6	7	8	9	A	B	C	D	E	F	10

10進数	17	18	19	20	21	22	23	24	25	26	27	28	29	30	31	32
16進数	11	12	13	14	15	16	17	18	19	1A	1B	1C	1D	1E	1F	20

Section 8-4

LCDに文字を表示させよう

ここからは、リスト8-3-4のプログラムに変更を加えて、LCDモジュールに文字を表示させます。パソコン用のモニターと違い、LCDモジュールは表示できる文字の種類や文字数に制限があるので、まずはそこを押さえましょう。

LCDモジュールで使える文字

パソコンの画面とは違い、LCDモジュールには入力した文字をそのまま表示することはできません。表示できるのは、英数字と半角のカタカナ、一部の記号だけです。記号についてはLCDモジュールの種類によって違いがありますが、英数字と半角カタカナは共通です。

LCDモジュールで表示できる文字

数字と記号			
0	?	#	「
1	@	$	」
2	[	%	、
3	\	&	・
4	]	'	
5	^	(	
6	_	)	
7	`	*	
8	{	+	
9	|	,	
:	}	-	
;	→	.	
<	←	/	
=	!	ー	
>	"	。	

英文字			
A	P	e	t
B	Q	f	u
C	R	g	v
D	S	h	w
E	T	i	x
F	U	j	y
G	V	k	z
H	W	l	
I	X	m	
J	Y	n	
K	Z	o	
L	a	p	
M	b	q	
N	c	r	
O	d	s	

半角カタカナ			
ア	タ	マ	ヲ
イ	チ	ミ	ァ
ウ	ツ	ム	ィ
エ	テ	メ	ゥ
オ	ト	モ	ェ
カ	ナ	ヤ	ォ
キ	ニ	ユ	ャ
ク	ヌ	ヨ	ュ
ケ	ネ	ラ	ョ
コ	ノ	リ	ッ
サ	ハ	ル	゛
シ	ヒ	レ	゜
ス	フ	ロ	
セ	ヘ	ワ	
ソ	ホ	ン	

英文字を表示させる

Pythonのプログラムで文字を表示するには「print」命令を使いますが、LCDでは文字を「アスキーコード」という番号で指定する必要があります。Pythonには英文字をLCDに表示できるアスキーコードの番号に変換する「ord」という関数があるので、これを使いましょう。以下のコマンドをThonnyのShellビューに入力します。

リスト8-4-1 Shellビューに入力する（1）

```
i2c.write_byte_data(0x50,0x80,ord('A'))
```

すると、LCDの画面に「A」が表示されます。

画面に「A」と表示された。

入力したコマンドは、リスト8-3-1やリスト8-3-2でLCDを初期化したときに使ったものと似ていますが、よく見るとカッコ内の3つの数値のうち、2つ目と3つ目の値が異なります。2つ目の「0x80」は、「次の内容の文字を表示する」という意味です。3つ目の「ord('ABC')」は、「ord」関数を利用して「A」をアスキーコードの値に変換しています。

続いて、shellビューへ以下のように入力します。

リスト8-4-2 Shell ビューに入力する（2）

```
i2c.write_byte_data(0x50,0x80,ord('ABC'))
```

今度はエラーが発生するはずです。じつは、「ord」関数は一度につき1文字しか変換できないのですが、リスト8-4-2では「ABC」の3文字を入力したためにエラーが発生したのです。また、LCDも1コマンドにつき1文字しか表示させることができません。つまり、LCDに「ABC」の3文字を表示させるには、以下のように連続してコマンドを実行する必要があるのです。Shell ビューに以下の3行を入力します。

リスト8-4-3 Shellビューに入力する（3）

```
i2c.write_byte_data(0x50,0x80,ord('A'))
i2c.write_byte_data(0x50,0x80,ord('B'))
i2c.write_byte_data(0x50,0x80,ord('C'))
```

すると、先ほど表示させた「A」に続いて、「ABC」の3文字を画面に表示させることができました。

「A」に続いて「ABC」と表示された。

プログラムで文字列を表示させる

続いて、画面に「hare tokidoki kumori」と20個の文字列（スペースを含む）を表示させてみましょう。その際、リスト8-4-3のようにコマンドを入力すると、20回も実行しなければなりません。これでは手間なので、液晶を初期化するときに作ったリスト8-3-4「LCDisplay.py」を拡張して表示させてみましょう。以下のようにプログラムを変更します。

リスト8-4-4 LCDisplay.py（3）

```
import smbus
import time

i2c = smbus.SMBus(1)

intLcd = [0x38, 0x01, 0x0c, 0x06]

message = 'hare tokidoki kumori'        ← 追加

for command in intLcd:
    i2c.write_byte_data(0x50, 0x00, command)
    time.sleep(0.02)

for txt in message:                              ┐
    i2c.write_byte_data(0x50, 0x80, ord(txt))    ├ 追加
    time.sleep(0.02)                             ┘
```

8行目で、表示させたい内容をあらかじめ変数「message」に入れておき、14行目以降の「for」文で繰り返しLCDに表示内容を送ります。このとき、コマンドをLCDに送るたびに、0.02秒の待ち時間（ウエイト）を入れています（16行目）。

入力が完了したら実行します。すると、以下のように表示されるはずです。

最後の4文字が表示されない。

表示させたい文字列のうち、最後の4文字が表示されていません。これは、このLCDモジュールが1行あたり16文字しか表示されない仕様のためです。LCDモジュール「ACM1602NI-FLW-FBW-M01」は1行あたり80文字までのデータを入力することができますが、一度に表示されるのは16文字までなのです。

スクロールして長文を表示させる

「ACM1602NI-FLWFBW-M01」は送られた文字データのうち、16文字目までしか表示できません。それ以降の文字を表示させるには「スクロール」機能を使います。スクロールは画面の表示を左右にずらして、画面からはみ出した部分を表示させる機能です。たとえば、LCDに「0x18」とコマンドを送れば文字全体を左に、「0x1c」と送れば全体を右に、それぞれ1文字分スクロールさせることができます。Pythonの「for」文を利用して、表示させた文字の数だけスクロールさせることで、隠れた部分をすべて表示させることができます。

リスト8-4-4の末尾に、スクロールさせるための命令を追加しましょう。

リスト8-4-5 LCDisplay.py（4）

```
1  import smbus
2  import time
3
4  i2c = smbus.SMBus(1)
5
6  intLcd = [0x38, 0x01, 0x0c, 0x06]
7
8  message = 'hare tokidoki kumori'
9
10 for command in intLcd:
11     i2c.write_byte_data(0x50, 0x00, command)
12     time.sleep(0.02)
13
14 for txt in message:
15     i2c.write_byte_data(0x50, 0x80, ord(txt))
16     time.sleep(0.02)
17
18 for scroll in message:                          ┐
19     i2c.write_byte_data(0x50, 0x00, 0x18)       ├─ 追加
20     time.sleep(0.5)                             ┘
```

このプログラムでは、18行目の変数「scroll」を利用して、8行目の変数「message」に入っている文字の数だけLCDに「0x18」という命令を送っています。その際、スクロールが速すぎると文字が見えにくくなるので、1文字スクロールさせるたびに0.5秒のウエイトを入れています。

プログラムを実行すると、以下のように画面がスクロールして、すべての文字が表示されるはずです。最後までスクロールすると、画面に何も表示されていない状態になります。

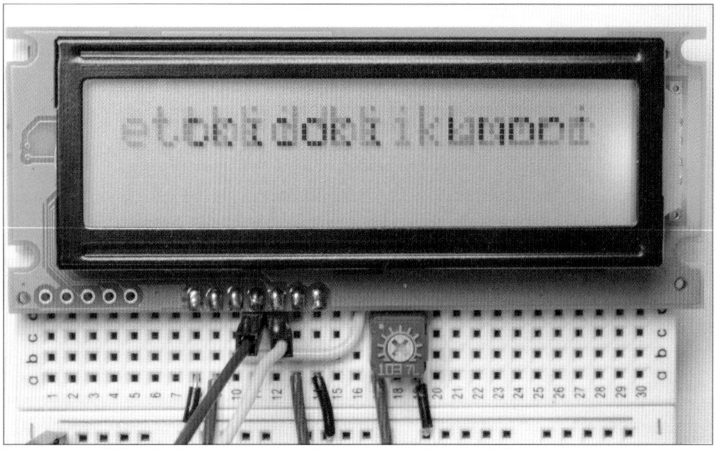

LCDに表示された文字が左へスクロールしている。

文字列を２行に分けて表示させる

お天気ボードで使うLCDは、16文字×2行の表示ができるようになっています。これまでは1行目だけに文字を表示させていましたが、2行目に文字を表示するためにはカーソルの位置を指定します。

カーソルとは、文字を表示させるための位置（座標）のことです。LCDには、16文字×2行の合計32個所に座標が設定されていて、この値をコマンドで指定することで、任意の場所に文字を表示させることができます。

	1文字目	2文字目	3文字目	4文字目	5文字目	6文字目	7文字目	8文字目
1行目	0x80	0x81	0x82	0x83	0x84	0x85	0x86	0x87
2行目	0xc0	0xc1	0xc2	0xc3	0xc4	0xc5	0xc6	0xc7

	9文字目	10文字目	11文字目	12文字目	13文字目	14文字目	15文字目	16文字目
1行目	0x88	0x89	0x8a	0x8b	0x8c	0x8d	0x8e	0x8f
2行目	0xc8	0xc9	0xca	0xcb	0xcc	0xcd	0xce	0xcf

たとえば、2行目の7番目を先頭にして文字を表示させたいときは、「i2c.write_byte_data(0x50, 0x00, 0xc6)」とコマンドを実行しておきます。すると、以後はここから文字を表示させることができるのです。

リスト8-4-5を以下のように変更すると、1行目の先頭に「hare」、2行目の先頭に「kumori」と表示されます。

リスト8-4-6 LCDisplay.py（5）

```
import smbus
import time

i2c = smbus.SMBus(1)

intLcd = [0x38, 0x01, 0x0c, 0x06]

tenkitxt = ['hare','kumori']

lcdLine = [0x80, 0xc0]
lineNum = False

for command in intLcd:
    i2c.write_byte_data(0x50, 0x00, command)
    time.sleep(0.02)

for tenki in range(2):
    i2c.write_byte_data(0x50, 0x00, lcdLine[lineNum])
```

- tenkitxt = ['hare','kumori'] ← 変数「tenkitxt」の配列に、1行目と2行目へ表示させたい内容を入れる
- lcdLine = [0x80, 0xc0] ← 変数「lcdLine」の配列に、1行目と2行目の先頭の座標を入れる
- lineNum = False ← 行を切り替える変数「lineNum」を作成する
- for tenki in range(2): ← 2回繰り返す
- i2c.write_byte_data(0x50, 0x00, lcdLine[lineNum]) ← 変数「lineNum」がFalseのときは変数「lcdLine」の最初の配列の値を、Trueのときは変数「lcdLine」の2番目の配列の値をLCDモジュールに送る

```
    time.sleep(0.02)
    lineNum = not lineNum

    for txt in tenkitxt[tenki]:
        i2c.write_byte_data(0x50, 0x80, ord(txt))
        time.sleep(0.02)
```

変数「lineNum」をFalseからTrueに入れ替える

配列「tenkitxt」の内容をLCDに表示する

プログラムを実行すると、2行に分けて文字が表示されるはずです。

hare
kumori

LCDの1行目に「hare」、2行目に「kumori」と表示された。

メモ

液晶に正しく表示されないときは?

液晶に何も映らなかったり、正しく表示されなかったりするときには、設定ファイルを見直しましょう。LCDモジュール「ACM1602NI-FLW-FBW-M01」をラズベリー・パイで使用するときには、I2C通信時の1秒あたりに転送するデータ量を「50000」にしておく必要があります。P.240の手順1でこの設定を行っていますが、設定に誤りがあると、LCDが正しく動きません。以下の手順で、設定が正しく行われているかを確認してみましょう。

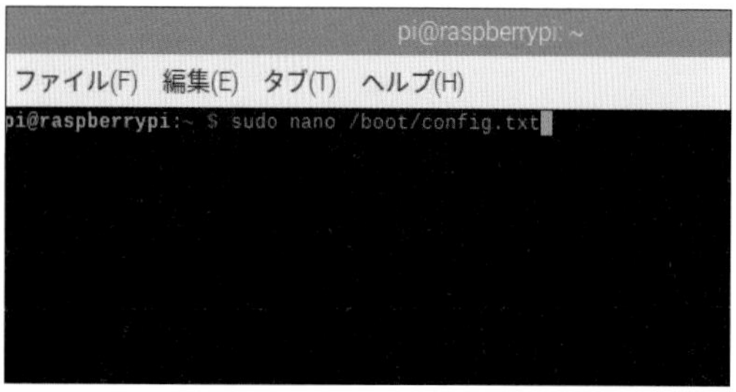

pi@raspberrypi: ~
ファイル(F) 編集(E) タブ(T) ヘルプ(H)
pi@raspberrypi:~ $ sudo nano /boot/config.txt

①「LXTerminal」を開き、下記のコマンドを実行します。

```
sudo nano /boot/config.txt
```

pi@raspberrypi: ~
ファイル(F) 編集(E) タブ(T) ヘルプ(H)
GNU nano 3.2
/boot/config.txt
dtoverlay=vc4-fkms-v3d
max_framebuffers=2
[all]
#dtoverlay=vc4-fkms-v3d
# NOOBS Auto-generated Settings:
dtparam=i2c_baudrate=50000
start_x=1
gpu_mem=128

②「↓」キーで最下行まで移動し、「dtparam=i2c_baudrate=50000」と書き込まれていることを確認します。間違っている場合は修正して、「Ctrl」+「X」→「Y」キーを押して保存したあと、「Enter」で閉じます。

Section

8-5 LCDにカタカナを表示させよう

LCDモジュールに天気を表示させるとき、英文字では見づらく、多くの文字を表示できません。カタカナを表示させて見やすくしてみましょう。

カタカナはそのままでは表示できない

Pythonの「ord」関数は英数字や記号をアスキーコードに変換できますが、カタカナには対応していません。このため、LCDにカタカナを表示するときはアスキーコードを直接指定します。カタカナのアスキーコードは「0x」に続いて、以下の表にある2桁の値で指定します。たとえば、「ハ」なら「0xca」、「レ」なら「0xda」です。

LCDで使えるおもな文字のアスキーコード

1桁目 / 2桁目	2	3	4	5	6	7	a	b	c	d
0		0	@	P	`	p		ー	タ	ミ
1	!	1	A	Q	a	q	。	ア	チ	ム
2	"	2	B	R	b	r	「	イ	ツ	メ
3	#	3	C	S	c	s	」	ウ	テ	モ
4	$	4	D	T	d	t	、	エ	ト	ヤ
5	%	5	E	U	e	u	・	オ	ナ	ユ
6	&	6	F	V	f	v	ヲ	カ	ニ	ヨ
7	'	7	G	W	g	w	ァ	キ	ヌ	ラ
8	(	8	H	X	h	x	ィ	ク	ネ	リ
9	)	9	I	Y	i	y	ゥ	ケ	ノ	ル
a	*	:	J	Z	j	z	ェ	コ	ハ	レ
b	+	;	K	[	k	{	ォ	サ	ヒ	ロ
c	,	<	L	\	l	|	ャ	シ	フ	ワ
d	-	=	M	]	m	}	ュ	ス	ヘ	ン
e	.	>	N	^	n	→	ョ	セ	ホ	゛
f	/	?	O	_	o	←	ッ	ソ	マ	゜

LCDにカタカナを表示させる

前記の表を見ながら、1桁目と2桁目にあたる値を抜き出して、リスト8-4-6「LCDisplay.py」のプログラムを変更して「ハレ」「クモリ」と表示させてみましょう。

リスト8-5-1 LCDisplay.py（6）

```
import smbus
import time

i2c = smbus.SMBus(1)

intLcd = [0x38, 0x01, 0x0c, 0x06]

hare = [0xca, 0xda]
kumori = [0xb8, 0xd3, 0xd8]

lcdLine = [0x80, 0xc0]
lineNum = False

for command in intLcd:
    i2c.write_byte_data(0x50, 0x00, command)
    time.sleep(0.02)

for tenki in range(2):
    i2c.write_byte_data(0x50, 0x00, lcdLine[lineNum])
    time.sleep(0.02)

    if lineNum:
        tenkitxt = kumori
    else:
        tenkitxt = hare

    lineNum = not lineNum

    for txt in tenkitxt:
        i2c.write_byte_data(0x50, 0x80, txt)
        time.sleep(0.02)
```

- hare、kumori：「ハレ」「クモリ」のそれぞれの値を配列として入力
- tenkitxt = kumori：もし「lineNum」が「True」なら「tenkitxt」に「kumori」の配列を入れる
- else:：もし「lineNum」が「False」なら「tenkitxt」に「hare」の配列を入れる
- for txt in tenkitxt:：末尾の変数を「txt」に変更
- i2c.write_byte_data(0x50, 0x80, txt)：上記に合わせて「txt」に変更

文字列の「ハレ」は2つ、「クモリ」は3つのアスキーコードを指定する必要があります。そのため、8～9行目で変数「hare」「kumori」を作り、配列にそれぞれのアスキーコードをまとめて入れておきます。こうすることで、29～30行目で文字を表示するときに、1つずつアスキーコードを取り出すことができるようになります。

プログラムを実行すると、LCDの1行目に「ハレ」、2行目に「クモリ」と表示されます。

LCDの1行目に「ハレ」、2行目に「クモリ」と表示された。

「ハレトキドキクモリ」と表示できるようにする

天気には「ハレ」「クモリ」だけでなく、「アメ」「ユキ」などの種類があります。天気予報サイトを見ると、「ハレトキドキクモリ」「クモリノチアメ」など、じつに30種類もの天気があるようです。このような天気をすべてアスキーコードを確認しながら入力するのでは、とても手間がかかってしまいます。もっとかんたんに処理する方法を考えてみましょう。

天気の一覧

ハレ	クモリ	アメ	ユキ
ハレトキドキクモリ	クモリトキドキハレ	アメトキドキハレ	ユキトキドキハレ
ハレトキドキアメ	クモリトキドキアメ	アメトキドキクモリ	ユキトキドキクモリ
ハレトキドキユキ	クモリトキドキユキ	アメトキドキユキ	ユキトキドキアメ
ハレノチクモリ	クモリノチハレ	アメノチハレ	ユキノチハレ
ハレノチアメ	クモリノチアメ	アメノチクモリ	ユキノチクモリ
ハレノチユキ	クモリノチユキ	アメノチユキ	ユキノチアメ
		ツヨイアメ	ツヨイユキ

一覧を見ていると、天気はいくつかの種類の組み合わせで成り立っていることがわかります。たとえば、「ハレトキドキクモリ」と「クモリトキドキアメ」は、「トキドキ」と「クモリ」が共通していて、「ハレ」や「アメ」を付け加えただけです。「ハレノチクモリ」と「クモリノチハレ」は、いずれも「ハレ」「クモリ」「ノチ」の3種類のキーワードが使われていて、順番だけが変わっています。

こうして天気の情報を整理すると、以下の7つのキーワードを組み合わせることで、すべての天気を表現できそうです。

天気を表現するキーワード

ハレ	トキドキ
クモリ	ノチ
アメ	ツヨイ
ユキ	

それぞれのキーワードを組み合わせると天気が作れる

ハレ ＋ ノチ ＋ クモリ ＝ ハレノチクモリ

クモリ ＋ トキドキ ＋ ユキ ＝ クモリトキドキユキ

これをふまえて、7つのキーワードをプログラムに入力してみます。リスト8-5-1では、「ハレ」は「hare」、「クモリ」は「kumori」という異なる変数に入れていましたが、今回は「tenkiChr」という配列にまとめて入れます。まとめて入れておけば、あとから数値でキーワードを呼び出せるようになり、プログラムでかんたんに扱えます。

リスト8-5-2 LCDisplay.py（7）

```
import smbus
import time

i2c = smbus.SMBus(1)

intLcd = [0x38, 0x01, 0x0c, 0x06]

tenkiChr = [[0xca, 0xda], [0xb8, 0xd3, 0xd8], [0xb1, 0xd2], [0xd5, 0xb7],
            [0xc4, 0xb7, 0xc4, 0xde, 0xb7], [0xc9, 0xc1], [0xc2, 0xd6, 0xb2]]

lcdLine = [0x80, 0xc0]
lineNum = False

for command in intLcd:
```

天気のキーワードを変数「tenkiChr」に入れる

```
15        i2c.write_byte_data(0x50, 0x00, command)
16        time.sleep(0.02)
17
18    for tenki in range(2):
19        i2c.write_byte_data(0x50, 0x00, lcdLine[lineNum])
20        time.sleep(0.02)
21        lineNum = not lineNum
22
23        for txt in tenkiChr[int(tenki)]:   ●── 変数「txt」に「tenkiChr」の天気を順番に代入する
24            i2c.write_byte_data(0x50, 0x80, txt)
25            time.sleep(0.02)
```

リスト8-5-2の8～9行目に注目してください。配列を示す「[]」の中に、さらに「[]」が使われています。こうすると、複数の配列を1つのグループとして扱い、変数にそのグループを複数代入しておくことができます。具体的には「ハレ」で1つのグループ、「クモリ」で1つのグループ、となっています。このような配列を「2次元配列」といいます。

配列「tenkiChr」は、23行目で呼び出されています。「tenki」は18行目で「0」→「1」と値を変えてループするので、23行目では最初に「tenkiChr」の1番目にある「ハレ」グループが、次は2番目の「クモリ」グループが呼び出されます。実行すると、リスト8-5-1のプログラムと同じように表示されるはずです。

リスト8-5-1と同じように「ハレ」「クモリ」と表示された。

正しく表示されることが確認できたら、23行目の「int(tenki)」の部分を「int(tenki)+1」や「int(tenki)+2」などに変えて、表示の変化を確認してみてください。LCDに表示される天気のキーワードが変わるはずです。

キーワードが正しく表示できたら、次は「ハレトキドキクモリ」などの組み合わせの天気を表示できるようにプログラムを変更します。天気のキーワードは、「tenkiChr[0]」とすれば「ハレ」を、「tenkiChr[1]」とすれば「クモリ」を呼び出すことができます。値を変えれば、異なるキーワードを呼び出せるのです。キーワードと値の関係は、以下のようになっています。

キーワードと値の関係

キーワード	値
ハレ	0
クモリ	1
アメ	2
ユキ	3

キーワード	値
トキドキ	4
ノチ	5
ツヨイ	6

キーワードの値を組み合わせて、たとえば「041」とすれば「ハレトキドキクモリ」と表示させることができそうです。リスト8-5-2のプログラムを以下のように変更してみましょう。

リスト8-5-3 LCDisplay.py（8）

```
import smbus
import time

i2c = smbus.SMBus(1)

intLcd = [0x38, 0x01, 0x0c, 0x06]

tenkiChr = [[0xca, 0xda], [0xb8, 0xd3, 0xd8], [0xb1, 0xd2], [0xd5, 0xb7],
            [0xc4, 0xb7, 0xc4, 0xde, 0xb7], [0xc9, 0xc1], [0xc2, 0xd6, 0xb2]]
tenkiNo = ["0", "041", "042", "043", "051", "052", "053",
           "1", "140", "142", "143", "150", "152", "153",
           "2", "240", "241", "243", "250", "251", "253", "62",
           "3", "340", "341", "342", "350", "351", "352", "63"]

lcdLine = [0x80, 0xc0]
lineNum = False

for command in intLcd:
    i2c.write_byte_data(0x50, 0x00, command)
    time.sleep(0.02)

for tenki in range(2):
    i2c.write_byte_data(0x50, 0x00, lcdLine[lineNum])
    time.sleep(0.02)
    lineNum = not lineNum

```

「tenkiNo」に天気の組み合わせを数字で入力

```
27        for i in tenkiNo[tenki]:  ←「tenkiNo」を呼び出す
28            for txt in tenkiChr[int(i)]:  ← 呼び出す配列の値を「int(i)」に変更
29                i2c.write_byte_data(0x50, 0x80, txt)
30                time.sleep(0.02)
```

10～13行目に、キーワードの値をもとにした天気の種類を入力しています。全部で30種類ありますが、このようにシンプルな形にすることで、ラクに入力することができました。実際にプログラムを実行してみましょう。

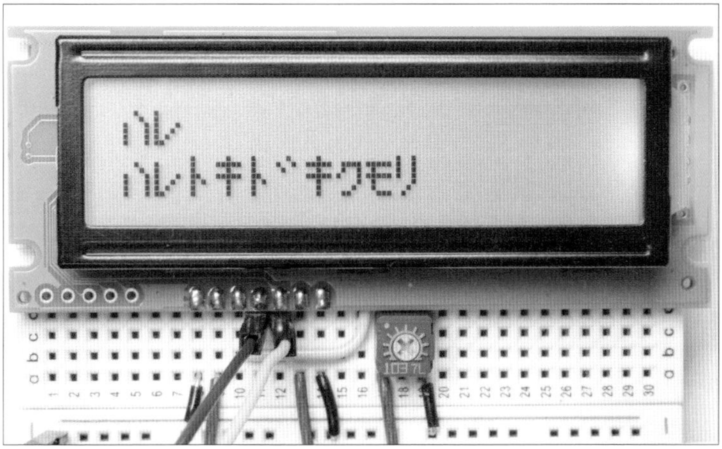

2行目に「ハレトキドキクモリ」と表示された。

配列「tenkiNo」の1番目と2番目が表示されたはずです。28行目の「int(i)」を「int(i) ＋1」や「int (i) +2」などに変更すれば、表示される内容も変わるので試してみてください。

テクニック

LCDがまぶしくて見づらいときは?

本書で使用しているLCDモジュールには、暗い場所でも文字が見えるよう、バックライトが搭載されています。本書ではバックライトをオンにした状態で回路を作成していますが、まぶしくて見づらいときにはオフにしてみましょう。
LCDモジュールの6番と7番ピンは、バックライトへ電源を供給するための端子です。ここに3.3Vの電気を流さなければ、バックライトは消えたままになります。ラズベリー・パイの電源をオフにして、ブレッドボードの「a13」から「＋」につながっているジャンパーワイヤーを取り外し、再びラズベリー・パイの電源をオンにします。すると、以後はバックライトが点灯しなくなります。

Section

8-6 LCDに天気予報を表示させよう

これまでのプログラムでは、変数で指定した天気しか表示できませんでした。ここでは、Pythonの「requests」と「json」というライブラリーを利用してインターネットから気象情報を取得し、LCDモジュールに天気予報を表示できるようにします。

ラズベリー・パイで気象情報を表示するには？

天気を予測するには、気温や気圧の変化、気象衛星の写真など、さまざまな方面から得た情報をもとに複雑な処理をする必要があります。このような機能を持つプログラムをゼロから作るのは、容易なことではありません。そこで注目したいのが、インターネット上にある「天気予報サイト」です。ここから気象情報を取得してラズベリー・パイで表示させることで、かんたんにお天気ボードを完成させることができます。

利用する天気予報サイトは「JSON（ジェイソン）」というデータ形式で取得できるサイトを利用します。以前は「livedoor天気」がJSONのデータを提供していましたが、現在は残念ながら提供終了となっています。代わりに、livedoor天気と互換のある「天気予報API（https://weather.tsukumijima.net/）」という天気情報サイトのJSONデータを利用します。JSONでは、一般的なウェブサイトのようにきれいなレイアウトではなく、プログラムのような見た目のテキストデータとしてデータが取得されます。JSONのデータはそのままでは見づらいですが、プログラムで必要な情報だけを取り出しやすく、それを自由にレイアウトして表示できるのが利点です。

```
"forecasts": [
  {
    "dateLabel": "今日",
    "telop": "晴れ",
    "date": "2018-12-28",
    "temperature": {
      "min": null,
      "max": {
        "celsius": "9",
        "fahrenheit": "48.2"
      }
    },
    "image": {
      "width": 50,
      "url": "http://weather.livedoor.com/img/icon/1.gif",
      "title": "晴れ",
      "height": 31
    }
  },
  {
    "dateLabel": "明日",
    "telop": "晴時々曇",
    "date": "2018-12-29",
    "temperature": {
      "min": {
        "celsius": "1",
        "fahrenheit": "33.8"
      },
      "max": {
        "celsius": "8",
        "fahrenheit": "46.4"
```


左は以前提供されていた「livedoor天気」の画面。右は東京地方の天気予報をJSONで取得したもの。

PythonでJSONを取得する

お天気ボードのプログラムでJSONを扱う前に、PythonでJSONを取得する体験をしてみましょう。PythonでJSONを取得するには、インターネットのウェブページから情報を取得する「requests」と、JSONの情報を処理する「json」という2つのライブラリーが必要です。

まず、2つのライブラリーをインポートします。ThonnyのShellビューで以下のコマンドを入力します。

リスト8-6-1　Shellビューに入力する（1）

```
import requests
import json
```

続いて、天気情報サイトのJSONのデータを表示させてみましょう。まずは、下の表から地域に割り当てられている「番号」を調べておきます。ここでは、筆者の地元である福岡地方の番号を調べてみます。

地域番号

都道府県	観測地	地域番号
北海道地方	稚内	11000
	旭川	12010
	留萌	12020
	札幌	16010
	岩見沢	16020
	倶知安	16030
	網走	13010
	北見	13020
	紋別	13030
	根室	14010
	釧路	14020
	帯広	14030
	室蘭	15010
	浦河	15020
	函館	17010
	江差	17020
青森県	青森	20010
	むつ	20020
	八戸	20030
岩手県	盛岡	30010
	宮古	30020
	大船渡	30030
宮城県	仙台	40010
	白石	40020

都道府県	観測地	地域番号
秋田県	秋田	50010
	横手	50020
山形県	山形	60010
	米沢	60020
	酒田	60030
	新庄	60040
福島県	福島	70010
	小名浜	70020
	若松	70030
東京都	東京	130010
	大島	130020
	八丈島	130030
	父島	130040
神奈川県	横浜	140010
	小田原	140020
埼玉県	さいたま	110010
	熊谷	110020
	秩父	110030
千葉県	千葉	120010
	銚子	120020
	館山	120030
茨城県	水戸	80010
	土浦	80020

都道府県	観測地	地域番号
栃木県	宇都宮	90010
	大田原	90020
群馬県	前橋	100010
	みなかみ	100020
山梨県	甲府	190010
	河口湖	190020
新潟県	新潟	150010
	長岡	150020
	高田	150030
	相川	150040
長野県	長野	200010
	松本	200020
	飯田	200030
富山県	富山	160010
	伏木	160020
石川県	金沢	170010
	輪島	170020
福井県	福井	180010
	敦賀	180020
愛知県	名古屋	230010
	豊橋	230020
岐阜県	岐阜	210010
	高山	210020

都道府県	観測地	地域番号
静岡県	静岡	220010
	網代	220020
	三島	220030
	浜松	220040
三重県	津	240010
	尾鷲	240020
大阪府	大阪	270000
兵庫県	神戸	280010
	豊岡	280020
京都府	京都	260010
	舞鶴	260020
滋賀県	大津	250010
	彦根	250020
奈良県	奈良	290010
	風屋	290020
和歌山県	和歌山	300010
	潮岬	300020
鳥取県	鳥取	310010
	米子	310020
島根県	松江	320010
	浜田	320020
	西郷	320030
岡山県	岡山	330010
	津山	330020
広島県	広島	340010
	庄原	340020

都道府県	観測地	地域番号
山口県	下関	350010
	山口	350020
	柳井	350030
	萩	350040
徳島県	徳島	360010
	日和佐	360020
香川県	高松	370000
愛媛県	松山	380010
	新居浜	380020
	宇和島	380030
高知県	高知	390010
	室戸岬	390020
	清水	390030
福岡県	福岡	400010
	八幡	400020
	飯塚	400030
	久留米	400040
大分県	大分	440010
	中津	440020
	日田	440030
	佐伯	440040
長崎県	長崎	420010
	佐世保	420020
	厳原	420030
	福江	420040

都道府県	観測地	地域番号
佐賀県	佐賀	410010
	伊万里	410020
熊本県	熊本	430010
	阿蘇乙姫	430020
	牛深	430030
	人吉	430040
宮崎県	宮崎	450010
	延岡	450020
	都城	450030
	高千穂	450040
鹿児島県	鹿児島	460010
	鹿屋	460020
	種子島	460030
	名瀬	460040
沖縄県	那覇	471010
	名護	471020
	久米島	471030
	南大東	472000
	宮古島	473000
	石垣島	474010
	与那国島	474020

地域番号が判明したら、以下のコマンドをShellビューに入力して、実行します。

リスト8-6-2 Shellビューに入力する（2）

```
data = requests.get('https://weather.tsukumijima.net/api/forecast/
city/400010').json()
print(data)
```

地域番号を入力

1 グレーの枠が表示されるので、クリックします❶。

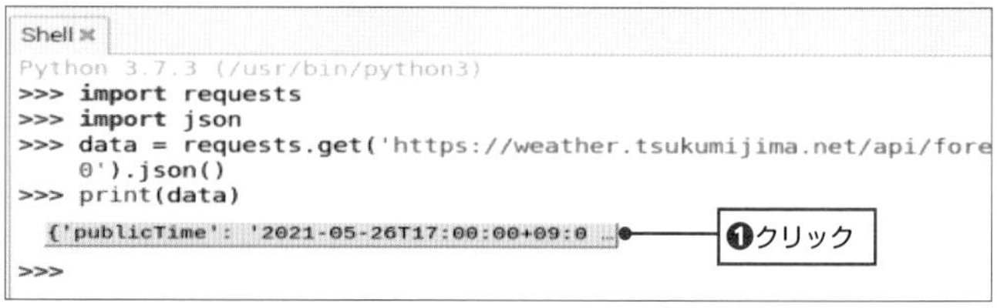
Shell
Python 3.7.3 (/usr/bin/python3)
>>> import requests
>>> import json
>>> data = requests.get('https://weather.tsukumijima.net/api/fore
0').json()
>>> print(data)
{'publicTime': '2021-05-26T17:00:00+09:0 ...
>>>
❶クリック

2 この画面が表示されたら、「Expand in Shell」をクリックします❶。

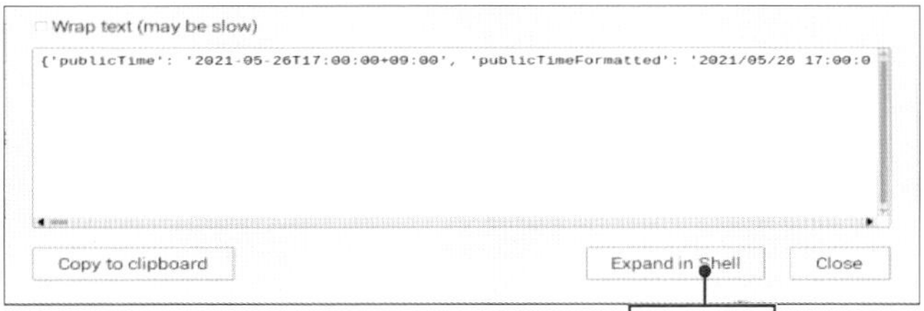
Wrap text (may be slow)
{'publicTime': '2021-05-26T17:00:00+09:00', 'publicTimeFormatted': '2021/05/26 17:00:0
Copy to clipboard
Expand in Shell
Close
❶クリック

3 すると、気象情報のJSONデータが表示されました。

Shell
>>> print(data)
{'publicTime': '2021-05-26T17:00:00+09:00', 'publicTimeFormatted': '2021/05/26 17:00:00', 'publishingOffice': '福岡管区気象台', 'title': '福岡県 福岡 の天気', 'link': 'https://www.jma.go.jp/bosai/forecast/#area_type=offices&area_code=400000', 'description': {'publicTime': '2021-05-26T16:36:00+09:00', 'publicTimeFormatted': '2021/05/26 16:36:00', 'headlineText': '福岡県では、土砂災害や竜巻などの激しい突風、落雷に注意してください。筑後地方では、低い土地の浸水に注意してください。福岡、北九州、筑後地方では、強風に注意してください。', 'bodyText': '\u3000福岡県は、気圧の谷や湿った空気の影響により、概ね曇りで雨の降っている所があります。\n\n\u3000２６日は、梅雨前線が北上するため、曇りで夜遅くから雨となるでしょう。\n\n\u3000２７日は、梅雨前線や低気圧の影響により、雨で雷を伴い非常に激しく降る所がありますが、次第に高気圧に覆われて晴れとなるでしょう。', 'text': '福岡県では、土砂災害や竜巻などの激しい突風、落雷に注意してください。筑後地方では、低い土地の浸水に注意してください。福岡、北九州、筑後地方では、強風に注意してください。\n\n\u3000福岡県は、気圧の谷や湿った空気の影響により、概ね曇りで雨の降っている所があります。\n\n\u3000２６日は、梅雨前線が北上するため、曇りで夜遅くから雨となるでしょう。\n\n\u3000２７日は、梅雨前線や低気圧の影響により、雨で雷を伴い非常に激しく降る所がありますが、次第に高気圧に覆われて晴れとなるでしょう。'}, 'forecasts': [{'date': '2021-05-26', 'dateLabel': '今日', '

キーワード JSON

ここで使われている「JSON」は「JavaScript Object Notation」の略で、プログラムから他のプログラムへ受け渡すデータの記述法の一種です。データの記述方法をJSONで統一しておくことで、ほかの開発者がプログラムを作りやすくなるというメリットがあります。

JSONの必要な部分を取り出すプログラムを作る

前ページの操作で、PythonでJSONを取得することができました。続いて、JSONの中から必要な情報だけを取り出すプログラムを作成しましょう。

以下のプログラムを入力し、「weather.py」というファイル名で保存します。

リスト8-6-3 weather.py（1）

```
1  import requests
2  import json
3
4  url = 'https://weather.tsukumijima.net/api/forecast/'
5  locale = {'city': '400010'}
6  data = requests.get(url, params = locale).json()
7
8  print(data['forecasts'][0]['date'])
9  print(data['forecasts'][0]['telop'])
```

- 4行目：天気情報サイトのJSONのページを入力
- 5行目：変数「locale」に地域のパラメーターを入力
- 6行目：変数「data」に天気情報サイトのJSONを格納
- 8行目：JSON内のプロパティ「date」を表示する
- 9行目：JSON内のプロパティ「telop」を表示する

ここでは、4行目で変数「url」に天気情報サイトのURLを、5行目で変数「locale」に地域の情報を入れておき、6行目で変数「data」にこれらの情報をまとめて、JSONを取得しています。そして8～9行目で、プロパティを指定して画面に表示します。実行すると、以下の画面が表示されます。

Shell
>>> %Run weather.py
2021-05-26
雨のち晴
>>>

Shellビューに天気が表示された。

プロパティ「forecasts」には、配列で今日と明日の天気の情報が入っています。プログラムの8～9行目にある「[0]」の値は今日の天気を示していますが、ここを「[1]」にすると明日の天気を表示させることができるので、試してみてください。

LCDに天気を表示させる

いよいよ、LCDに天気を表示させてみます。リスト8-6-3のプログラムでは、天気が漢字で表示されますが、LCDにはカタカナしか表示することができません。そのため、プロパティ「telop」は使えないことになります。それでは、どのように天気を取得すればよいのでしょうか。

天気情報サイトの仕様を見ると、プロパティ「image」の中にある「url」に天気のアイコンのURLが提供されています。この情報を取得して、どのようになっているかを調べてみましょう。リスト8-6-3のプログラムを以下のように変更して保存し、実行します。

リスト8-6-4 weather.py（2）

```
import requests
import json

url = 'https://weather.tsukumijima.net/api/forecast/'
locale = {'city': '400010'}
data = requests.get(url, params = locale).json()

print(data['forecasts'][0]['image']['url'])
print(data['forecasts'][1]['image']['url'])
```

プロパティ「image」の中にある「url」を取得して表示する

すると、2つのURLが表示されました。

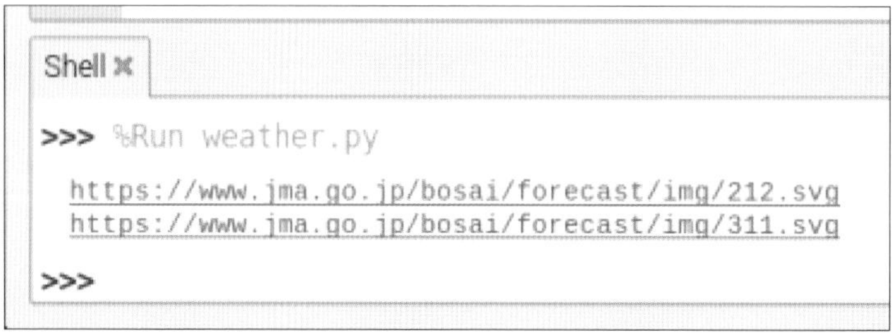
Shell
>>> %Run weather.py
https://www.jma.go.jp/bosai/forecast/img/212.svg
https://www.jma.go.jp/bosai/forecast/img/311.svg
>>>

2つのURLが表示された。

このURLをウェブブラウザーで開いてみると、天気のアイコンが表示されます。末尾の「212.svg」という値を「210.svg」「215.svg」などに変えてみると、さまざまな天気アイコンが表示されます。つまり、天気によって番号が割り当てられていることがわかります。このURLから番号を取り出して、リスト8-5-3の「LCDisplay.py」で作っておいた変数「tenkiNo」に割り当てると、うまくいきそうです。

天気情報サイトで天気に割り当てられている番号

番号	天気情報サイト 天気の表示	LCD の表示
100	晴	ハレ
101	晴時々曇	ハレトキドキクモリ
102	晴時々雨	ハレトキドキアメ
104	晴時々雪	ハレトキドキユキ
110	晴のち曇	ハレノチクモリ
112	晴のち雨	ハレノチアメ
115	晴のち雪	ハレノチユキ
200	曇	クモリ
201	曇時々晴	クモリトキドキハレ
202	曇時々雨	クモリトキドキアメ
204	曇時々雪	クモリトキドキユキ
210	曇のち晴	クモリノチハレ
212	曇のち雨	クモリノチアメ
215	曇のち雪	クモリノチユキ
300	雨	アメ

番号	天気情報サイト 天気の表示	LCD の表示
301	雨時々晴	アメトキドキハレ
302	雨時々曇	アメトキドキクモリ
303	雨時々雪	アメトキドキユキ
311	雨のち晴	アメノチハレ
313	雨のち曇	アメノチクモリ
314	雨のち雪	アメノチユキ
308	強い雨	ツヨイアメ
400	雪	ユキ
401	雪時々晴	ユキトキドキハレ
402	雪時々曇	ユキトキドキクモリ
403	雪時々雨	クモリトキドキアメ
411	雪のち晴	ユキノチハレ
413	雪のち曇	ユキノチクモリ
414	雪のち雨	ユキノチアメ
406	強い雪	ツヨイユキ

リスト8-5-3「LCDisplay.py」のプログラムを開き、以下のように修正します。

リスト8-6-5 LCDisplay.py (9)

```
import smbus
import time
import requests
import json

i2c = smbus.SMBus(1)

intLcd = [0x38, 0x01, 0x0c, 0x06]

url = 'https://weather.tsukumijima.net/api/forecast/'
locale = {'city': '400010'}
```

追加（import requests、import json）

追加（url、locale）

```
12  data = requests.get(url, params = locale).json()
13
14  tenkiChr = [[0xca, 0xda], [0xb8, 0xd3, 0xd8], [0xb1, 0xd2], [0xd5, 0xb7],
15              [0xc4, 0xb7, 0xc4, 0xde, 0xb7], [0xc9, 0xc1], [0xc2, 0xd6, 0xb2]]
16  tenkiNo = ["0", "041", "042", "043", "051", "052", "053",
17             "1", "140", "142", "143", "150", "152", "153",
18             "2", "240", "241", "243", "250", "251", "253", "62",
19             "3", "340", "341", "342", "350", "351", "352", "63"]
20  tenkiIco = ["100","101","102","104","110","112","115",
21              "200","201","202","204","210","212","215",
22              "300","301","302","303","311","313","314","308",
23              "400","401","402","403","411","413","414","406"]
24
25  lcdLine = [0x80, 0xc0]
26  lineNum = False
27
28  for command in intLcd:
29      i2c.write_byte_data(0x50, 0x00, command)
30      time.sleep(0.02)
31
32  for weather in data['forecasts'][0:2]:
33      i2c.write_byte_data(0x50, 0x00, lcdLine[lineNum])
34      time.sleep(0.02)
35      lineNum = not lineNum
36
37      tenkiiconNo = int(weather['image']['url'][41:-4])
38      tenki = tenkiIco.index(str(tenkiiconNo))
39
40      for i in tenkiNo[tenki]:
41          for txt in tenkiChr[int(i)]:
42              i2c.write_byte_data(0x50, 0x80, txt)
43              time.sleep(0.02)
```

(20～23行目) 変数tenkiIcoにtenkiNoと同じ順番で天気情報サイトの番号を入れる

(32行目) ループ回数をプロパティ名「forcast」の配列0から2つに変更

(37行目) 変数「tenkiiconNo」にプロパティ名「url」の左より41文字目から右より4文字目までを取得

(38行目) 変数「tenki」に、tenkiIcoの該当する値を入れる

(40～43行目) 取得した「tenki」をもとにLCDへ天気を表示する

32行目では、配列を2つに絞っています。天気情報サイト天気では、時間帯によって「今日」「明日」「明後日」の3つの天気が提供されたり、「今日」「明日」の2つだけが提供されたりします。LCDモジュールは2行しかないため、明後日の天気までは表示しきれないので、「今日」「明日」に絞って取得することにしました。

37～38行目では、取得したURLから、天気に関わる数値のみを取り出し、元のプログラムのtenkiNoに該当する値に変換しています。

変更したプログラムを保存して実行すると、以下のように表示されます。

LCDに今日と明日の天気が表示された。

このままでは、どちらが明日の天気かがわかりにくいので、日付を表示するようにします。

リスト8-6-6 LCDisplay.py（10）

```
import smbus
import time
import requests
import json

i2c = smbus.SMBus(1)

intLcd = [0x38, 0x01, 0x0c, 0x06]

url = 'https://weather.tsukumijima.net/api/forecast/'
locale = {'city': '400010'}
data = requests.get(url, params = locale).json()

tenkiChr = [[0xca, 0xda], [0xb8, 0xd3, 0xd8], [0xb1, 0xd2], [0xd5, 0xb7],
             [0xc4, 0xb7, 0xc4, 0xde, 0xb7], [0xc9, 0xc1], [0xc2, 0xd6, 0xb2]]
tenkiNo = ["0", "041", "042", "043", "051", "052", "053",
           "1", "140", "142", "143", "150", "152", "153",
           "2", "240", "241", "243", "250", "251", "253", "62",
           "3", "340", "341", "342", "350", "351", "352", "63"]
tenkiIco = ["100","101","102","104","110","112","115",
            "200","201","202","204","210","212","215",
            "300","301","302","303","311","313","314","308",
            "400","401","402","403","411","413","414","406"]

```

```
25 lcdLine = [0x80, 0xc0]
26 lineNum = False
27
28 for command in intLcd:
29     i2c.write_byte_data(0x50, 0x00, command)
30     time.sleep(0.02)
31
32 for weather in data['forecasts'][0:2]:
33     i2c.write_byte_data(0x50, 0x00, lcdLine[lineNum])
34     time.sleep(0.02)
35     lineNum = not lineNum
36
37     for txt in weather['date'][5:]:
38         i2c.write_byte_data(0x50, 0x80, ord(txt))
39         time.sleep(0.02)
40
41     i2c.write_byte_data(0x50, 0x80, ord(":"))
42     tenkiiconNo = int(weather['image']['url'][41:-4])
43     tenki = tenkiIco.index(str(tenkiiconNo))
44
45     for i in tenkiNo[tenki]:
46         for txt in tenkiChr[int(i)]:
47             i2c.write_byte_data(0x50, 0x80, txt)
48             time.sleep(0.02)
```

日付を表示する処理を追加（37～39行目）

日付のあとに「:」を表示する（41行目）

37～39行目で、プロパティ「forecasts」の中にある「date」から日付を取り出します。ここには「2019-05-24」のように西暦を含んだデータが入っていますが、LCDの16文字の表示に収めるために、左から6文字目以降、つまり「月」と「日」だけを取り出しています。6文字目以降なのに「5」となっているのは、Pythonでは最初の文字を「0」として数えているためです。

保存後、プログラムを実行してみましょう。

LCDに日付と天気が表示された。

間違いがなければ、このように表示されるはずです。以上でお天気ボードが完成しました。

Chapter
09

スマートフォンで操縦するロボットを作ろう

Section 9-1 本章で作成するロボットについて知ろう

Section 9-2 スマートフォンで操縦するロボットを組み立てよう

Section 9-3 Blynkを使うための準備をしよう

Section 9-4 Blynkでロボットを操縦しよう

Section
9-1 本章で作成するロボットについて知ろう

本章では、(株) タミヤから発売されている「カムプログラムロボット工作セット」とラズベリー・パイをつなぎ、スマートフォンのアプリ「Blynk」から遠隔操作できるロボットを作成します。

スマホで操縦するロボットの外観

以下は、本章で製作するロボットの完成写真です。ラズベリー・パイはロボットの中央にある空きスペースに取り付けられています。底部にある2つのモーターは、ラズベリー・パイとともにブレッドボードに接続されています。

スマートフォンの「Blynk」というアプリからラズベリー・パイに信号を送ることで、モーターのオン／オフを制御します。これによって、ロボットのキャタピラーをコントロールします。

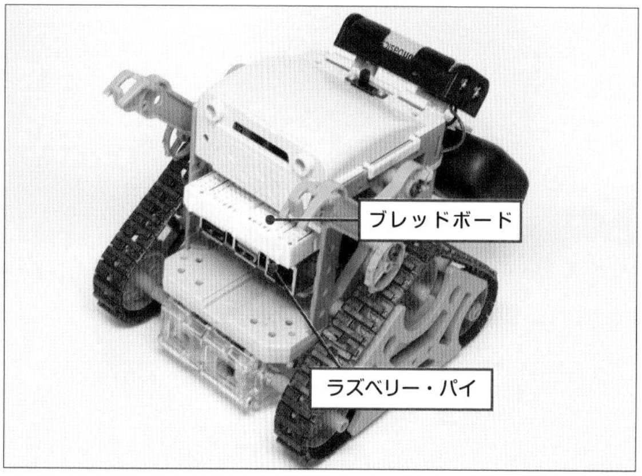

タミヤの「カムプログラムロボット工作セット」にラズベリー・パイとブレッドボードなどをセットしている。

ロボットの作成に必要なもの

スマートフォンで操縦するロボットを作成するには、以下の電子パーツが必要となります。

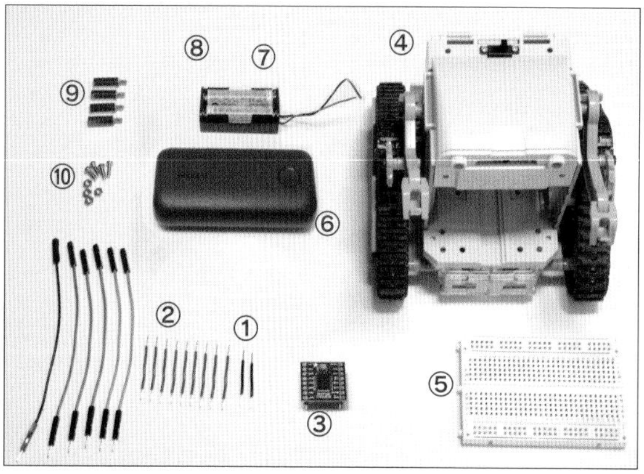

①ジャンパーワイヤー オス–オス ×9本
②ジャンパーワイヤー オスーメス×6本
③TB6612FNGブレイクアウト基板
④カムプログラムロボット工作セット
⑤ブレッドボード
⑥スマートフォン用モバイルバッテリー
⑦単三電池ボックス
⑧単三乾電池×2
⑨スペーサー M2.6ビスーメス15mm×4
⑩ビスナット M2.6×8mm

各パーツの役割

ロボットの作成で使用するパーツのうち、主要なものについて説明します。ロボットはモーターを2つ搭載しているため、このほかに5章の扇風機で使用したモータードライバー「TB6612FNG」を使用します。

「カムプログラムロボット工作セット」とは?

5章の扇風機で使用した「FA-130RA」と同等のモーター×2とギアボックス×2を備えた、キャタピラーで動くロボットの工作セットです。2つのモーターは独立して動かせるので、前進・後退のほか、左右の旋回・回転もできます。ロボットは付属のカムでアナログ制御するほか、ラズベリー・パイなどのワンボードコンピューターでの制御も可能です。

モバイルバッテリーと電池ボックスの役割

モバイルバッテリーはラズベリー・パイに電力を供給し、電池ボックスはロボットに電力を供給します。電池ボックスは2本の単三電池が入る電池ボックスを使いますが、モバイルバッテリーの重さによってはロボットの動きが鈍くなることがあります。10000mAhを超えるような大容量のモバイルバッテリーを使うときは、4本の単三電池が入る電池ボックスを利用します。

スペーサーとビスナットの役割

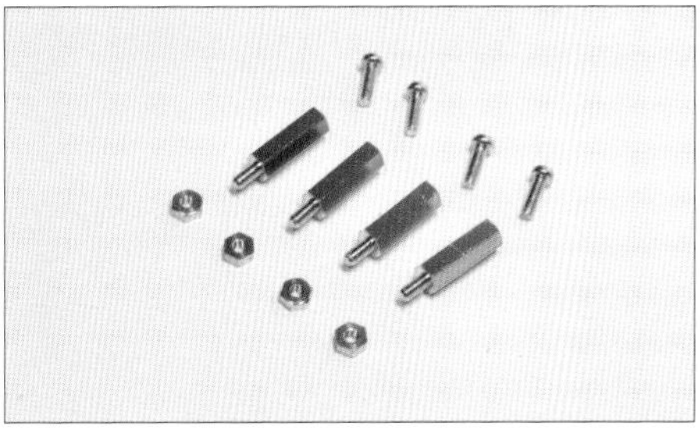

カムプログラムロボットの中央は、ラズベリー・パイなどの小型コンピューターを搭載できます。ただし、ラズベリー・パイを直接ネジ止めすると、電源用のマイクロUSBケーブルがキャタピラーに干渉して、接続できません。このため、スペーサーとビスナットを使って、キャタピラーに干渉しない位置にラズベリー・パイを設置します。

スマートフォン用のアプリ「Blynk」

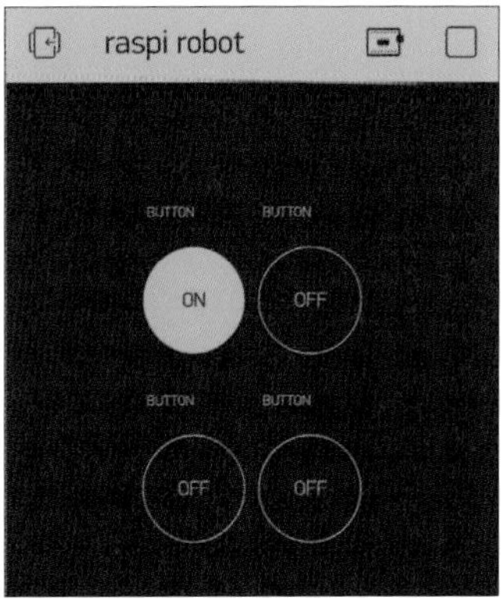

スマートフォンからロボットを操作するため、「Blynk」というアプリを使います。BlynkはWi-FiやBluetoothを利用して、ラズベリー・パイなどのワンボードコンピューターを遠隔操作します。iPhoneは「App Store」、Androidスマートフォンは「Playストア」から無料でダウンロードできます。Blynkを利用するにはiOS9以上、またはAndroid 4.2以上の環境が必要です。

Blynkにはボタンやスイッチなどの「ソフトウェア部品」が用意されており、これをラズベリー・パイのGPIOピンの制御に割り当てます。Blynkの画面に配置したボタンからラズベリー・パイに信号を送ったり、ラズベリー・パイが出力した信号をスマートフォンで受信したりできます。

Section

9-2 スマートフォンで操縦するロボットを組み立てよう

あらかじめ、「カムプログラムロボット工作セット」に付属のマニュアルを参照してロボットを組み立て、正常に動作することを確認しておきます。ここでは、ロボットにラズベリー・パイとブレッドボードを組み込む方法について解説します。

2つのモーターを制御するには

カムプログラムロボットの底面にあるギアボックスには、2つのモーターが取り付けられています。ここではChapter5と同じ、TB6612FNGのブレイクアウト基板を使いますが、このICではAチャンネル、Bチャンネルの2つのチャンネルで個別にモーターを制御できるようになっています。この機能を使い、ロボットのギアボックスを動かします。

カムプログラムロボットのギアボックスに搭載されている2つのモーター。

Aチャンネル
1つ目のモーターにつなぐためのピン

Bチャンネル
2つ目のモーターにつなぐためのピン

Aチャンネル
1つ目のモーターの動作を制御するためのピン。

Bチャンネル
2つ目のモーターの動作を制御するためのピン。

回路を作成する

まずは、ブレッドボード上に回路を作ります。Chapter5と同じ回路を使いますが、ロボットに組み込みやすくするためにブレッドボード上の配置を変えています。P.130～133ページ手順11までの手順を参考に、モータードライバーの配線をします。ここでは、ブレッドボードの11番から、下の図2のように配線します。

図1 P.130～133手順11までの作業で作成した回路。

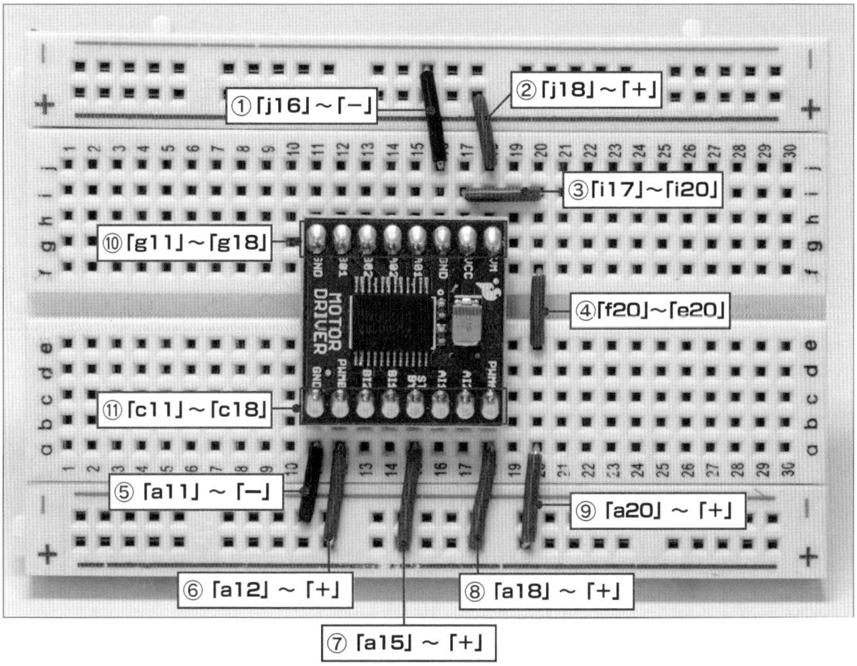

図2 この章で使う回路。ブレッドボードの「11」の穴から始まる以外は、上の回路とまったく同じように作ります。

ロボットにラズベリー・パイとブレッドボードを取り付ける

ロボットには2つのモーターが付属しています。このモーターはブレッドボードの回路に接続するため、リード線の先端をジャンパーワイヤーのオスのピンに加工しておきましょう。加工には、オスのコネクターピンとコネクターハウジングを使用します。

オスのコネクターピンとコネクターハウジングを利用して、モーターのリード線の先端をこのように加工する。

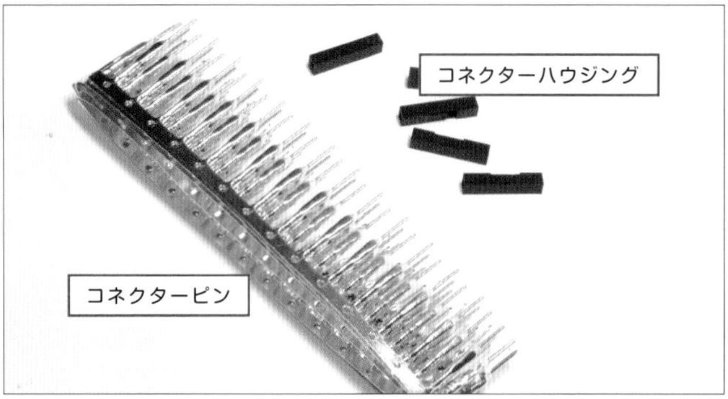

コネクターピンとコネクターハウジング。市販のコネクターピンは、1本ずつ分けられたものとベルト状につながったものがある。ベルト状の場合はニッパーなどで切り離して使用する。

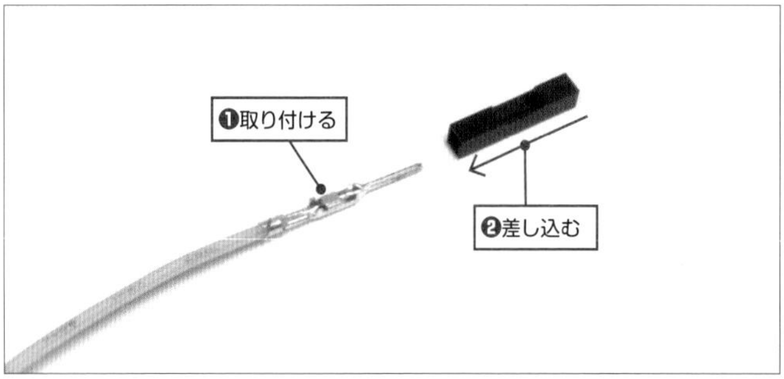

リード線の芯をコネクターピンに通し、ラジオペンチで左右のツメを内側に曲げて、圧着して取り付ける❶。その後、コネクターハウジングに差し込んで❷、ピンの先端が出るようにする。

ラズベリー・パイとブレッドボードを取り付けるために、まずロボットから不要な部品を外し、台座となるスペーサーを設置する穴を開けます。ロボットの台座には、あらかじめ複数の穴が開いています。ラズベリー・パイを取り付ける際は手前の2つの穴を利用し、さらに2つの穴を開けます。

なお、ロボットにラズベリー・パイを取り付けるとHDMIケーブルを接続できなくなるため、モニターにRaspbianの画面を表示できません。あらかじめ、1章のP.57～64を参考にして、パソコンのVNC Viewerでラズベリー・パイを遠隔操作できるようにしておきましょう。

1 ロボットの頭部と電池ボックス、顔、プログラムバーギヤケース、サイドフレームサポートなどを外します。裏側のステアリングレッグも外して写真のような状態にします。

本体右側の歯車は左側の歯車と同じく、予備の「A5」パーツと「3 × 27mm六角シャフト」で固定します。

2 ロボットを正面から見て、手前の2つの穴とラズベリー・パイの1番ピン側にある穴を合わせます❶。反対側の穴から、ロボットの台座に鉛筆などでマーキングします❷。

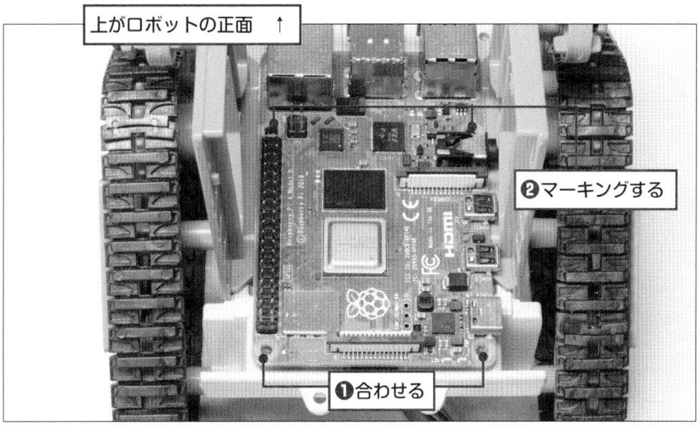
上がロボットの正面 ↑
❷マーキングする
❶合わせる

3 手順2でマーキングした箇所に、3mm径のドリル刃を付けたピンバイスで穴を開けます❶。

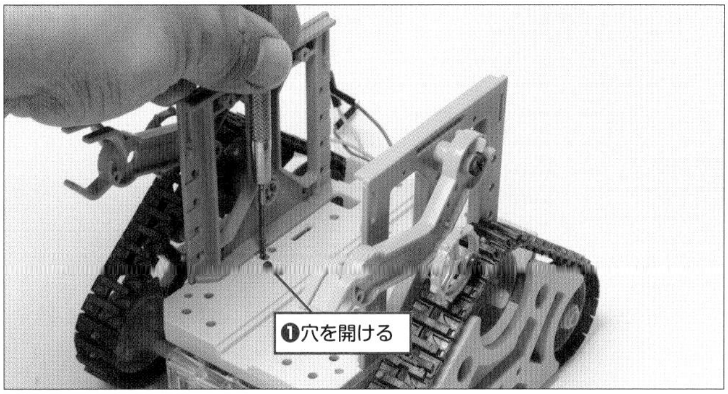
❶穴を開ける

キーワード
ピンバイス

ピンバイスは指先で回転させて穴を開ける、小型のドリルです。さまざまな口径の替え刃がセットになった製品が販売されています。

メモ
サイドフレームとの干渉

次ページで取り付けるスペーサーの形状によっては、サイドフレームの基部と干渉する可能性があります。その場合は基部の端をニッパーでカットするなどして対応してください。

4 ラズベリー・パイの穴の位置に合わせて、スペーサーを取り付けます❶。

5 スペーサーが外れないように、裏側からナットで固定します❶。

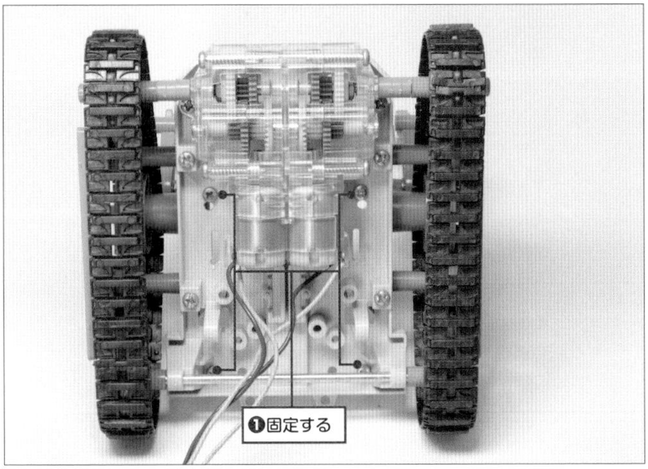

6 図の穴を利用して、台座の裏側からモーターのリード線を引き出します❶。

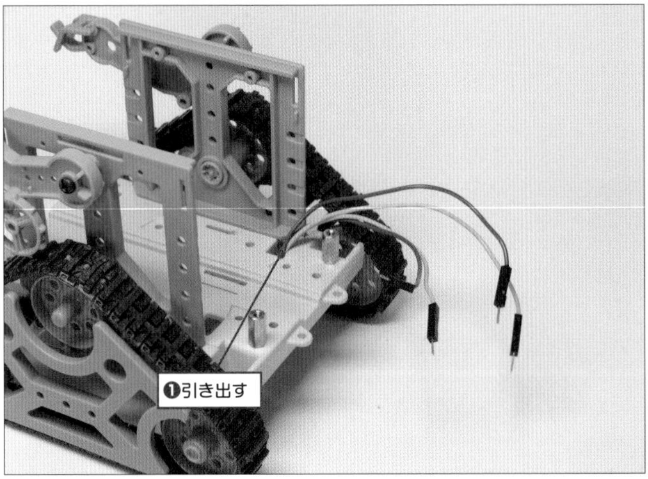

7 ラズベリー・パイをスペーサーにネジ止めします❶。ほかの用途でラズベリー・パイを使う際に取り外しやすいように、ネジは軽く止める程度にします。

8 紫のジャンパーワイヤーのメス側をGPIO 23（ピン番号16）へ差し込みます。

9 緑のジャンパーワイヤーのメス側をGPIO 24（ピン番号18）へ差し込みます。

10 GPIO23につながっている紫のジャンパーワイヤーのオス側をブレッドボードの「a17」へ差し込みます。

11 GPIO24につながっている緑のジャンパーワイヤーのオス側をブレッドボードの「a16」へ差し込みます。

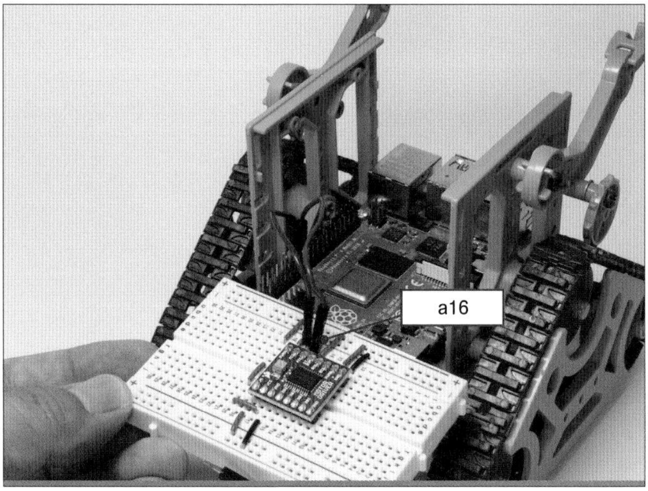

12 紫のジャンパーワイヤーのメス側をGPIO 20（ピン番号38）へ差し込みます。

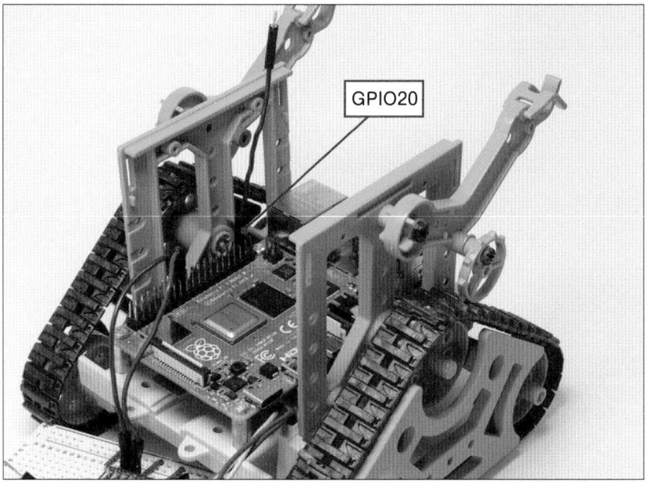

13 緑のジャンパーワイヤーのメス側をGPIO 21（ピン番号40）へ差し込みます。

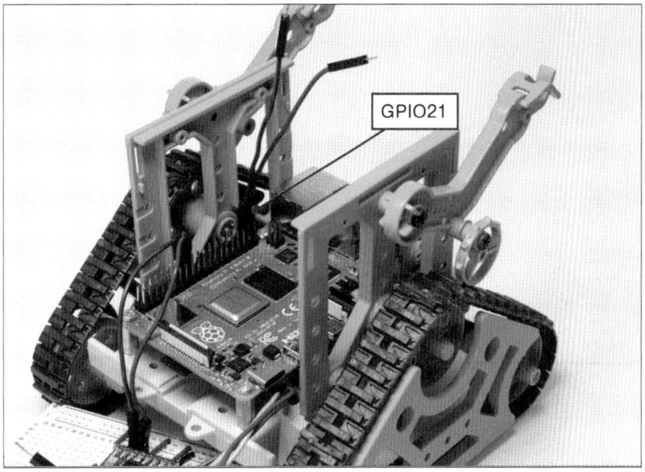

14 GPIO20につながっている紫のジャンパーワイヤーのオス側をブレッドボードの「a14」へ差し込みます。

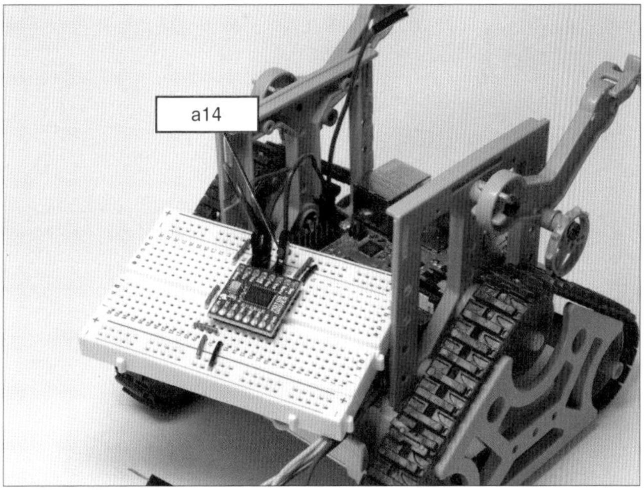

15 GPIO24につながっている緑のジャンパーワイヤーのオス側をブレッドボードの「a13」へ差し込みます。

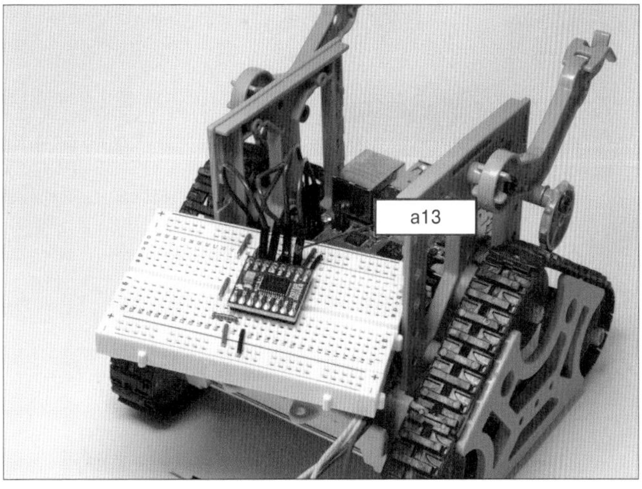

16 黒のジャンパーワイヤーのメス側をラズベリー・パイのGND(6番ピン)へ差し込みます。

17 赤のジャンパーワイヤーのメス側をラズベリー・パイの5V(2番ピン)へ差し込みます。

18 黒のジャンパーワイヤーのオス側をブレッドボードのa側の「−」へ差し込みます。

19 赤のジャンパーワイヤーのオス側をブレッドボードのa側の「+」へ差し込みます。

ラズベリー・パイの上にブレッドボードを固定する方法

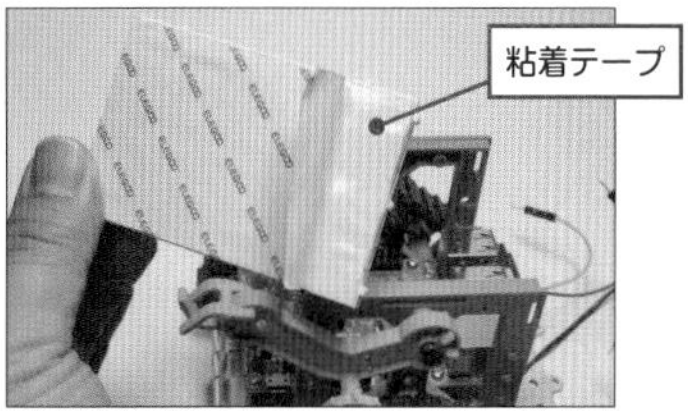

多くのブレッドボードの底面は粘着テープになっています。手順⑮でここを少しめくることで、ラズベリー・パイのUSB端子の上部に接着して固定することができます。粘着テープになっていない場合は、両面テープなどで固定します。

20 左側のモーターをブレッドボードにつなぎます。モーターの青のリード線をブレッドボードの「i15」に差し込みます。

21 左側のモーターの黄色のリード線を「i14」に差し込みます。

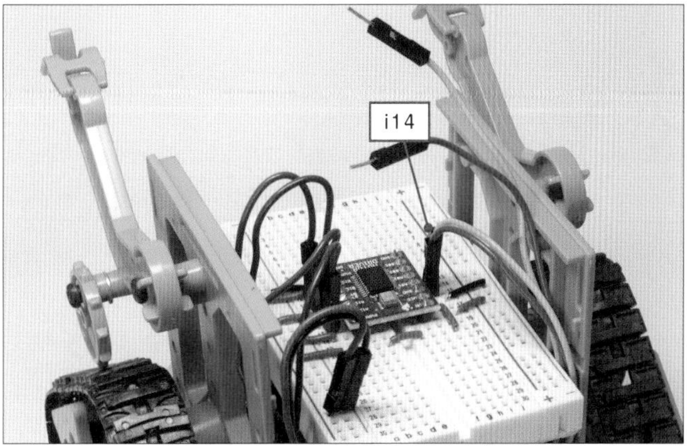

22 右側のモーターをブレッドボードにつなぎます。モーターの青のリード線をブレッドボードの「i13」に差し込みます。

23 右側のモーターの黄色のリード線を「i12」に差し込みます。

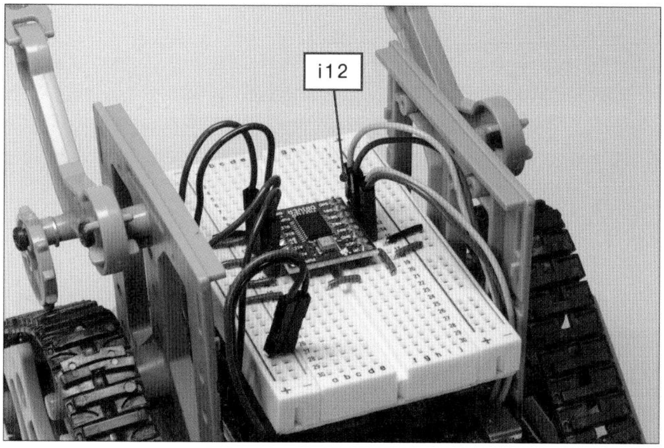

電源を取り付けてロボットを完成させる

　電池ボックスとモバイルバッテリーを取り付けます。ロボットにはモバイルバッテリーを取り付けるスペースがないので、ケーブルタイを使って電池ボックスの後ろ側に固定します。

1 ロボットに付属の電池ボックスを取り付けるネジ穴に合わせて、使用する電池ボックスの底にピンバイスで穴を開けます。この穴に合わせて、ロボットに付属していたネジで電池ボックスをネジ止めします❶。

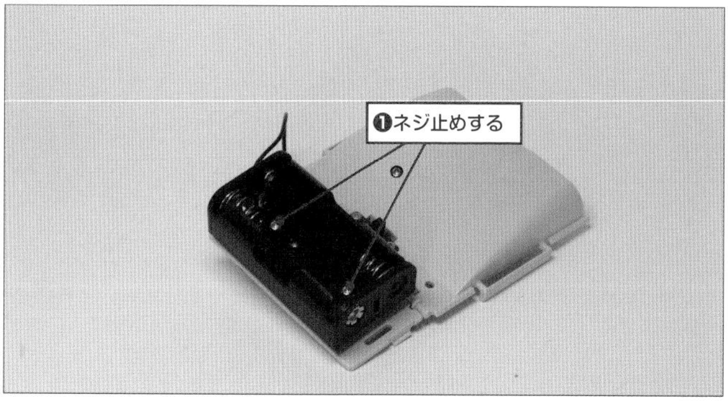

2

ロボットの頭部に付けたスイッチの白いリード線と、電池ボックスの赤いリード線をねじって接続し、ビニールテープで補強します❶。スイッチの赤いリード線と、電池ボックスの黒いリード線にオスのコネクターピンとコネクターハウジングを取り付けます❷。

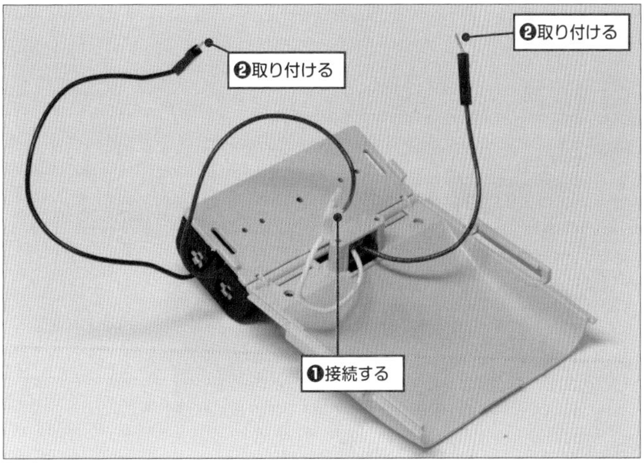

3

加工したリード線のうち、黒いリード線をブレッドボードのj側の「−」に、赤いリード線をj側の「+」に差し込みます。

4

電池ボックスを本体に取り付けます。

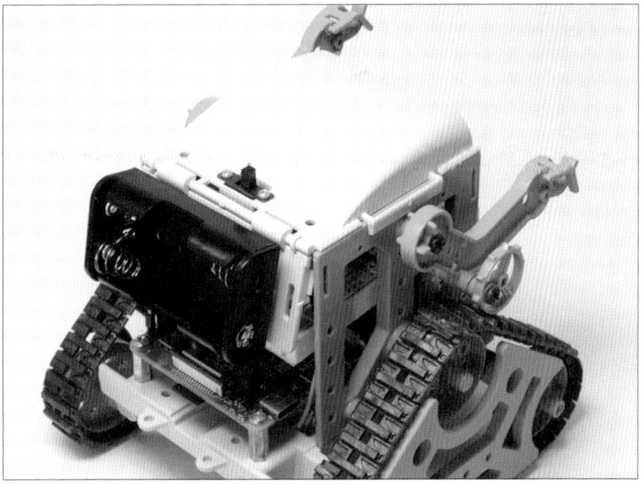

5 ロボットの顔のパーツを取り付けます。

6 電池ボックスを本体に取り付け、乾電池をセットします。乾電池の向きを間違えないよう、電池ボックスの内部の支持書きを確認しましょう。

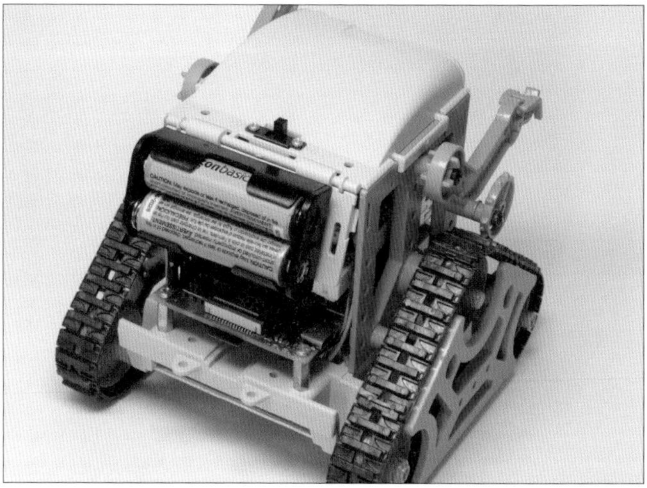

7 図のように、ケーブルタイでモバイルバッテリーを電池ボックスに固定します。モバイルバッテリーにスイッチがある場合はオンにしておきます。

8 モバイルバッテリーに Micro USB ／ USB Type-C ケーブルをつなぎます。

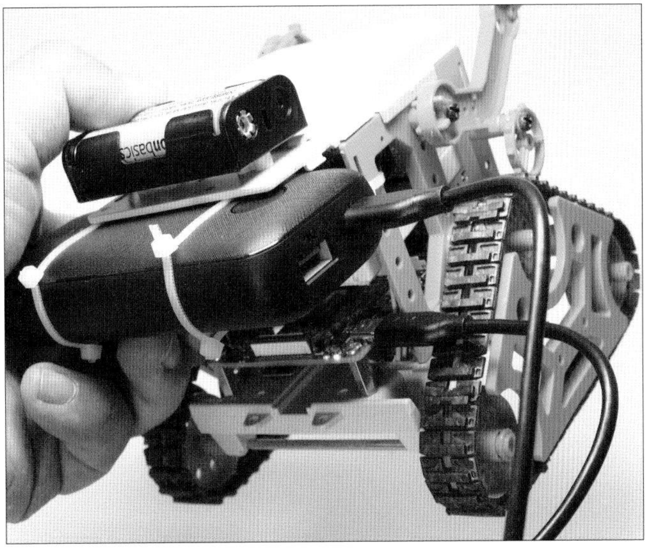

> **メモ**
> ### ケーブルがキャタピラーに触れないようにしよう
> ケーブルがキャタピラーに触れると、ロボットが動かなかったり、モーターに負荷を与えて壊れてしまう恐れがあります。ケーブルがキャタピラーに触れないように、ケーブルの遊びを調整しましょう。

9 ロボットが完成しました。電源用　の Micro USB ／ USB Type-C 端子に USB ケーブルを接続すると、ラズベリー・パイが起動します。

次ページから、ロボットをスマホでコントロールするための設定をします。

> **メモ**
> ### Micro USB ／ USB Type-C ケーブルの端子が干渉する場合は?
> 本章の手順でロボットにラズベリー・パイを取り付けると、ロボットの左側（ロボットの正面から見て右側）のサイドフレームとMicro USB ／ USB Type-C端子がわずかに干渉して、USBケーブルを差し込めなくなることがあります。その場合はUSBケーブルのハウジング（持ち手の部分）をカッターで削って調整してください。その際、端子の金属部分を完全にむき出しにしないよう注意しましょう。

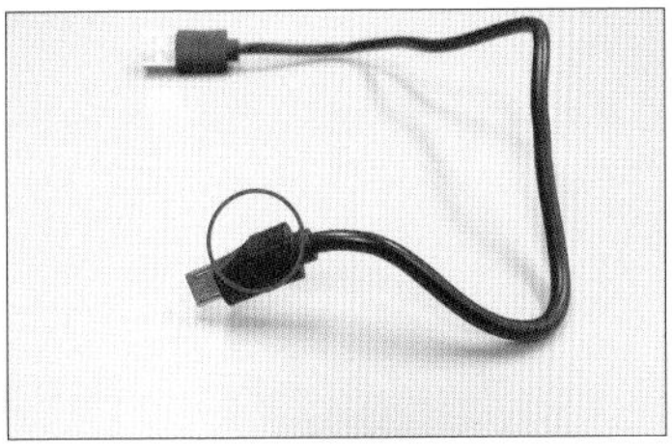

Section
9-3 Blynkを使うための準備をしよう

ロボットが完成したら、ラズベリー・パイとスマートフォンの両方でBlynkの設定をします。これによって、スマートフォンの画面でボタンをタップすることで、ロボットを操縦できるようになります。

スマートフォンでBlynkの初期設定をする

Blynkでラズベリー・パイを操作するには、まずスマートフォンにBlynkをインストールして「トークン」を取得します。トークンとは、ラズベリーパイと特定の端末（ここではスマートフォン）をつなぐ“ひみつの鍵”のような仕組みです。スマートフォンで発行したトークンを使ってラズベリー・パイ上のBlynkを起動させると、以後はそのスマートフォンでラズベリー・パイを操作できるようになります。

iPhoneは「App Store」から、Androidスマートフォンは「Playストア」から、それぞれBlynkをインストールしておきます。インストールが完了して、ホーム画面にアプリアイコンが表示されたら、Blynkを起動して以下の初期設定を行います。

1 Blynkを起動すると、右の画面が表示されます。「Create New Account」をタップします❶。

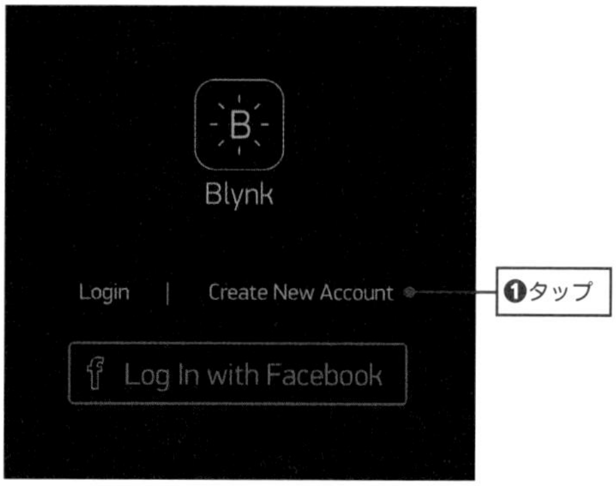

2 「Email」欄に、自分のメールアドレスを入力します❶。「Password」欄に、Blynkにログインするための任意のパスワードを決めて入力します❷。「Create New Account」をタップします❸。

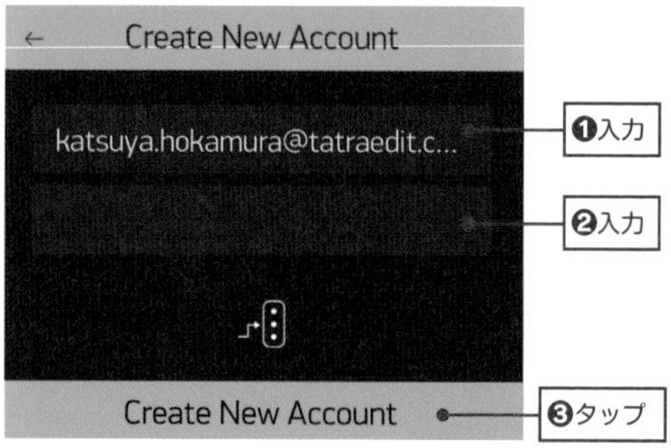

3 プロジェクトの作成画面が表示されます。「New Project」をタップします❶。

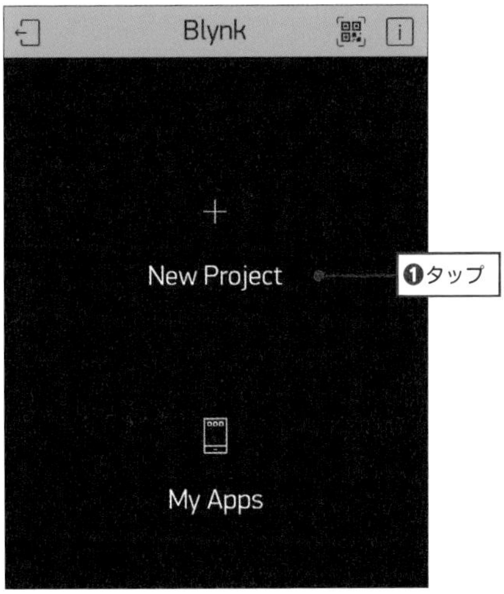

4 「Project Name」欄をタップして、プロジェクトの名前を入力します。ここでは「raspi robot」と入力します❶。「CHOOSE DEVICE」の「↓」をタップします❷。

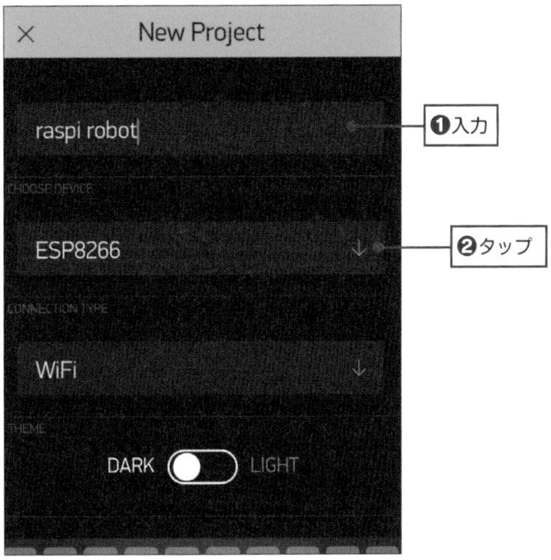

5 表示された端末の一覧から、使用しているラズベリー・パイのモデルを選択します❶。「OK」をタップします❷。

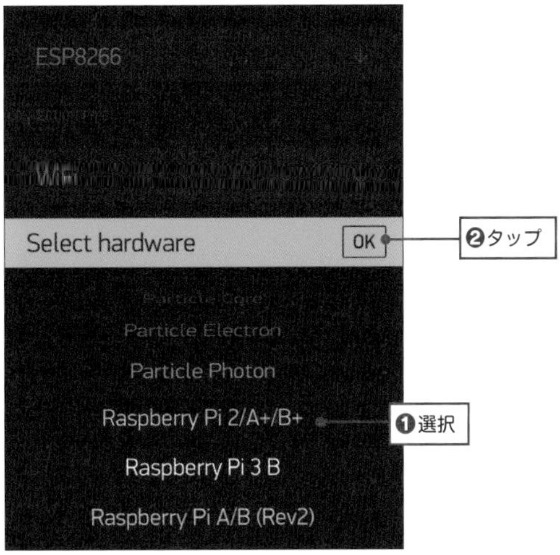

メモ

Raspberry Pi 4が見つからない

Blynkのバージョンによっては、最新のラズベリー・パイが見つからないことがあります。そのときは「Raspberry Pi 3 B」を選択します。

6 続いて、ラズベリー・パイとの接続方法を選択します。「CONNECTION TYPE」の「↓」をタップします❶。

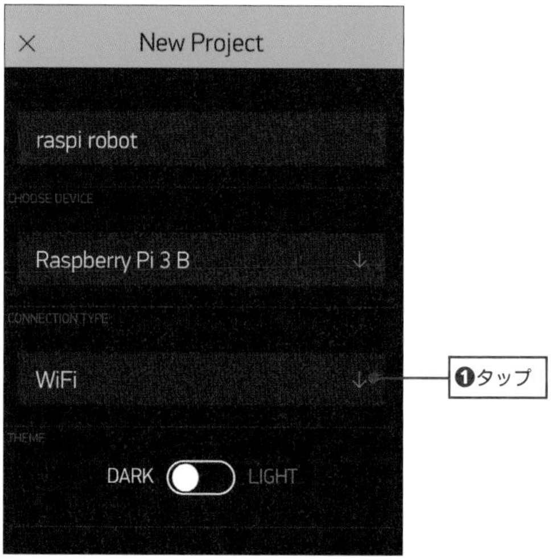

7 接続方法の一覧から、「BLE」をタップして選択します❶。「OK」をタップします❷。

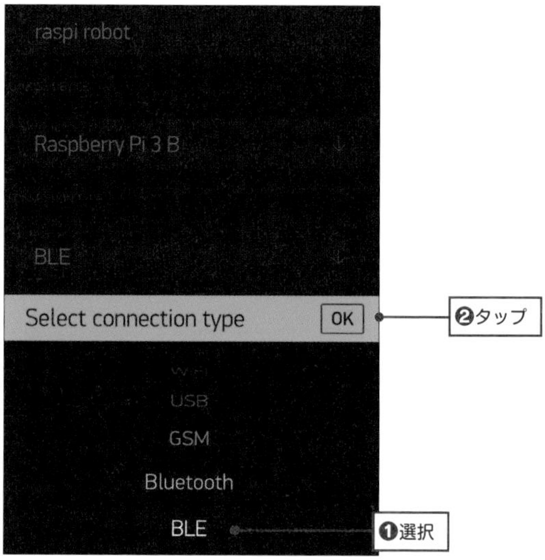

メモ

「BLE」が使えない場合は?

「BLE」とは「Bluetooth Low Energy」の略で、低電力で使えるBluetooth規格です。最近のスマートフォンはBLEに対応していますが、古い機種などBLEが使えない(表示されない)場合は「Bluetooth」を選択します。

8 手順6の「New Project」画面に戻ります。「Create Project」をタップします❶。

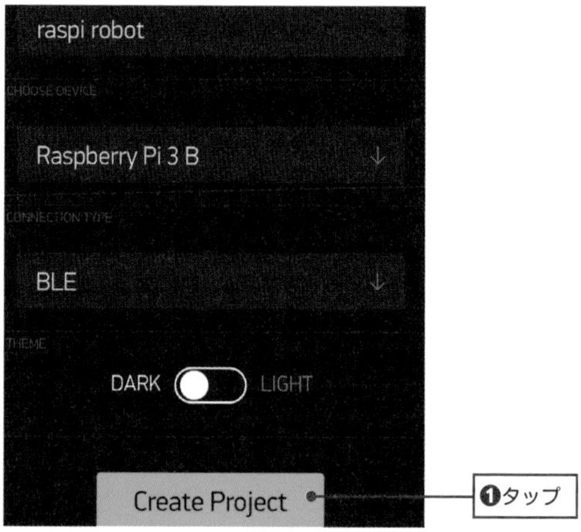

9 「raspi robot」プロジェクトが作成されます。画面右上の「設定」アイコンをタップします❶。

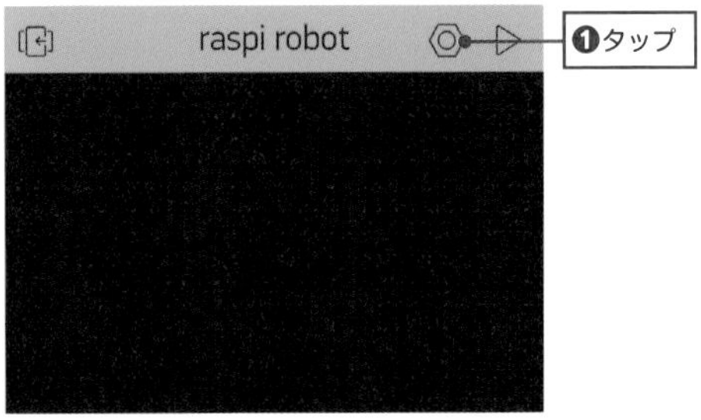

10 手順2で登録したメールアドレスにトークンを送信しておきます。画面下の「E-Mail」をタップします❶。以上で、スマートフォンの設定は完了です。

ラズベリー・パイでBlynkの設定をする

続いて、ラズベリー・パイ側でBlynkを設定します。初期状態ではBlynkがインストールされていないので、「LX Terminal」からコマンドを入力してインストールします。

1 まず、Blynkのライブラリーをダウンロードします。Raspbianの画面で「LX Terminal」アイコンをクリックします❶。以下のコマンドを入力して、「Enter」キーを押します❷。

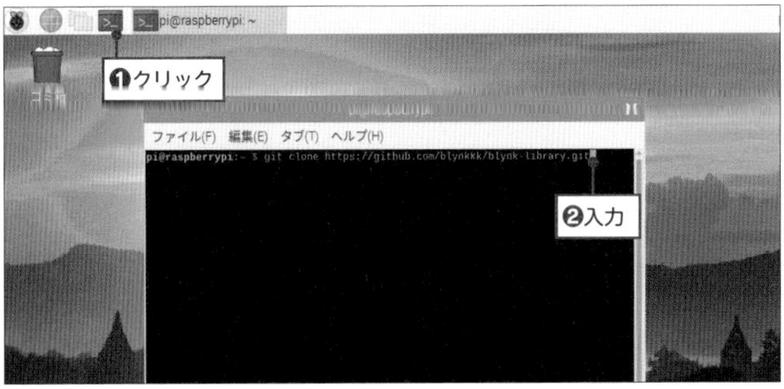


```
git clone https://github.com/blynkkk/blynk-library.git Enter
```

2

画面の内容を確認します。右図ような表示になれば、Blynk のライブラリーのダウンロードは完了です。

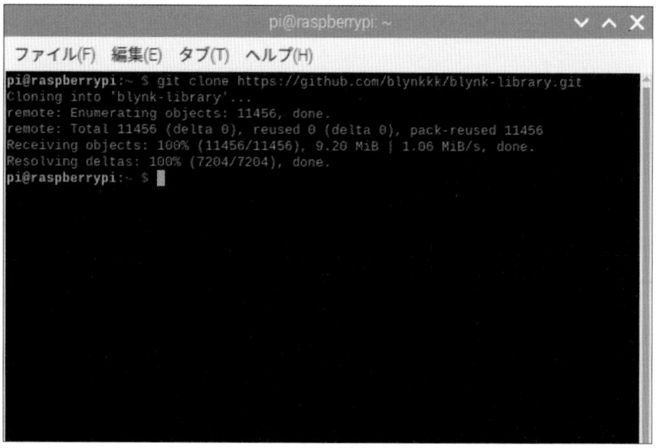
pi@raspberrypi: ~
ファイル(F) 編集(E) タブ(T) ヘルプ(H)
pi@raspberrypi:~ $ git clone https://github.com/blynkkk/blynk-library.git
Cloning into 'blynk-library'...
remote: Enumerating objects: 11456, done.
remote: Total 11456 (delta 0), reused 0 (delta 0), pack-reused 11456
Receiving objects: 100% (11456/11456), 9.20 MiB | 1.06 MiB/s, done.
Resolving deltas: 100% (7204/7204), done.
pi@raspberrypi:~ $

3

続いて、ラズベリー・パイでライブラリーを使えるようにします。以下のコマンドを入力して「Enter」キーを押し❶、ディレクトリを移動します。

pi@raspberrypi: ~
ファイル(F) 編集(E) タブ(T) ヘルプ(H)
pi@raspberrypi:~ $ git clone https://github.com/blynkkk/blynk-library.git
Cloning into 'blynk-library'...
remote: Enumerating objects: 11456, done.
remote: Total 11456 (delta 0), reused 0 (delta 0), pack-reused 11456
Receiving objects: 100% (11456/11456), 9.20 MiB | 1.06 MiB/s, done.
Resolving deltas: 100% (7204/7204), done.
pi@raspberrypi:~ $ cd blynk-library/linux
❶入力

```
cd blynk-library/linux Enter
```

4

青色の文字で「～ /bylink-library/linux $」と表示されたら、以下のコマンドを入力して「Enter」キーを押します❶。

pi@raspberrypi: ~/blynk-library/linux
ファイル(F) 編集(E) タブ(T) ヘルプ(H)
pi@raspberrypi:~ $ git clone https://github.com/blynkkk/blynk-library.git
Cloning into 'blynk-library'...
remote: Enumerating objects: 11456, done.
remote: Total 11456 (delta 0), reused 0 (delta 0), pack-reused 11456
Receiving objects: 100% (11456/11456), 9.20 MiB | 1.06 MiB/s, done.
Resolving deltas: 100% (7204/7204), done.
pi@raspberrypi:~ $ cd blynk-library/linux
pi@raspberrypi:~/blynk-library/linux $ make target=raspberry
❶入力

```
make target=raspberry Enter
```

5

ラズベリー・パイ用の実行ファイルが作成されます。しばらくして処理が完了すると、再び青い文字で「~ /bylink-library/linux $」と表示されます。作成された実行ファイルをコピーするため、以下のコマンドを入力して「Enter」キーを押します❶。

以上で、インストールは完了です。

pi@raspberrypi: ~/blynk-library/linux
ファイル(F) 編集(E) タブ(T) ヘルプ(H)
pi@raspberrypi:~ $ git clone https://github.com/blynkkk/blynk-library.git
Cloning into 'blynk-library'...
remote: Enumerating objects: 11456, done.
remote: Total 11456 (delta 0), reused 0 (delta 0), pack-reused 11456
Receiving objects: 100% (11456/11456), 9.20 MiB | 1.06 MiB/s, done.
Resolving deltas: 100% (7204/7204), done.
pi@raspberrypi:~ $ cd blynk-library/linux
pi@raspberrypi:~/blynk-library/linux $ make target=raspberry
g++ -I ../src/ -I ./ -DLINUX -c -O3 -w -DRASPBERRY main.cpp -o main.o
g++ -I ../src/ -I ./ -DLINUX -c -O3 -w -DRASPBERRY ../src/utility/BlynkDebug.cpp -o ../src/utility/BlynkDebug.o
g++ -I ../src/ -I ./ -DLINUX -c -O3 -w -DRASPBERRY ../src/utility/BlynkHandlers.cpp -o ../src/utility/BlynkHandlers.o
g++ -I ../src/ -I ./ -DLINUX -c -O3 -w -DRASPBERRY ../src/utility/BlynkTimer.cpp -o ../src/utility/BlynkTimer.o
g++ main.o ../src/utility/BlynkDebug.o ../src/utility/BlynkHandlers.o ../src/utility/BlynkTimer.o -lrt -lpthread -s -lwiringPi -o blynk
pi@raspberrypi:~/blynk-library/linux $ sudo cp blynk /usr/bin/
❶入力

```
sudo cp blynk /usr/bin/ Enter
```

Blynkが正しくインストールできたかを確認する

Blynkはコマンド入力で実行するアプリです。メニューにアプリのアイコンは表示されないので、正しくインストールできたかを確認するには、コマンドを入力してBlynkが実行できるかを試してみます。

1

以下のコマンドを入力し、「Enter」キーを押して、ディレクトリを移動します❶。

pi@raspberrypi: ~/blynk-library/linux
ファイル(F) 編集(E) タブ(T) ヘルプ(H)
pi@raspberrypi:~ $ git clone https://github.com/blynkkk/blynk-library.git
Cloning into 'blynk-library'...
remote: Enumerating objects: 11456, done.
remote: Total 11456 (delta 0), reused 0 (delta 0), pack-reused 11456
Receiving objects: 100% (11456/11456), 9.20 MiB | 1.06 MiB/s, done.
Resolving deltas: 100% (7204/7204), done.
pi@raspberrypi:~ $ cd blynk-library/linux
pi@raspberrypi:~/blynk-library/linux $ make target=raspberry
g++ -I ../src/ -I ./ -DLINUX -c -O3 -w -DRASPBERRY main.cpp -o main.o
g++ -I ../src/ -I ./ -DLINUX -c -O3 -w -DRASPBERRY ../src/utility/BlynkDebug.cpp -o ../src/utility/BlynkDebug.o
g++ -I ../src/ -I ./ -DLINUX -c -O3 -w -DRASPBERRY ../src/utility/BlynkHandlers.cpp -o ../src/utility/BlynkHandlers.o
g++ -I ../src/ -I ./ -DLINUX -c -O3 -w -DRASPBERRY ../src/utility/BlynkTimer.cpp -o ../src/utility/BlynkTimer.o
g++ main.o ../src/utility/BlynkDebug.o ../src/utility/BlynkHandlers.o ../src/utility/BlynkTimer.o -lrt -lpthread -s -lwiringPi -o blynk
pi@raspberrypi:~/blynk-library/linux $ cd ~/
❶入力

```
cd ~/ Enter
```

2 以下のコマンドを入力して、「Enter」キーを押します❶。「Usage: blynk [options]」に続いて、右図のように表示されていることを確認します。正しく表示されていれば、Blynkのインストールは完了しています。

pi@raspberrypi: ~
ファイル(F) 編集(E) タブ(T) ヘルプ(H)
Receiving objects: 100% (11456/11456), 9.20 MiB | 1.06 MiB/s, done.
Resolving deltas: 100% (7204/7204), done.
pi@raspberrypi:~ $ cd blynk-library/linux
pi@raspberrypi:~/blynk-library/linux $ make target=raspberry
g++ -I ../src/ -I ./ -DLINUX -c -O3 -w -DRASPBERRY main.cpp -o main.o
g++ -I ../src/ -I ./ -DLINUX -c -O3 -w -DRASPBERRY ../src/utility/BlynkDebug.cpp
 -o ../src/utility/BlynkDebug.o
g++ -I ../src/ -I ./ -DLINUX -c -O3 -w -DRASPBERRY ../src/utility/BlynkHandlers.
cpp -o ../src/utility/BlynkHandlers.o
g++ -I ../src/ -I ./ -DLINUX -c -O3 -w -DRASPBERRY ../src/utility/BlynkTimer.cpp
 -o ../src/utility/BlynkTimer.o
g++ main.o ../src/utility/BlynkDebug.o ../src/utility/BlynkHandlers.o ../src/uti
lity/BlynkTimer.o -lrt -lpthread -s -lwiringPi -o blynk
pi@raspberrypi:~/blynk-library/linux $ sudo cp blynk /usr/bin/
pi@raspberrypi:~/blynk-library cd ~/
pi@raspberrypi:~ $ blynk
❶入力
Usage: blynk [options]
Options:
-t auth, --token=auth Your auth token
-s addr, --server=addr Server name (default: blynk-cloud.com)
-p num, --port=num Server port (default: 80)

```
blynk Enter
```

Blynkを起動する

Blynkは「blynk」とだけ入力して起動すると、使い方を説明するメッセージを表示して、すぐに終了してしまいます。スマートフォンと接続するには、トークンを指定して起動する必要があります。トークンは、スマートフォンでBlynkの設定をしたときに（P.284手順2参照）、メールで送信されています。

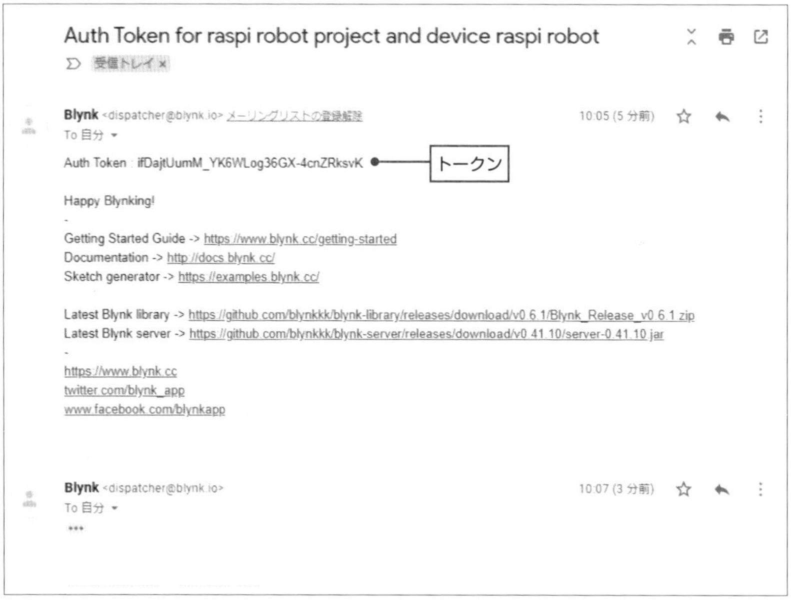
Auth Token for raspi robot project and device raspi robot
受信トレイ ×
Blynk <dispatcher@blynk.io> メーリングリストの登録解除
10:05 (5 分前)
To 自分
Auth Token : ifDajtUumM_YK6WLog36GX-4cnZRksvK
トークン
Happy Blynking!
-
Getting Started Guide -> https://www.blynk.cc/getting-started
Documentation -> http://docs.blynk.cc/
Sketch generator -> https://examples.blynk.cc/
Latest Blynk library -> https://github.com/blynkkk/blynk-library/releases/download/v0.6.1/Blynk_Release_v0.6.1.zip
Latest Blynk server -> https://github.com/blynkkk/blynk-server/releases/download/v0.41.10/server-0.41.10.jar
-
https://www.blynk.cc
twitter.com/blynk_app
www.facebook.com/blynkapp
Blynk <dispatcher@blynk.io>
10:07 (3 分前)
To 自分

ラズベリー・パイと接続するためのトークンがメールで届いているので、確認しておく。

トークンは長い文字列です。1文字ずつ入力することもできますが、VNCを利用している場合はパソコンでトークンをコピーし、VNCで開いたRaspbianのLX Terminalに貼り付けるとかんたんです。

1 以下のコマンドを入力し、「Enter」キーを押します❶。トークンは1文字ずつ入力するか、VNCを利用している場合はコピー&ペーストで貼り付けます。

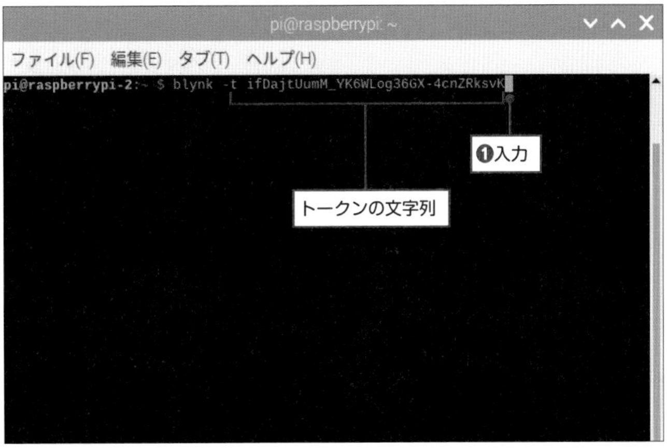
pi@raspberrypi: ~
ファイル(F) 編集(E) タブ(T) ヘルプ(H)
pi@raspberrypi-2:~ $ blynk -t ifDajtUumM_YK6WLog36GX-4cnZRksvK
❶入力
トークンの文字列

```
blynk -t トークンの文字列 Enter
```

VNCでLX Terminalに文字列を貼り付ける

VNCでLX Terminalへトークンの文字列を貼り付けるには、キーボードショートカットが便利です。パソコンでトークンをコピーしておき、LX Terminalのウィンドウで「Ctrl」+「Shift」+「V」キーを押すと、貼り付けることができます。なお、LX Terminalの画面上で右クリックし、表示されたメニューの「貼り付け」をクリックすることでも貼り付けが可能です。

2 Blynkが起動すると、右図のような画面になります。

これで、スマートフォンからの操作を待機する状態になりました。

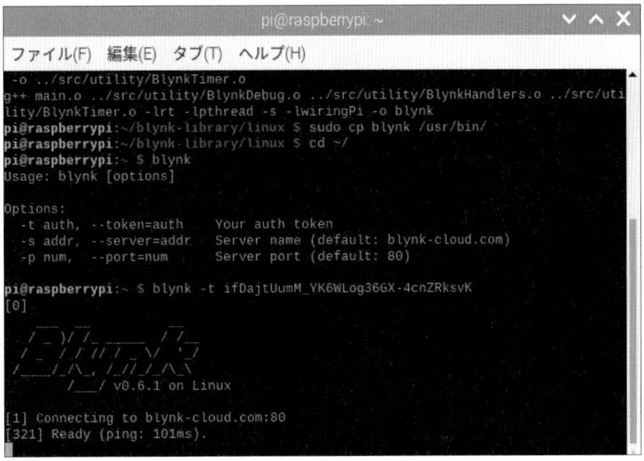
pi@raspberrypi: ~
ファイル(F) 編集(E) タブ(T) ヘルプ(H)
-o ../src/utility/BlynkTimer.o
g++ main.o ../src/utility/BlynkDebug.o ../src/utility/BlynkHandlers.o ../src/uti
lity/BlynkTimer.o -lrt -lpthread -s -lwiringPi -o blynk
pi@raspberrypi:~/blynk-library/linux $ sudo cp blynk /usr/bin/
pi@raspberrypi:~/blynk-library/linux $ cd ~/
pi@raspberrypi:~ $ blynk
Usage: blynk [options]
Options:
-t auth, --token=auth Your auth token
-s addr, --server=addr Server name (default: blynk-cloud.com)
-p num, --port=num Server port (default: 80)
pi@raspberrypi:~ $ blynk -t ifDajtUumM_YK6WLog36GX-4cnZRksvK
[0]
v0.6.1 on Linux
[1] Connecting to blynk-cloud.com:80
[321] Ready (ping: 101ms).

ロボットの操縦中はLX Terminalを終了しない

手順2でBlynkを起動した後、LX Terminalは開いたままにしておきます。LX Terminalを閉じるとBlynkも終了してしまうため、ロボットを操縦できなくなります。

Section 9-4

Blynkでロボットを操縦しよう

これまでの作業によって、スマートフォンとラズベリー・パイでBlynkを利用するための設定は完了しました。ここでは、スマートフォンにインストールしたBlynkでロボットを操縦するための「プロジェクト」の画面を作成します。

Blynkからラズベリー・パイに信号を送る

Blynkでラズベリー・パイを操縦するには、「プロジェクト」と呼ばれる画面を作成する必要があります。プロジェクトに配置したボタンやスイッチをタップすると、ラズベリー・パイに操縦の信号を送ることができます。

1 スマートフォンでBlynkを起動して、画面の空いているところをタップします❶。

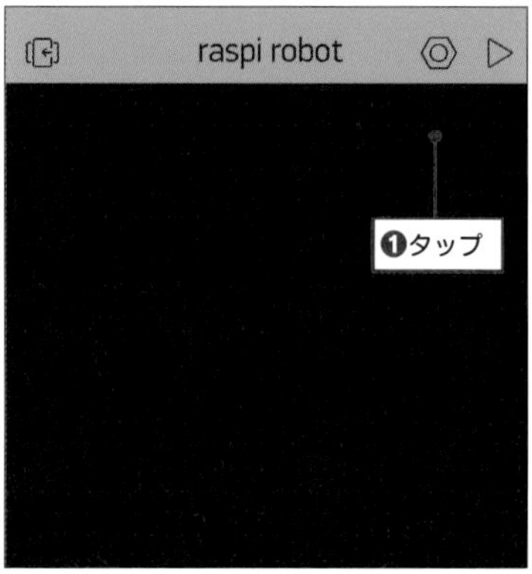

2 「Widget Box」画面が表示されます。一覧から「Button」をタップします❶。

3 プロジェクトにボタンが追加されます。「BUTTON」をタップします❶。

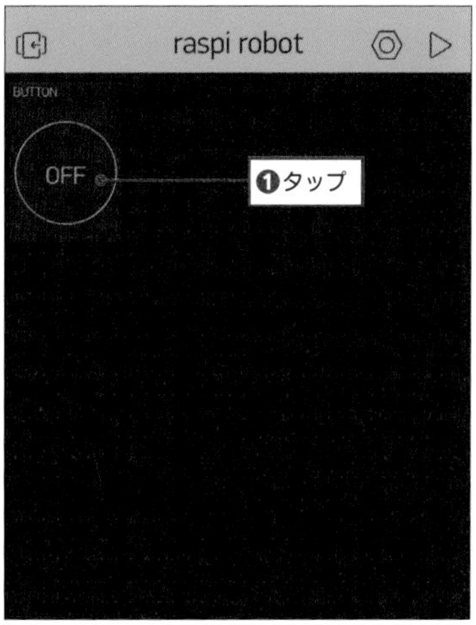

4 「Button Settings」画面が表示されます。この画面でラズベリー・パイのどのGPIOピンを制御するかを設定します。「OUTPUT」の「PIN」をタップします❶。

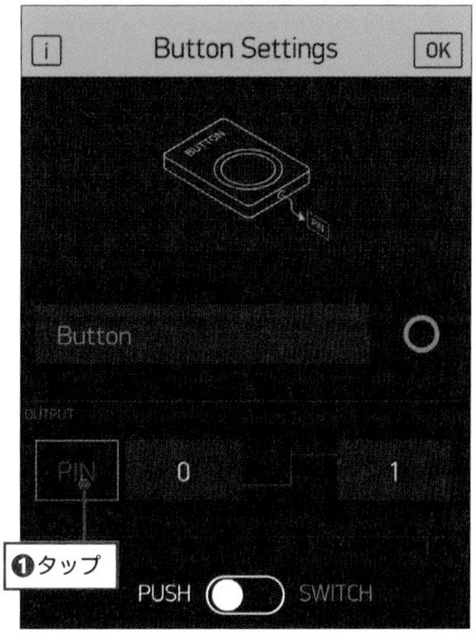

5 左側の欄で「Digital」が選択されていることを確認します❶。右側から「GP23」を選択し❷、「OK」をタップします❸。

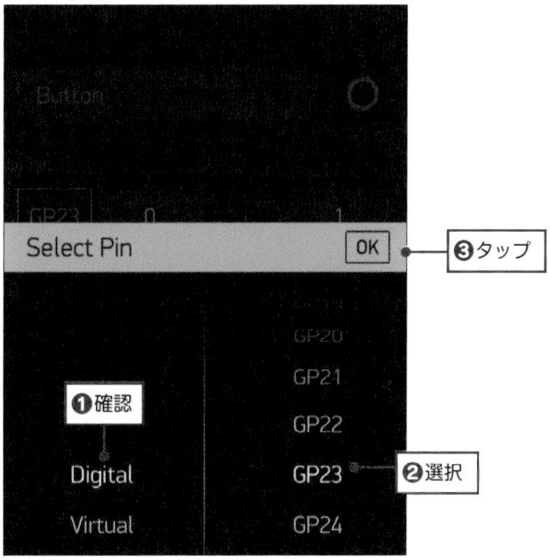

メモ

「gp23」を選択する理由

手順5から次ページの手順7では、ラズベリー・パイのGPIO 23のピンに信号を送れるようにします。そのため、ここでは「GP23」を選択します。

6 手順4の「Button Settings」画面に戻ります。「OK」をタップします❶。

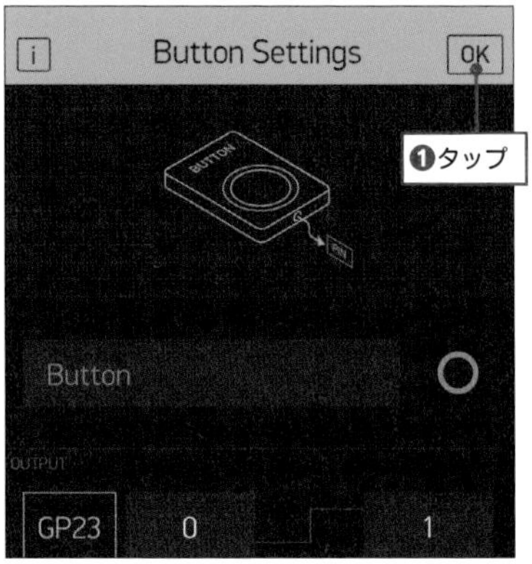

メモ

OKボタンが見当たらないときは

AndroidスマートフォンでBlynkを使っているときは、「OK」ボタンではなく左上の「←」をタップします。

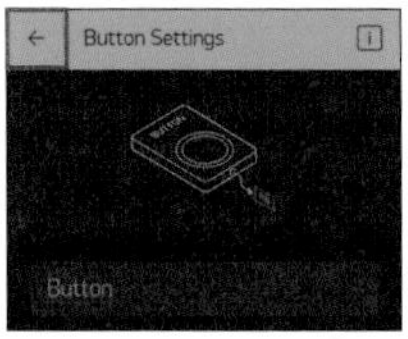

7 手順2〜3でさきほど設置したボタンに「gp23」と表示されています。これで、ボタンをタップすると、ラズベリー・パイのGPIO 23のピンに信号を送れるようになりました。操作するために、右上の「▷」をタップします❶。

8 ボタンの周囲に表示されていた薄い色の枠が非表示になり、操作できるようになりました。左上の「BUTTON」をタップします❶。

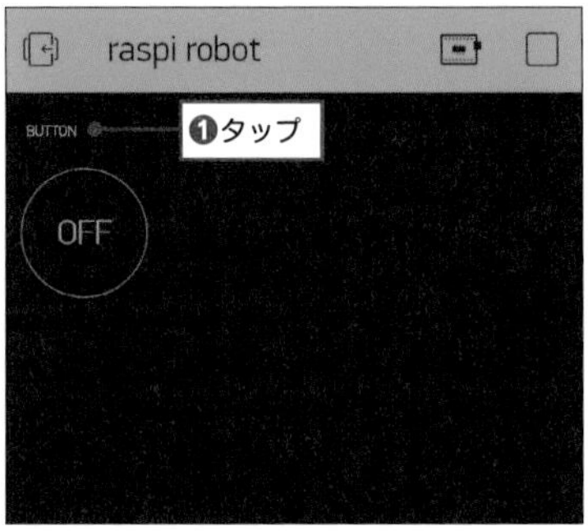

9 ボタンをタップしている間は、ボタンの内側が緑色になります。指を離すとオフになります。「□」をタップすると終了します❶。

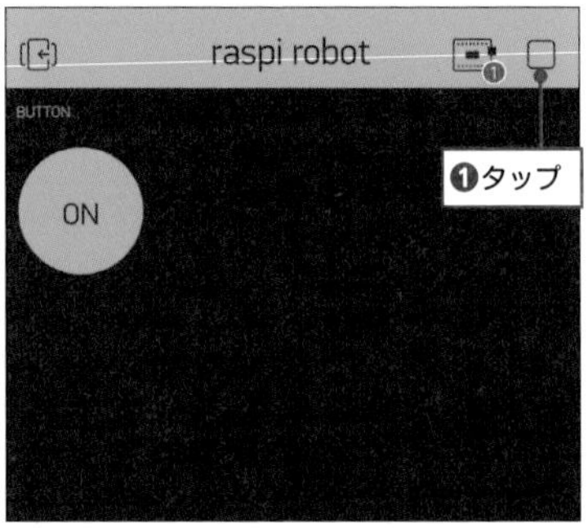

10 手順9でボタンをタップすると、ロボットのキャタピラーが動きます。

> メモ
> **ロボットを逆さまにしておく**
>
> ロボットを逆さまにしておけば、本体が動かずキャタピラーの動作だけを確認できます。

Blynkのプロジェクトを完成させる

ロボットのキャタピラーが動いたら、さらに3つのボタンを追加します。3つのボタンには、それぞれGPIO 24、20、21を設定しておきます。続いて、操縦しやすいようにボタンの配置を変更します。

1 P.292からの手順を繰り返し、さらに3つのボタンを追加してGPIO 24、20、21を設定します❶。

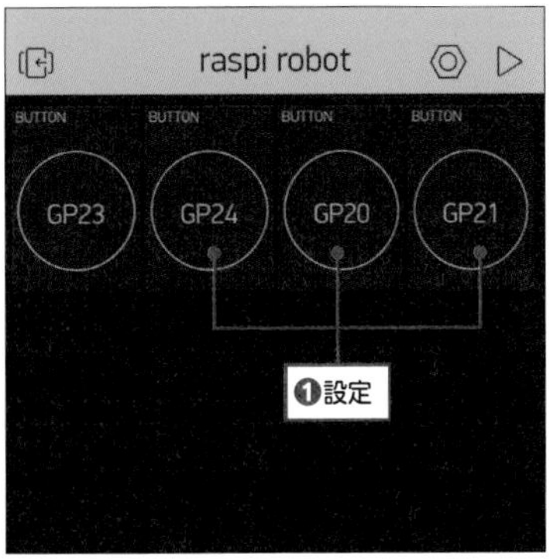

2 ボタンの位置を変更します。「gp24」をタップしたままにします❶。すると、ボタンが少し拡大されて、動かせる状態になります。

3 「gp24」のボタンをタップしたまま、下方向にドラッグします❶。

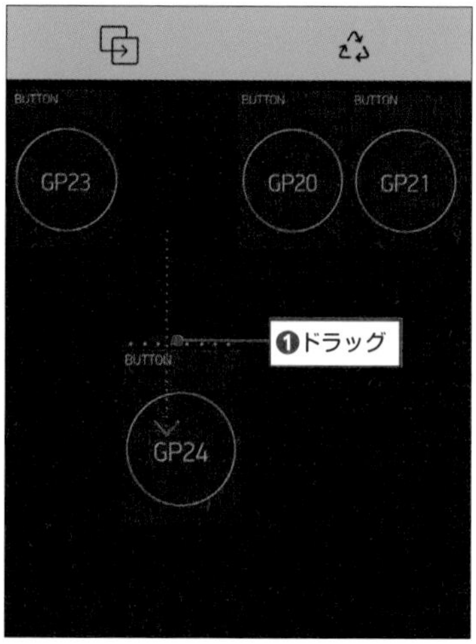

4 目的の位置で指を離します。すると、ボタンの位置が確定されます❶。

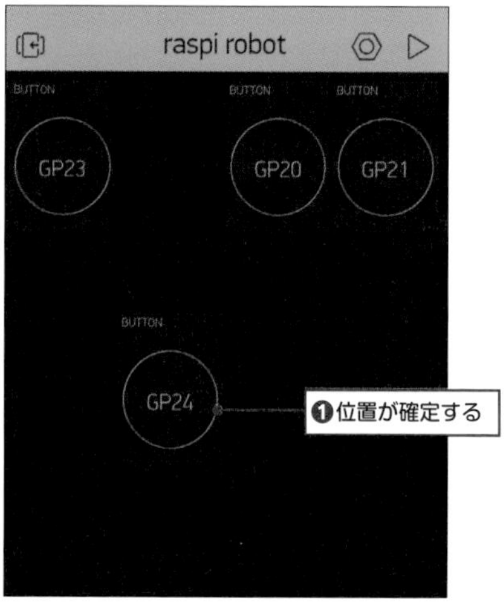

5 ほかのボタンを移動し、右図のように配置します。右上の「▷」をタップすると❶、ボタンを操作できる状態になります。各ボタンをタップすると❷、その間ロボットのモーターが回転します。

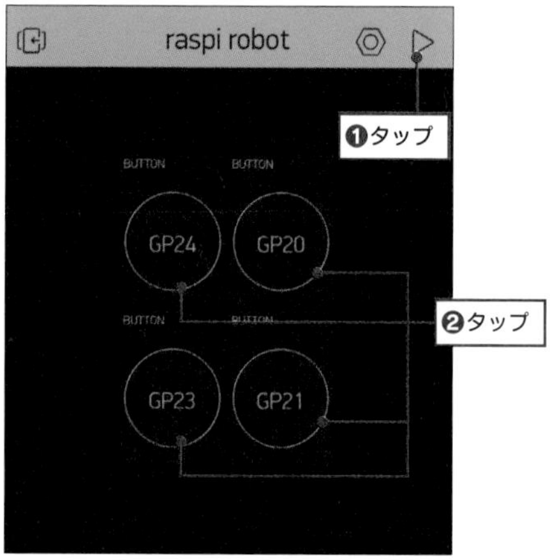

6 ボタン操作に応じて、ロボットのキャタピラーが動くことを確認します。

メモ ロボットの操縦方法

ロボットの操縦方法は以下のようになっています。もし、動作が異なる場合は、ボタンの位置を変更して、図のとおりに動くよう調整してみてください。

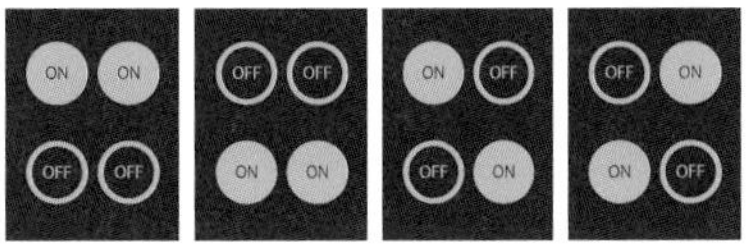

前進　後退　右旋回　左旋回

7 操縦を終了するには、右上の「□」をタップします❶。

以上で、ロボットの完成です。

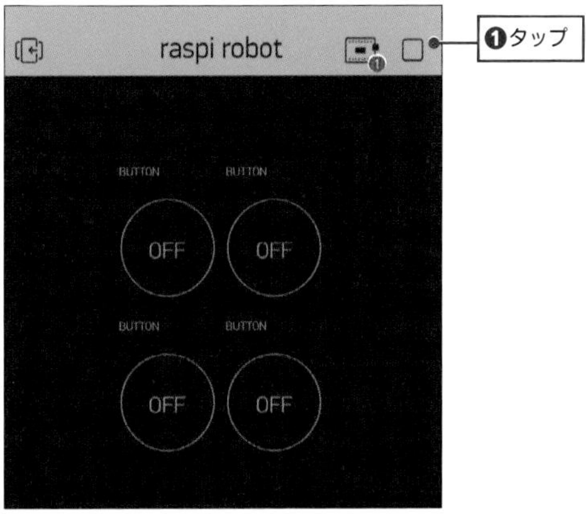

メモ ボタンが反応しない場合は?

ボタンをタップしても反応せずロボットを操縦できない場合は、手順5の画面でボタンの間隔を広げてみましょう。

テクニック ラズベリー・パイにVNCでつながらないときは?

動的IPアドレスの環境ではラズベリー・パイの起動時にIPアドレスが変わり、VNCで接続できなくなることがあります。しかし、本章のロボットではラズベリー・パイのHDMI端子が塞がれるため、新しいIPアドレスを画面で確認できません。その場合は、P.64の「メモ」を参考にVNCの接続先のプロパティ画面を表示し、「VNC Server」欄に「raspberrypi.local」と入力して接続できるか試してみましょう。この方法は最新のWindows 10に搭載されている「mDNS」という機能を利用しています。他のOSでは、AppleのiTunes (https://www.apple.com/jp/itunes/download/) をインストールすることで、mDNS相当の「Bonjour」という機能を利用できます。これでも接続できない場合は、いったんラズベリー・パイを取り外してHDMIケーブルを接続し、新しいIPアドレスを画面で確認する必要があります。なお、タミヤ製のユニバーサルプレート (別売り) とケーブルタイなどを利用して、最初からHDMI端子が塞がらない位置にラズベリー・パイを取り付ける方法もあります。

ラズベリー・パイを上部に配置する工作例。

Appendix はんだ付けにチャレンジしよう

ブレッドボードを使うことで、はんだ付けを極力行わずに電子工作をすることができます。しかし、はんだ付けができれば、電子工作の幅がグンと広がります。はんだ付けを行えば、接点不良がおきにくくなったり、8章で使用したLCDモジュールのような電子パーツを扱いやすくなります。

はんだ付けに必要な道具

はんだ付けを行うにあたって、必要な道具を確認しておきます。電子パーツに付ける「はんだ」と、はんだを温める「はんだごて」のほかにも、「こて台」と「はんだ吸い取り器」をそろえておきましょう。こて台は、はんだごてから手を離すときに安全に置いておくための台です。はんだ吸い取り器は、余計に付けてしまったはんだを取り除き、作業をやり直す場合に使います。これらの道具がセットになった商品を購入すると便利です。

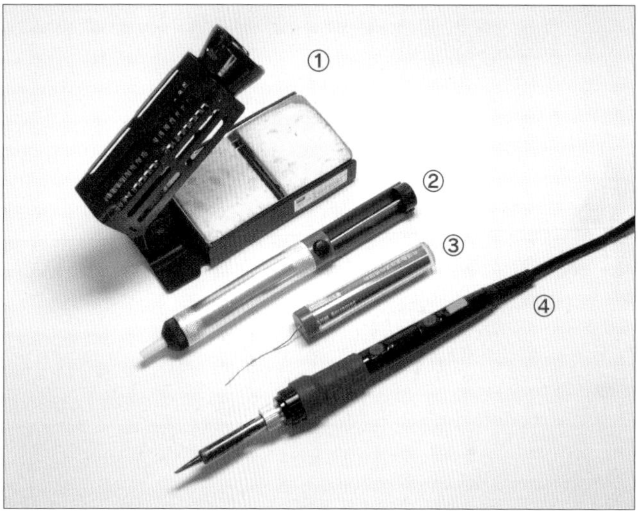

①こて台
②はんだ吸い取り器
③はんだ
④はんだごて（電子工作用）

注意

はんだごてを使うときは周囲を片付けておくこと

はんだごての先端はとても熱くなります。周囲に紙や木などの引火しやすいものがあると、火災の原因となります。かならず周囲を片付け、はんだごてを使わないときはこて台に置くようにして作業します。

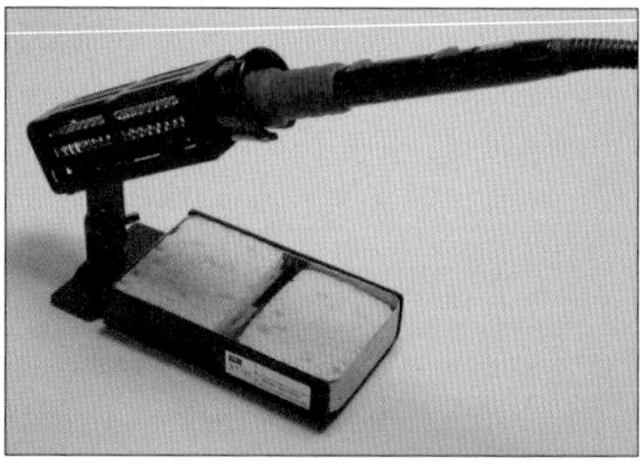

はんだ付けをする

例として、Raspberry Pi ZeroやLCDモジュールなどへピンヘッダーをはんだ付けする手順を解説します。ピンヘッダーはブレッドボードに固定しておきます。こうすれば、基板がグラグラせずに水平な状態となるので、はんだ付けの作業がしやすくなります。

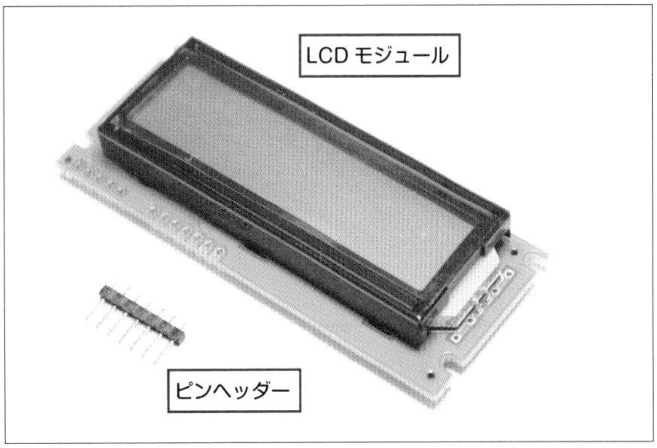

はんだ付けで、手前のピンヘッダーをLCDモジュールに取り付ける。

1 ブレッドボードにピンヘッダーの長いほうのピンを差し込みます。ブレッドボードの穴の位置はどこでもかまいません。

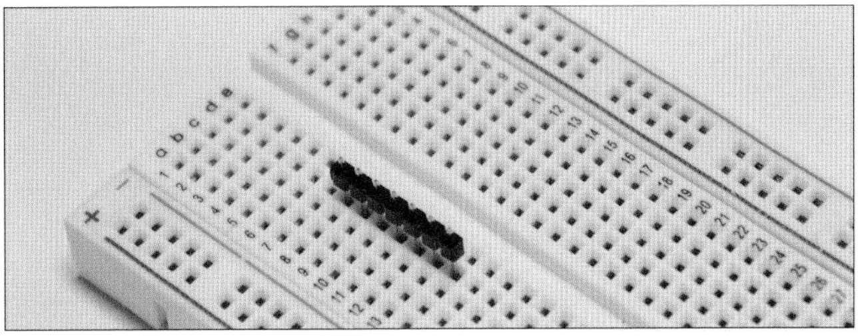

2 ピンヘッダーと LCD モジュールの穴を合わせるようにして置きます❶。

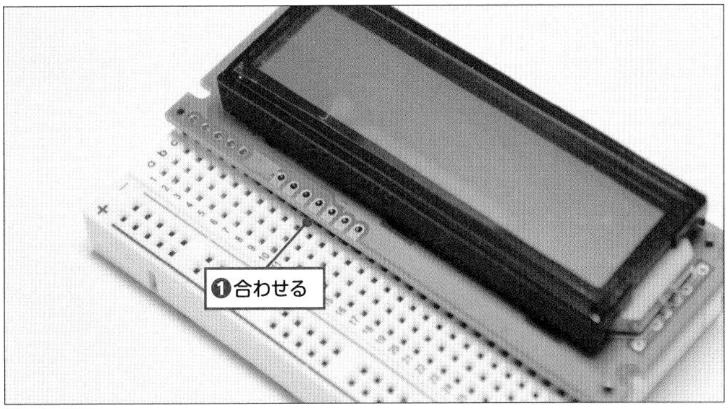

3 側面から見て、ピンヘッダーと LCD モジュールにすき間がないか、傾いていないかを確認しておきます。

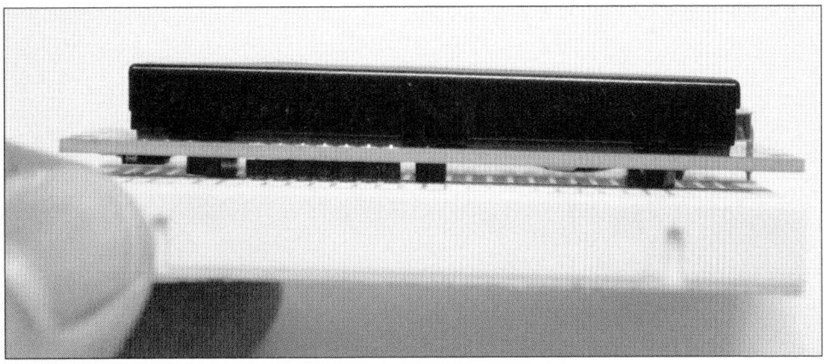

4

はんだごての電源をオンにして温め、ランド（LCD モジュールの金色の部分）に当てます。このとき、ランドにはんだごてを長時間当てるとパーツが破損する恐れがあります。3 秒ほど温めたら次の手順に移ります。

5

ランドにはんだを当てます。1 ～ 2 秒ほど当てると、はんだが溶けてランドに流れ込んでいきます。

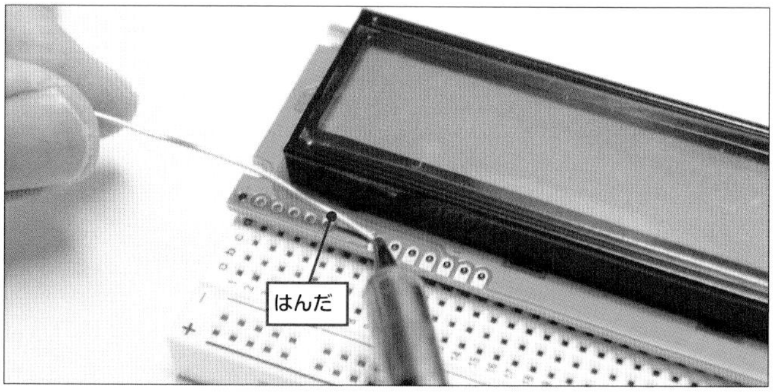

6

ランドから、はんだとハンダごてを離します。

> メモ
>
> **はんだごての温度**
>
> **温度調節ができるはんだごてを使用しているときは、350度に設定します。この温度であれば、はんだを溶かしやすく、パーツを破損するリスクも低くなります。**

7

同様に、残りのランドにもはんだを流し込んでいきます。作業が完了したら、LCD モジュールを取り外します。

メモ

はんだの量を確認する

はんだは十分な量がなければ接触不良になり、パーツが正しく動作しません。写真の①が十分にはんだが付いている良い例です。②のように量が少なかったり、③のようにランドからはみ出して別のランドに接触している状態は悪い例です。

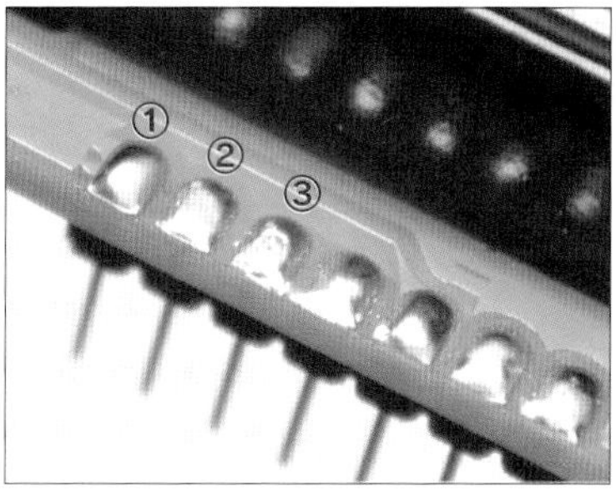

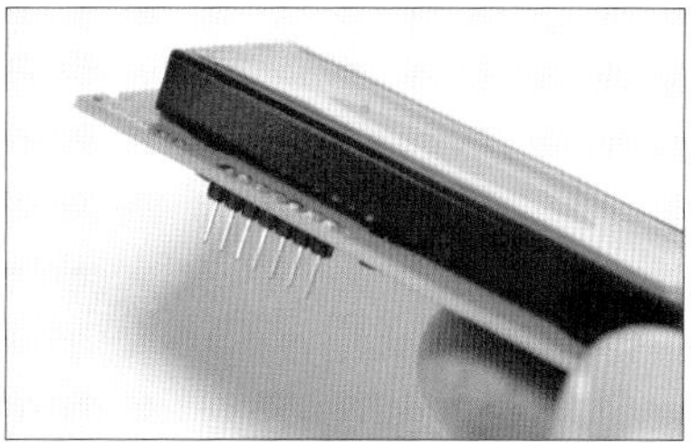

ブレッドボードからLCDモジュールとピンヘッダを取り外します。はんだが付いていれば、ピンヘッダーがしっかりと固定されています。

余分なはんだを吸い取り器で除去する

はんだを付けすぎて別のランドに接触してしまったら、はんだ吸い取り器で除去します。

吸い取り器のピストンを押し込む。奥まで押し込むとロックされる。

1 はんだを付けすぎてしまった箇所にはんだごてを当てて、はんだを溶かします。

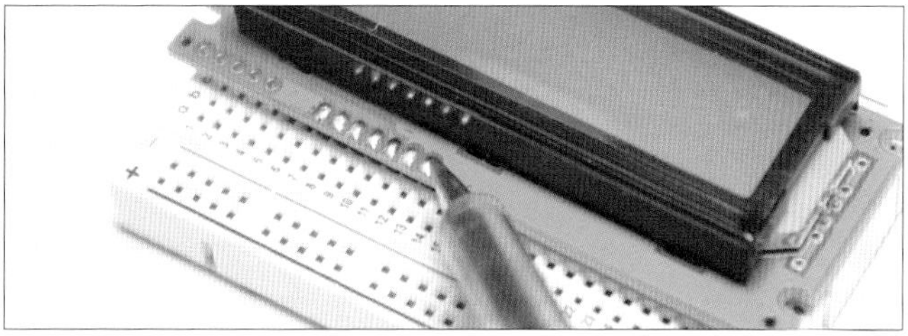

2 はんだが溶け始めたら、はんだ吸い取り器の先端を当てて、ピストンのロック解除ボタンを押します。すると、はんだが吸い取られます。

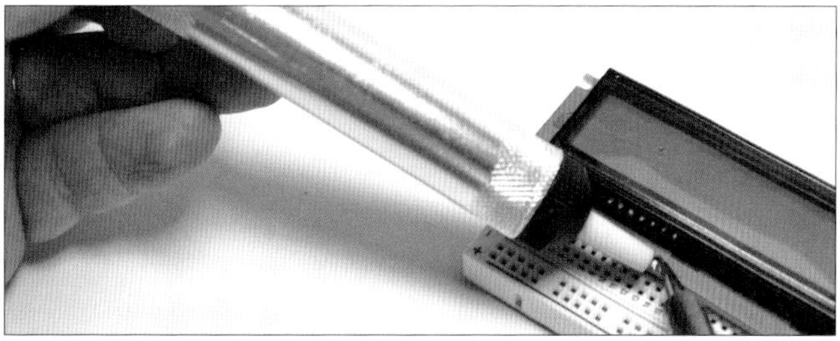

Index

A～Z

16進数 ……243
2次元配列 ……255
3.5mmオーディオ端子 ……14
ACアダプター ……14, 20
BLE ……286
Bluetooth ……17
Blynk ……269, 284
Chrome ……53, 199
Chrominum ……53
CPU ……14
crontab ……193
CSV ……188
DCモーター ……129
DHT11 ……173, 176
Ejecter ……71
FAT32形式 ……25
GPIO ……14, 115
HDMI端子 ……14
HDMI変換アダプター ……21
I2C ……230, 239
if ……159, 160
input ……103
IPアドレス ……45, 62
JSON ……258, 260
LCDモジュール ……230, 231
LED ……117
LibreELEC ……35
LibreOfficeWriter ……72
LXterminal ……180
micro SDカード ……19, 32
Micro USB ケーブル ……21, 34
nano ……193
NOOBS ……24, 30
not演算子 ……156
OS ……24, 32
picamera ……217
print ……99
PWM制御 ……166
Python ……96
random ……106
Raspberry Pi Imager ……36
Raspbian ……24, 32, 70
raspi-config ……48, 50
SD Card Formatter ……25
Shellビュー ……97
smbus ……241
SoC ……14
SSH ……44
sudo ……49
TB6612FNG ……129
Thonny ……96
USB ……14, 32
USBカメラ ……204
USBハブ ……33
Variablesビュー ……97
VNC ……37, 48, 57, 58, 62
Web Browser ……71
while ……109, 111
Wi-Fi ……42, 51

あ

アイコンの削除 ……89
アイコンの追加 ……86
アクセス権限 ……201
アスキーコード ……245, 251
アプリケーション・ランチャー ……71, 86, 89
アプリケーションウィンドウ ……71
アプリケーションの起動 ……72
アプリケーションの切り替え ……75
アプリケーションの再表示 ……76
アプリケーションの終了 ……73
アルゴリズム ……108
イメージビューワ ……224
インストール ……32
インデント ……109, 111, 112
ウェブブラウザー ……53
液晶モニター ……20
エラー ……104
遠隔操作 ……38, 48
オス ……120
オプション機能の管理 ……44
温湿度センサー ……151, 172, 173, 180
音量 ……93

か

解像度 ……64
解凍ツール ……30
壁紙 ……90
可変抵抗器 ……231, 234
カメラ端子 ……14
カメラモジュール ……204
カラーコード ……126
関数 ……107

管理者権限……49
キーボード……19, 32
極性……140
グラフ……196
繰り返し……109
クリップボード……81
計算記号……100
言語……35, 54
小型カメラ……206
コネクター……272
コマンドプロンプト……45
ゴミ箱……71, 82, 84

さ

サイレントインストール……38
システムトレイ……71
周辺機器……19
ショートカット……85
初期設定……54
スペーサー……269
スライドスイッチ……151
静電気……22
赤外線カメラモジュール……205
センサー……151
扇風機……128

た

ターミナル……180
代入……104
タクトスイッチ……129, 134, 151
足し算……105
タスクバー……71
チャタリング……162
抵抗器……117, 119, 120,129
抵抗値……126
ディスプレイ端子……14
定点カメラ……206
デスクトップ……70
デスクトップアイコン……71
デューティー比……169
電源……14, 20
電池ボックス……129, 269
トークン……284

な～は

入力装置……151
配列……105
バックライト……257
パネル……71, 92, 94
パルス幅変調……166
はんだ付け……298
ピンヘッダー……235
ファイルの移動……79
ファイルのコピー……80
ファイルの削除……82
ファイルマネージャ……77
プーリー……138
ブール演算子……156
フォーマット……25, 29
フォルダー……77, 80
フラットケーブル……21
プルアップ抵抗……155
ブレッドボード……21
プログラミング……96
プログラム……121, 142
プロジェクト……292
変換アダプター……21
変換ケーブル……21, 33
変数……104

ま

マイクロHDMI端子……14
マイクロスイッチ……21
マウス……19, 32
無線LAN……12
無線LANアダプター……13, 52
メニューアイコン……71
メス……120
メモリー……14
モーター……129, 138
モータードライバー……129
モニター……20
モバイルバッテリー……20, 269

や～わ

有線LAN……51
有線LAN端子……14
ライブラリー……180
リード線……140
レバースイッチ……151
ログアウト……48
ログイン……48

■著者プロフィール

株式会社タトラエディット

2012年に福岡で創業したコンピューター＆エンターテインメント関連の編集プロダクション。PCおよびスマートフォン、タブレットなどの解説書を手がけつつ、マインクラフトなどのゲーム攻略関連記事や書籍の制作を行っている。著書は『YouTube Perfect Guidebook［改訂第4版］』（ソーテック社）、『やってみよう！ マインクラフト組み立てガイド』（宝島社）、『専用マシンを自作して掘りまくれ！ 仮想通貨マイニング パーフェクトガイド』（技術評論社）など。

■編集／本文デザイン／DTP
株式会社タトラエディット

■カバーデザイン
坂本真一郎（クオルデザイン）

■カバーイラスト
株式会社アット　イラスト工房

■担当
田村佳則（技術評論社）

■お問い合わせについて

本書の内容に関するご質問は、下記の宛先までFAXまたは書面にてお送りいただくか、弊社Webサイトの質問フォームよりお送りください。お電話によるご質問、および本書で解説している内容以外のご質問には、一切お答えできません。あらかじめご了承ください。

〒162-0846　東京都新宿区市谷左内町21-13
株式会社技術評論社　書籍編集部
「ゼロからよくわかる！
　ラズベリー・パイで電子工作入門ガイド
　Raspberry Pi 4 Model B対応［改訂2版］」質問係
FAX：03-3513-6167
技術評論社Webサイト：https://book.gihyo.jp/116

ご質問の回答には時間を要する場合がありますので、あらかじめご了承ください。なお、ご質問の際に記載していただいた個人情報は、回答以外の目的には使用いたしません。また、回答後は速やかに破棄させていただきます。

ゼロからよくわかる!
ラズベリー・パイで電子《でんし》工作《こうさく》入門《にゅうもん》ガイド
Raspberry《ラズベリー》 Pi《パイ》 4《フォー》 Model《モデル》 B《ビー》 対応《たいおう》［改訂《かいてい》2《に》版《はん》］

2019年5月11日　初版　第1刷発行
2020年8月22日　第2版　第1刷発行
2021年6月23日　第2版　第2刷発行

著　者　タトラエディット
発行者　片岡巌
発行所　株式会社 技術評論社
　　　　東京都新宿区市谷左内町21-13
　　　　電話　03-3513-6150　販売促進部
　　　　　　　03-3513-6160　書籍編集部

製本／印刷　株式会社加藤文明社

定価はカバーに表示してあります。

造本には細心の注意を払っておりますが、万一、落丁（ページの抜け）や乱丁（ページの乱れ）がございましたら、弊社販売促進部へお送りください。送料弊社負担でお取り替えいたします。

ISBN 978-4-297-11523-4 C3055
Printed in Japan